图 1-1　牡丹

图 1-2　紫丁香

图 1-3　葡萄

图 1-4　山葡萄

图 1-5　松树

图 1-6　火棘

图 1-7　胡杨

图 1-8　白桦

图 1-9　绣球花

图 1-10　白玉兰

图 1-11　深绿色的杜松

图 1-12　新绿色的垂柳

图 1-13　赤松

图 1-14　白皮松

图 1-15　白桦

图 1-16　橙色的柑橘

图 1-17　黄色的佛手

图 3-2　地势整理

图 3-4　苗木的短距离运输

图 3-6　三脚架支撑

图 4-4　土球吊装

图 4-5　大树装运

图 6-1　容器栽培

图 6-2　基质配制

图 6-3　基质装盆

图 6-4　基质装盆

图 6-5　上盆

图 6-6　修剪

图 6-7　乔木容器栽植

图 10-1　主干冻裂

图 10-2　树木风灾

图 10-3　柑橘日灼

图 12-1　古树（国槐）

图 12-2　名木（雪松）

图 12-3　仿树干支架

图 12-4　填充法修补树洞

圆形树池

多边形树池

图 12-5　树池

图 12-6　挂牌保护

图 13-1　树干倾斜

图 13-2　根颈部腐坏

图 13-3　根系缠绕

图 13-4　心腐

图 13-5　空洞

图 13-6　声波技术探测

图 13-7　枝的支撑与加固

图 13-8　枝基部的加固

图 13-9　纵向劈裂的树干或树枝的夹固

图 13-10　树洞的处理

高等职业教育园林园艺类“十二五”规划教材

园林树木栽培养护

主　编　贾生平
副主编　张清丽　杜兴臣　庄华蓉
参　编　程朝霞　王宏国　刘秀琴
主　审　袁海龙

机 械 工 业 出 版 社

本书主要介绍园林树木的分类与生长环境，园林树木的生长发育规律，园林树木的栽植，大树移植，垂直绿化植物的栽植，园林树木容器栽培，特殊环境的树木栽植，园林树木的整形修剪，园林树木的土、肥、水管理，园林树木常见自然灾害及防治，园林树木的花果管理，古树名木的养护，城市树木的安全管理及园林树木调查。

本书可作为高职高专院校、成人教育学院的园林技术、园艺技术、花卉、林学等专业的教材，也可作为从事园林绿化相关专业人士的参考用书。

图书在版编目（CIP）数据

园林树木栽培养护/贾生平主编．—北京：机械工业出版社，2013.3（2018.8 重印）
高等职业教育园林园艺类“十二五”规划教材
ISBN 978-7-111-40930-4

Ⅰ.①园…　Ⅱ.①贾…　Ⅲ.①园林树木—栽培技术—高等职业教育—教材　Ⅳ.①S68

中国版本图书馆 CIP 数据核字（2012）第 302937 号

机械工业出版社（北京市百万庄大街 22 号　邮政编码 100037）
策划编辑：覃密道　王靖辉　责任编辑：覃密道　王靖辉
版式设计：张　薇　　责任校对：薛　娜
封面设计：马精明　　责任印制：李　飞
北京富生印刷厂印刷
2018 年 8 月第 1 版第 3 次印刷
184mm×260mm · 14.25 印张 · 4 插页 · 360 千字
标准书号：ISBN 978-7-111-40930-4
定价：35.00 元

凡购本书，如有缺页、倒页、脱页，由本社发行部调换
电话服务
服务咨询热线：010－88379833
读者购书热线：010－88379649
网络服务
机 工 官 网：www.cmpbook.com
机 工 官 博：weibo.com/cmp1952
教育服务网：www.cmpedu.com
金 书 网：www.golden－book.com

前　言

我国现在正处于城市化飞速发展阶段，城市化使人类享受现代化城市文明的同时，也造成了各种各样的生态环境问题，而解决这些问题，最有效、最简单的方法之一就是使城市绿化起来。园林树木是园林绿化的主体，在园林建设中具有重要地位和骨干作用，其生长发育状况，直接影响园林绿化的效果。园林树木栽培养护是在了解园林树木生长发育规律的基础上，掌握园林树木栽植和养护的理论以及各环节的操作技术，培养读者在园林绿化施工与养护中的实际操作技能。

“园林树木栽培养护”是高等职业教育院校园林园艺类专业的主干课程，是一门实践性较强的专业课，它为园林规划设计、绿化施工及园林树木的养护管理提供了必要的基本理论与技术。它能使读者初步了解目前国内外园林树木栽培与养护的研究新成果、动态及发展趋势，为培养读者较强的业务工作能力打下良好基础。

我国地域辽阔，自然条件复杂，树种繁多，树木栽培养护必须因地制宜，适地、适树、适法，因此在使用本书时宜根据各地的条件与特点灵活掌握。

本书由贾生平任主编，张清丽、杜兴臣、庄华蓉任副主编，各项目编写分工如下：贾生平编写项目10和项目11；张清丽编写项目1和项目2；杜兴臣编写项目6、项目7和项目8；庄华蓉编写项目3；程朝霞编写绪论、项目13和项目14；王宏国编写项目4、项目5和项目9；刘秀琴编写项目12。实训内容由相对应项目的编写人员编写。全书由贾生平和程朝霞统稿，由安康学院袁海龙任主审。在编写的过程中，我们参阅了有关教材、专著、论文等相关图、文资料，同时得到了同行及朋友们的大力支持，在此一并表示感谢。

本书配有电子教案，凡使用本书作为教材的教师可登录机械工业出版社教材服务网www. cmpedu. com下载。咨询邮箱：cmpgaozhi@ sina. com。咨询电话：010-88379375。

由于编者水平有限，编写时间仓促，不妥之处在所难免，敬请使用本书的读者提出宝贵意见。

编　者

目　录

绪 论

一、园林树木栽培养护的概念及意义

园林树木是园林植物的重要组成部分，是构成园林绿地的主体，是适合风景区、休息疗养胜地、街道、公园、厂矿、村落及居住区等各种园林绿地栽植应用的木本植物，包括各种乔木、灌木和木质藤本。园林树木栽培养护是指根据园林设计所选定的树种，自苗木出圃（或起苗）开始经过运输定植到栽植地，通过以后的生长发育到树木衰老、更新死亡，在这一过程中人们所进行的实践活动。其中包括园林树木的栽植，土、肥、水管理，整形修剪，各种灾害的防治，树体保护及树木调查等。

工业生产的快速发展造成了环境污染，给人类带来很大灾害，生态环境越来越受到人们的关注。随着生产的发展，生活水平的提高，人们对工作条件和生活环境的改善有了更高的要求。因此，目前在城市建设中，园林绿地质量已经成为城市发展的重要指标。

园林树木具有改善和保护环境的功能。它能提高空气中的湿度、调节气候、净化空气、滞尘减噪、涵养水源、保持水土。

园林树木具有美化环境的功能。园林树木种类繁多，各具不同的形态、色彩、风韵和芳香。树木本身的枝、皮、叶、花、果和根都具有无穷的魅力，随季节变化而五彩纷呈，香韵异呈。

园林树木具有生产功能。有些树木的枝、皮、叶、花、果及根等可以做药材、食物及工业原料。在园林绿化中，如果树木的生产功能运用、经营得当，对园林绿化建设可起到促进作用。

园林树木要发挥上述功能，必须建立在生长良好、健壮的基础上。要确保园林树木能够生长良好和健壮，需要做到以下几点：第一，种植设计要合理，须因地制宜，适地适树；第二，苗圃要提供优质的苗木；第三，根据树木地上部分与地下部分的相关性，保证根、冠水分代谢的相对平衡，提高栽植成活率；第四，在符合各种树木生态习性和生物学特性的基础上进行科学的养护管理。如果设计不合理，栽植不活或成活得不好，加之养护管理不到位，树木枝叶枯黄，病虫滋生，或放任荒芜，未老先衰，那么树木的各种功能则无从谈起。园林设计师应用树木进行设计，实际上是预见了十几年或几十年以后各种树木将表现的效果，而且这十几年或几十年之中尚需经园林师按着一定的设计意图进行精心的栽培和养护管理，才能实现美好的理想效果。总之，在园林绿化中，设计是前提，栽植是基础，养护是保证。只有正确地处理三者之间的关系，才能最大限度地发挥园林树木的功能作用，更好地绿化环境，美化生活。

二、园林树木栽培养护的发展概况

我国素有世界“园林之母”之称，园林树木栽培历史悠久。《诗经》中记述了桃、梅、枣、栗、榛等的栽培。在《管子·地员篇》中，吴王夫差在吴嘉兴建造“会景园”时就“穿沿凿池，构亭营桥”，所植花木，多为茶与海棠。春秋战国时期开始进行街道绿化。秦朝时期街道树已被广泛种植。

北魏贾思勰著的《齐民要术》一书中，将物候观测用于栽培，记载了黄河中下游地区栽培时间，正月为上时，二月为中时，三月为下时；书中对栽培还有详尽的描述，有砧和穗相互影响的描述；同时，此书介绍了用酸枣、柳树、榆树作园篱的方法和步骤，这是全世界第一次记录绿篱制作过程。晋代戴凯之的《竹谱》是世界上最早的园林树木专著。

唐代文学家柳宗元在《郭橐驼传》中介绍一位驼背老人种树的经验，即“能顺木之天，以致其性”，“其本欲舒，其培欲平，其土欲故，其筑欲密，既然已，勿动勿虑”。意思是说，种树要根据树木的习性，并满足其习性的要求，栽时要使树根舒展，尽量多用故土，并要踏平，种好后，不能再去乱动。宋代时期，园林繁盛，有关园林树木的书籍颇多，如欧阳修的《洛阳牡丹记》、韩彦直的《桔录》、范成大的《梅谱》等。

明代《种树书》中载有“种树无时，惟勿使树知”，“凡栽树不要伤根须，阔挖勿去土，恐伤根。仍多以木扶之，恐风摇动其巅，则根摇，虽尺许之木亦不活；根不摇，虽大可活，更茎上无使枝叶繁则不招风”，说明树木栽植时期的选择，挖掘要求和栽后支撑的重要性。明代王象晋所著的《群芳谱》，清代陈淏子的《花镜》等书，都记载有园林树木的种类及其栽培。清代汪灏等著的《广群芳谱》中有：“大树须广留土，如一丈树留土二尺远……用草绳缠束根土……记南北，运载处；深凿穴……”等关于大树移栽技术的记载。以上这些充分说明我国栽培园林树木的历史悠久且经验丰富。

新中国建立以后，园林绿化事业得到不断发展。特别是20世纪80年代以来，随着城市园林绿化事业的迅速发展，园林树木在资源开发利用、苗木生产、栽植养护技术等方面取得了不少成就。全国各地普遍开展了园林树种调查规划，开发出一些具有地方特色的野生观赏树木资源。

随着一些园林科研机构的建立和不断完善，一些园林植物园、植物所等单位纷纷开展园林树种的引种及驯化等研究，如木麻黄、湿地松、火炬松、加勒比松等已成功引种。繁殖栽培新技术的应用，如组织培养、无土栽培技术、容器育苗技术、全光照间歇喷雾扦插技术、保护地栽培技术等在生产上的应用，为园林树苗的工厂化、现代化开辟了广阔的前景。

目前，各地普遍开展古树名木调查，对古树的复壮技术进行了深入研究并且取得了极大的成功；植物生长调节剂在树木繁殖和栽培养护生产中已被广泛应用；大树移植在园林绿化上的作用已被人们认同，移植技术不断提高，大树裸根移植成功技术得到推广应用。

虽然我国的栽培技术取得了很大成就，但仍然存在很多不足。如栽培品种不够丰富，引种驯化工作有待加强；苗圃生产水平较低，专业生产技术力量不强；园林树木栽植机械化程度低，行业整体素质较差，从业人员良莠不齐，盲目引种现象时有发生；园林树木养护管理方法粗放，甚至只栽不管，致使园林树木生长不良，发挥不了园林树木应有的功能。

三、园林树木栽培养护的内容及学习方法

园林树木栽培养护是以园林建设为宗旨，在分析园林树木的生长发育规律及生态习性的基础上，对园林树木的繁殖、栽植和养护管理的基本理论和一系列技术措施进行综合性阐述，具有应用性、实践性、综合性强的特点。它是以植物学、气象学、土壤学、植物生理学、园林树木学、园林生态学及园林植物病虫害防治等学科技术为基础的一门园林专业课程。例如，在园林绿地施工时，为了保证园林树木栽植的成活率，必须全面了解树木的生理生态特性和栽植地的立地条件，选择适宜的栽植方法和栽植时间，同时要采取科学合理的养护管理措施。园林树木栽培养护不同于其他植物栽培，如花卉栽培、果树栽培等，是以直接生产某种形式的物质产品为主要目的，而园林树木栽培养护是以发挥树木改善生态环境和审美要求的功能为主，主要是间接的作用。这些功能既有物质方面的，也有精神方面的，在思想感情和美学方面受意识形态、民族、时代和美学观念的影响。当然，也不能忽视其生产的功能。其次，园林树木栽培养护所研究的有关理论与技术对树木的影响比其他植物栽培学的范围广，作用的时间长。从果树栽培和森林培育的观点来看，已经衰老的树木不再有直接产品的生产或生产很少，一般应及早淘汰和更新。从园林树木栽培养护角度出发，某些树木，特别是古树名木，不仅具有很高的观赏价值和科学研究价值，而且象征着一个国家的文明史和一个地区人民的精神面貌。从旅游观赏角度来说，具有间接的经济价值。所以，不仅不能淘汰，而且应加强保护和管理，采取有效的措施进行更新复壮，延长其生命周期，最大限度地为人类服务。

园林树木栽培养护的任务是服务园林绿化实践，从树木与环境之间的关系出发，在调节、控制树体与环境之间的关系上发挥更好的作用。既要充分发挥树木的生态适应性，又要根据栽植地的立地条件特点、树木的生长状况与功能要求，实行科学的管理。既要最大限度地利用环境资源，又要适时调节树木与环境的关系，使其正常生长，充分发挥其改善环境、游憩观赏和经济生产的综合效益，促进相应生态系统的动态平衡，使园林树木栽培更趋合理，取得事半功倍的效益。

园林树木栽培养护的内容分为五部分，第一部分是了解树木生长发育规律。第二部分是园林树木的移栽技术，包括园林树木栽植、大树移植、垂直绿化植物栽植、容器栽培技术。第三部分是园林树木整形修剪。第四部分是园林树木的养护管理，包括园林树木的土、肥、水管理，常见自然灾害及防治，园林树木花果管理，古树名木的保护，城市树木安全管理。第五部分是园林树木调查技术。由于其涉及的知识面较广泛，所以要认真学习好前期的基础课程。园林树木栽培与养护是一门实践性很强的应用学科，在学习时要理论联系实际，既要多看书、多观察，了解树木栽培的历史和现状，掌握栽培的理论与技术；又要在理论学习、不断吸收总结树木栽培经验与教训的基础上，理论联系实际，在实践中学习；并且要善于向有实践经验的人员学习。只有这样才能在学习理论的同时，提高动手能力，掌握实践技术，培养实践动手能力和分析问题、解决问题的能力。通过学习园林树木栽培与养护，一是了解园林树木栽培养护在园林绿化建设事业中的重要作用，二是掌握园林树木生长发育的规律和绿地施工养护中每个环节的理论与技术，三是具有园林绿化施工及养护、实际操作和解决生产实际问题的能力，为今后在园林绿地施工及养护管理岗位上顺利工作打下坚实的基础。

项目1 园林树木的分类与生长环境

【学习目标】

了解园林树木常见的分类方法和园林树木的生长环境，园林树木的分类是以树木在园林中的应用或利用为目的，以提高园林建设水平。

【学习要点】

重点掌握园林树木的分类方法。

地球上的植物约有50万种，而高等植物达35万种以上，其中已经被利用于园林建设的种类仅为一小部分。因此，如何发掘利用和提高植物为人类服务的范围和效益是既引人入胜又繁重艰巨的任务。面对如此浩瀚的种类，必须首先有科学、系统的识别和整理的分类方法才能进一步扩大和提高对它们的利用。

植物分类学是一门历史悠久的学科，它的主要内容是对各种植物进行描述记载、鉴定、分类和命名；它是各种应用植物学的基础学科，也是研究园林植物学科所应具备的基础。

任务1 园林树木的分类

园林树木的栽培应用分为美观、实用两个方面。栽培学分类标准的制定，通常根据园林树木的生长习性、观赏特性、栽培用途等方面进行分类，分别对应着不同的应用目的。

一、按生长习性分类

（一）乔木类

1. 特点

乔木类具有高大的树体和木质化的茎干，植株地上部有明显的主干、中干、主枝、侧枝、辅养枝，能开花结果，有强大的根系，能穿透较深层的土壤。根据其高度可分为伟乔（31m以上）、大乔（21~30m）、中乔（11~20m）、小乔（6~10m）4级。

2. 分类

根据落叶与否和树冠大小不同可进一步分类：

（1）落叶乔木类　可分为落叶大乔木和落叶小乔木。前者冬季落叶，多原产于温带、亚寒带地区，树冠高大，一般树冠高度在4~5m以上，高者可达十几米。后者冬季落叶，多原产于暖温带、温带地区，树冠较矮小，一般树冠高度在4~5m以下，如山桃、腊梅等。

（2）常绿乔木类　可分为阔叶常绿乔木和针叶常绿乔木。前者冬季不落叶，多为暖温带、亚热带树种，如山茶、广玉兰等。后者冬季也不落叶，多为温带、寒温带树种，如雪松、铅笔柏、柳杉等。

（二）灌木类

1. 特点

在自然生长时多数从近地面处发生分枝，树冠较矮，成丛生长，无明显主干、主枝、侧枝。主枝从近地面发生的枝条培养。其中原产南方的常绿灌木对土壤、气候有特定的要求，如土壤酸度、空气湿度等。不同地区常绿灌木生长要求不相同。

2. 分类

根据冬季落叶与否和原产地区不同，可以把灌木分为：

（1）落叶灌木类 冬季落叶，原产地多属于温带地区，如牡丹（图1-1）、月季、紫荆、紫玉兰、紫丁香（图1-2）等。

（2）常绿灌木类 冬季不落叶，多原产于暖温带地区和温带地区，部分种类只有在酸性土壤中才能正常生长，如杜鹃、山茶、栀子、茉莉、含笑等。

（3）常绿亚灌木类 多原产于暖温带或温带，如八仙花、天竺葵等。

（三）藤木类

1. 特点

树体矮小而干茎自地面丛生而无明显的主干。茎蔓不能直立生长，依靠茎蔓在其他物体和植物上攀缘生长，或在地面匍匐生长，也可从高处向低处垂挂生长。

2. 分类

根据冬季落叶与否进行分类，也可以根据攀缘、匍匐方式分类。

（1）落叶藤本 冬季落叶，如紫藤、葡萄（图1-3）、山葡萄（图1-4）、木香等。

（2）常绿藤本 冬季不落叶，如常春藤、龙吐珠、络石等。

（四）匍匐类

性状似藤木类，但不能攀援，干、枝等均匍地生长，与地面接触部分可生出不定根而扩大占地范围，或者先卧地后斜升，如铺地柏、鹿角桧、迎春等。

（五）竹类

性状和生长习性均与树木不同，种类极多，作用特殊，如凤尾竹、孝顺竹、紫竹、箬竹、佛肚、毛竹、刚竹等。

二、按观赏特性分类

（一）林木类

以观赏枝叶为主，适于片植、群植形成风景林的树木称为林木，这类树木主干直立、高大挺拔，树冠饱满，体态端庄雄伟，如南洋杉、雪松、龙柏、金钱松等。

（二）花木类

凡以观花为主的树木皆划归此类。其花形各具特点，花色鲜艳，花期较长，部分种类茎叶也有观赏价值，如杜鹃、山茶、月季、牡丹、迎春等。

（三）果木类

以观果为主的树木，具备良好的结果能力，果实累累，色泽艳丽，挂果时间长，某些种类不仅果实具有观赏价值，其花托、萼片等也同样具有观赏价值，部分种类一年多次开花，多次结果，在同一树上形成大小不一、数量不等的果实。如石榴、柠檬、无花果、代代。

（四）叶木类

以观叶为主的树木，叶片各具特色，或形状特殊，或色泽艳丽，叶片保存期较长。多数花形不美，花期短或不能开花，如红背桂、枫香、红枫、红叶李、苏铁等。

（五）荫木类

荫木类包括绿荫树、行道树。其有繁茂的枝叶，一般树体偏大，有良好的遮阳作用与绿化、美化和改善环境条件的作用，如悬铃木、喜树、榉树、榕树等。

（六）蔓木类（藤本）

蔓木类（藤本）属于攀缘型的园林树木，常应用于花架墙垣、建筑物周围，部分具有观花、观果价值，如凌霄、紫藤。

（七）芳香类

植物器官具有特殊的香味，主要是花香、叶香、茎干香等。花色一般单调，花期长，香味浓郁，可以提取芳香物质，如栀子花、白兰花、茉莉花、桂花、米兰、九里香、含笑。

此外，部分园林植物的茎有特殊变异，同样具有观赏价值，如皂角树上的刺、腊梅树上的针枝、樱花上的银白色环斑等。

三、按栽培用途分类

（一）行道树

行道树种植在道路两边，既有绿化作用，又有成荫作用，一般成行种植。常用树种高大挺拔，枝叶繁茂，部分树种花、叶兼用，近年来也采用某些观果树种作为行道树。

（二）庭荫树

庭荫树主要起改善环境遮阴条件和环境中小气候条件的作用，要求植株的枝叶量大，具备开花功能，有遮阴和观赏价值。庭荫树可以孤植，也可以群植，如白玉兰、银杏等。

（三）园景树

园景树以观赏为主，适合布置在公园、庭园内，有观叶、观花、观果等单一的或综合的观赏价值，如紫薇、合欢、青桐、七叶树等。

（四）花灌木

花灌木是以观花为主的观花型树种，如丁香、紫玉兰、绣线菊等。有些花果观赏兼用，如枸杞、火棘等。

（五）绿篱

绿篱以生长枝叶为主，耐修剪，种植密度较大，多为灌木型的树种。可修剪成各种形状，形成绿色隔离带，如大叶黄杨、小叶女贞、九里香、米兰等。

（六）攀缘植物

依附其他树木或墙垣棚架、篱架攀缘生长，常起到垂直绿化的作用。有观叶型，如地锦；观花、观叶型，如凌霄、黄馨、紫藤等；观花、观果、观叶型，如猕猴桃、葡萄等。

（七）地被植物

覆盖在裸露地面上的低矮植物，如匍匐形灌木和蔓性藤本类植物。一般枝叶繁茂，丛生性强，多数属于常绿树种，观赏效果好，如铺地柏、鹿角柏、凤尾柏、凌霄、扶芳藤等。还包括矮生竹类，较耐阴，如倭竹、菲白竹、矮生佛肚竹、矮生紫竹等。

（八）盆栽植物

栽培在各种大小不一的容器内的植物，具有多种用途：一是作为盆景，常使用松（图1-5）、柏、榆、梅等树种的老树根及枝叶培养而成，具有奇特造型，可观形、观叶，也可观花、观果，如以观赏为目的的盆景。二是作为临时布景，可用于门庭、会议、浏览场所、企事业单位等临时布景，经过一段摆设后再移出养护培养。观赏对象可为枝、叶、花、果，如松、柏、茉莉、火棘（图1-6）等。三是为了提高定植成活率，特别是反季节栽培的成活率。由于盆栽植物的根系和土壤全盘托出直接栽种到定植地点，移栽时未伤根，栽植后能很快恢复生长。

四、按生态特性分类

（一）气候生态型

根据树种对大气候或小气候敏感程度而划分，主要影响因子为温度，其次为湿度。

1. 干旱生态型

适宜在干旱荒漠地区生长，要求湿度低，耐旱，较耐低温和高温。我国吐鲁番沙漠植物园已引种栽培463个种，72个科，247个属的沙漠植物。如观花、观叶、绿化的沙冬青、泡果沙拐枣、苞叶木蓼、裸果木、胡杨（图1-7）、红柳等。

2. 水湿生态型

适宜在沼泽、地势低洼地区生长，如垂柳、水杉等。即使根系短期浸泡于水中也不会造成死亡。

3. 耐寒生态型

在北方选择树种时，耐寒能力是重要的选择指标。凡枝条和根系中能贮藏大量淀粉和糖的树种及叶片外被蜡质厚，叶片针状的树种通常比较耐寒，如雪松、红松、白桦（图1-8）、毛白杨、山楂等。

4. 耐高温生态型

在南方选择树种时，耐夏季高温是一个重要指标。叶片蒸发散失水分能力强的树种、阔叶树种、叶肉厚有蜡质的树种、有气生根能从空气中吸水的树种等，通常抗高温能力强，如榕树、芒果等。

（二）环境生态型

1. 吸尘生态型

能利用宽大叶片，浓密树冠，粗大枝条，将飘浮在空气中的烟尘和灰尘阻滞和吸附在植株枝叶上，待下雨后，随水流失到地面。通常这一类型的植物枝叶浓密，叶片大而粗糙，叶表面有粘液，如杨树、桑树、国槐、白榆等。

2. 杀菌生态型

这类树种能分泌某些杀菌物质，可杀死细菌、真菌和一些小型的害虫，如紫薇、松柏类、柑橘、无花果等。

3. 减弱噪声生态型

噪声超过70dB就会对人体产生不良影响。枝叶繁茂、树冠高大且分枝低的乔灌木树种和声散能力强的树种，减弱噪声效果较好，如雪松、松柏类、海桐、珊瑚树、桂花、女贞等。

4. 吸收有毒气体生态型

有毒、有害气体能吸收到树体表面或树体内，但不会造成树受伤死亡的类型。如女贞、梧桐、大叶黄杨等可使大气中二氧化硫浓度降低20%，高者可降低70%。

（三）土壤生态型

土壤是树木赖以生存的主要基础条件，土壤理化性质对树种的生存、生长、发育具有特殊影响。土壤酸碱度即pH，是影响园林生态分布的又一主导因子。在树种的土壤生态型中，分为酸性土壤树种和碱性土壤树种两大类，介于其中的为中性土壤树种。

1. 盐碱地类型

（1）西北及内蒙古盐碱土区　由于降水量少，地面蒸发强烈，气候干旱，冬季高寒，土壤的自然积盐现象长期不断地进行着。成土类型为荒漠草原，草甸土，荒漠土，结皮盐土。主要含有硫酸盐和氯化物，也有部分碳酸盐，pH值为8~9。这类地区适宜种植沙枣、沙冬青、红柳、枸杞、刺槐、桑树、白榆等。

（2）滨海盐碱土区　自辽宁向南，经河北、山东、江苏、浙江、福建、广东到广西及海南周边。这些地区是我国沿海城市盐碱土的主要分布区，盐分以氯化钠为主，南方有些地区（如淮北）以重碳酸盐为主，此类地区较适宜种植柽柳、紫穗槐、石榴、臭椿、无花果、青桐等树种。

（3）东北苏打盐碱区　分布在松嫩平原、呼伦贝尔、三江平原地区，以重碳酸盐、碳酸盐为主，含有少量硫酸盐，pH>9，土壤含盐量高，盐分以苏打为主。种植树木比较困难，不适宜种植旱作物，而耐湿树种多数不耐寒，故目前尚缺少比较适宜的乔木树种，秋子梨、柽柳、胡枝子、枸杞、蒙古柞、樟子松、白榆、丁香等尚能适应。

（4）黄淮海斑状盐渍区　分布在黄河下游、海河、淮河流域中下游的沿河低洼和低平原地区，是土壤次生盐渍化区。这一地区的盐分主要为氯化物和硫酸盐。盐碱情况比较严重，土壤盐分积累于表层。深根性的树种比较适宜如柽柳、枸杞、沙枣、皂角、臭椿、桑树、合欢、杞柳、枣、侧柏、白榆、白蜡、槐树等。

（5）宁夏、内蒙古片状盐渍区　包括内蒙古、宁夏、晋、冀北的山间河谷盆地及黄土高原地区。盐分多聚集在土壤表层而形成盐皮，底土盐含量也高，盐的种类较复杂，包括硫酸盐、氯化物、苏打盐。适宜的树种有柽柳、枸杞、胡杨、沙枣、刺槐、白榆、臭椿、皂角、小叶白蜡、杜梨、银白杨等。

2. 酸性土壤

酸性土壤包括红壤土和黄壤土地区，红壤土酸性强，一般pH<6；黄壤土酸度低一些，但土壤结构差。可供选择的树种很多，多原产于酸性土壤分布区。

任务2　园林树木的观赏特性

一、园林树木的色彩

园林树木的各个部分如花、果、叶、树干、树冠、树皮等，具有不同的色彩，并且随着季节和年龄的变化而呈现多种多样的色彩。群花开放时节，争芳竞秀；果实成熟季节，绿树红果，点缀林间，为园林增色不浅。苏轼《初冬诗》：“一年好景君须记，正是橙黄橘

绿时。”

（一）花色

花朵是色彩的来源，是季节变化的标志，既能反映大自然的天然美，又能反映出人类独特匠心的艺术美，人们往往把花作为美好、幸福、吉祥、友谊的象征。以观花为主的树木有其独特的优越性，可组成立体图案，在园林中常以其为主景，或孤植，或团状群植，每当花季群芳争艳，芬芳袭人，若配置得当，可四时花开不绝。根据花朵不同的色彩，分类如下：

1. 红色系花

如山茶、红牡丹、海棠、桃花、梅花、蔷薇、月季花、红玫瑰、垂丝海棠、皱皮木瓜、绯红晚樱、石榴、红花夹竹桃、杜鹃、木棉、合欢、木本象牙红等。红色象征热情奔放。

2. 黄色系花

如迎春、金钟花、连翘、棣棠、金桂、腊梅、瑞香、黄花杜鹃、黄木香、黄月季花、黄花夹竹桃、金丝桃、金丝梅等。黄色象征高贵。

3. 白色系花

如白兰花、白丁香、绣球花（图1-9）、白牡丹、白玉兰（图1-10）、刺槐、六月雪、珍珠花、喷雪花、麻叶绣线菊、白木香、白桃、梨、白鹃梅、溲疏、山梅花、山桂花、白梓树、白花夹竹桃、八角金盘、络石等。白色在花坛和切花中最引人注目，和其他色彩配置在一起，能够起到强烈的对比作用，既烘托其他花色，也显示白色的恬静和优雅的风姿，给人以清新的感受。白色象征纯洁。

4. 蓝色系花

如紫藤、木槿、紫丁香、紫玉兰、醉鱼草、毛泡桐、八仙花、兰香草、金叶莸等。蓝色或紫色的花朵给人以安宁和静穆之感。蓝色象征幽静。

（二）叶色

许多园林树木色彩的类型和格调主要取决于叶色，叶色的变化取决于叶片内的叶绿素、叶黄素、类胡萝卜素、花青素等色素含量的变化，叶色还受叶片对光线的吸收与反射差异的影响。树木叶色可分为以下几类：

1. 基本叶色

即绿色，受树种及光线的影响，又有墨绿、深绿（图1-11）、油绿、黄绿、亮绿、蓝绿、褐绿、黑绿、茶绿等，且会随季节而变化。早春，叶芽初展，新绿（图1-12）之色，由浅及深，由淡转深，参差不齐，古诗中“微绿”、“轻黄”、“娇黄”、“浅黄”、“鹅黄”，意即春初草林之新绿。

2. 特殊叶色

除绿色外而呈现的其他叶色，又可分为：

（1）常色叶类　有些树的变种或变型，其叶常年均成异色，而不必等秋季来临，特称为常色叶树。全年树冠呈紫色的有紫叶小檗、紫叶欧洲槲、紫叶李、紫叶桃等；全年叶色均为金黄色的有金叶鸡瓜槭、金叶雪松、金叶圆柏等。

（2）季节叶色类　叶片因季节变化而出现的不同叶色，如春季新叶为红色，秋季变为红色或黄色。尤值早春送暖、枫红撼谷，秋风送凉、红叶满坡，槭艳如锦，尽显自然界之大观，国人吟咏红叶自古不绝，佳作流传。日本于秋枫盛时，游人如织，“红叶狩”，亦不减“观花潮”之盛。

（三）枝干色

树木的枝干，除因其生长习性而直接影响树形外，它的颜色也具有一定的观赏意义。尤其是当深秋叶落后，枝干的颜色更为醒目。对于枝条具有美丽色彩的树林，称为观枝树种。如红瑞木、赤松（图1-13）、山桃等的枝条颜色是红色；金竹的枝条颜色是黄色；白皮松（图1-14）、蓝桉的枝干为灰白色。白桦（图1-15）的枝干是白色。

（四）果色

果实成熟于盛夏或凉秋之际，在此浓绿（夏）及黄绿（秋）之冷色系统中，成熟果将其红、紫或橙（图1-16）、黄（图1-17）等暖色点缀其间，大添异彩。在观赏上，果色以红紫为贵，黄色次之。

二、园林树木的形态

园林树木的形态是其体量、外形轮廓、质地、树形、结构等特征的综合体现，给人以大小、高矮、轻重等比例尺度的感觉，是一种造型艺术美，为风景园林三维结构中不可分割的一部分，在园林造景中起着特别重要的作用。园林树木的形态美表现在以下几个方面：

（一）体量

主要表现于树木的高矮、大小及动态变化。体量在一定程度上影响并决定树木的观赏效果，与树木的其他观赏性状，特别是外形轮廓密切相关。离开了体量的配合，难以表现出尽美的观赏效果；在风景园林中，树木的体量对空间的分割、构图、组景等，都十分重要。

（二）树形

树形指树木从整体形态上呈现的外部轮廓，主要受树种的遗传学特性和生长环境条件的影响。园林树木的树形多种多样，每种树形都由一定的垂线、水平线、斜线、弧线或折线构成，它们是树形的基本要素。树形的划分，通常以正常生长条件下成年的冠形，作为该树种的基本树形，主要分为：

1. 尖塔形

顶端优势明显，中央主干生长较旺，树冠剖面基本以树干为中心，顶部形成尖头，主要由斜线和垂线构成，以斜线表现优势，整体呈金字塔形，如雪松、水杉、冲天柏、连香树等。该类树形轮廓分明、形象生动，具有由静而趋于动的意向，有将人的视线或情感从地面导向高处天空的作用。

2. 圆柱形

顶端优势明显，主干生长旺，但树冠基部与顶部不开展，树冠紧抱，树冠上、下部直径相差不大，冠高远远超过冠径，整体形态细窄颀长，如北美圆柏、紫杉、钻天杨、塔柏等。树冠构成以垂直线为主，给人以雄健、庄严与稳固的感觉，通过引导视线向上的方式，突出了空间的垂直面，能产生较强的高度感染力。

3. 圆球形

包括球形、卵球形、扁球形、半球形等，树形的构成以弧线为主，给人以优美、圆润、柔和、生动的感受，如樟、石楠、榕树、加杨、球柏、千头柏等。在人的视觉中圆球形无明确的方向性，较易在各种场合中与多种形状取得协调与对比。

4. 垂枝形

具有明显悬垂或下弯的细长枝条，如垂柳、垂枝槐、垂枝榆、垂枝梅、垂枝桃、垂枝山

毛榉等。

5. 披散形

为低矮灌木的习见树形，包括匍匐形、偃卧形、拱枝形等，枝条接近地面水平状向四周伸展，冠径大大超过植株高度，如迎春、云南黄馨、连翘、金丝桃等。树形构成要素以水平线为主，引导视线沿水平方向移动，容易使空间产生一种宽阔感和外延感。

6. 藤蔓形

藤本植物的树形，大致分为攀缘与悬垂两种，主要取决于支撑物体的形状。

7. 棕榈形

棕榈科植物特有的树形，只有少数大型叶片集生茎顶，具有南国的热带风情。

8. 风致形

由于长年定向风力的作用或长期光照方向的影响，树冠严重偏向一侧的树形。

（三）质地

树木的质地，指树冠的疏松与紧密、粗糙与光滑程度，主要受叶片的大小、数量及排列方式，枝条长短、数量与分枝形式，生长季节以及观赏视距等诸因素影响。

1. 稀疏型

树木的枝干粗壮、节间长，分枝距离远、分枝角度大，叶片较大而稀疏，能产生使景物趋向观赏者的动态感，进而造成观赏者与树木间的可视距离短于实际距离的幻觉，有助于开阔大空间的“收缩”。

2. 紧密型

树木枝、叶细数量众多，着生密集，分布均匀，排列较规整，树体轮廓明显，外观光滑。紧密型树木给人以结实、厚重、力度的感受，其应用特性与稀疏型树木相反。

3. 疏松型

树木的叶片大小与数量、枝条粗细与长短均较为适度，树形有较明显的轮廓，质感受叶色的影响较大。应用方面，可充当稀疏型与紧密型树木间的过渡成分。

（四）叶形

按照叶片大小和形态，将叶形划分为以下三大类。

1. 小型叶类

叶片狭窄、细小或细长，叶片长度大大超过宽度。包括常见的鳞形、针形、凿形、钻形、条形以及披针形等，具有细碎、紧实、坚硬、强劲等视觉特征。

2. 大型叶类

叶片巨大，但整株树上叶片数量不多。大型叶树的种类不多，以具有羽状或掌状开裂叶片的树木为主，多原产于热带湿润气候地区，具有秀丽、洒脱、清疏的观赏特征。

3. 中型叶类

叶片宽阔，大小介于小型叶与大型叶之间，形状多种多样，有圆形、卵形、椭圆形、心脏形、肾形、三角形、菱形、扇形、掌状形、马褂形、钥形等类型。多数阔叶树属于此类型，给人以丰满、圆润、素朴、适度等感觉。

此外，叶缘的锯齿、缺刻以及叶片表皮上的绒毛、刺凸等附属物的特性，有时也可供观赏。

（五）花形与花相

花形是指单朵花的形状，一般认为，花瓣数多、重瓣性强、花径大、形体奇特者，观赏价值高。但花的观赏价值，更多的是以其花序组成以及在枝条上的排列方式来表现，花在植株上表现出来的综合形貌，称为花相。花相可大致分为以下三种类型：

1. 外生花相

花或花序着生在枝条的顶端，集中分布于树冠的表层，盛花时整个花冠几乎被花所覆盖，远距离花感强烈、气势壮观，如栾树、泡桐、七叶树、紫薇、叶子花、夹竹桃、木莲、木棉、兰花楹、刺槐、丁香、白勒、牡丹、瑞香、杜鹃、玉兰等。

2. 内生花相

花或花序主要分布在树冠内部，着生于大枝或主干上，花常被叶片遮盖。外观花感较弱，如桂花等。

3. 均匀花相

花以散生或簇生的方式着生于枝的节部或顶部，且在全树冠分布均匀，花感较强。如金钟花、郁李、榆叶梅、腊梅、绣线菊、棣棠、金银花等。

（六）枝干形态

一些树木的树皮以不同形式开裂、剥落，古树常悬根露爪，充分显示了生命的苍古；另外，榕树等热带、亚热带树种，具有板根以及发达的悬垂状气生根，能形成根枝连地、绵延如绳、独木成林的奇特景象，蔚为壮观；而水松、池杉等湿地树种的呼吸根，红树科树木的支柱根，均别具一格。

三、园林树木的芳香

常见的香花树木有许多种，花的香味，来源于花器官内的油脂类或其他复杂的化学物质，随花朵的开放分解为挥发性的芳香油，如安息香油、柠檬油、香橼油、萜类等，刺激人的嗅觉，产生愉快的感觉。某些园林树木的枝叶，如桉树、云杉、香樟、榧树等，会散发出沁人肺腑的奇芳异香，具有健体清神的功效，在生态保健林的营建中，具有十分积极的作用。芳香没有一致的标准，可概括为：清香（茉莉、九里香）；甜香（米兰、含笑、桂花、夜合）；淡香（玉兰、丁香）；浓香（白兰花、玫瑰、依兰）；奇香（树兰）。

南方有用各种香花植物配成的“芳香园”，北方则需配置温室。

“三秋桂子，十里荷香”，无论何种“香”气，在园林风景中都备受喜爱。园林之香，主要来自植物。除了夏日的荷花，三秋的桂花之外，还有被称为冷香的梅花、淡而幽的兰花，以及玉兰花，槐花等。另外，观赏价值很高的松、竹等也具有一种特别的清香，“身来飞鸟道，香发出松林”。甚至苔藓、小草、灌木丛也会散发出诱人的气息，所有这些作用于嗅觉的无形的植物信息，增添了园景的动人魅力。同时由于园林地势起伏，又往往被分隔成小的景区和院落，以致人们在游览时所闻到的香味通常是一阵阵的，若有若无的，淡雅含蓄的。

北京颐和园玉澜堂是一处临湖的寝殿，清晨常常能于此处闻到幽香，殿堂上楹联写道：“诸香细悒莲须雨，晓色轻团竹莲烟”。它所描绘的昆明湖边的景色十分传神，香不是浓香扑鼻，而是犹如莲蕊细雨般一阵阵从湖面吹过来，拂晓中晨雾在竹岭上轻轻聚散，表现出的完全是如诗如画般的意境美。带有香的景致，既丰富了园林的欣赏范围，也陶冶了游人的情

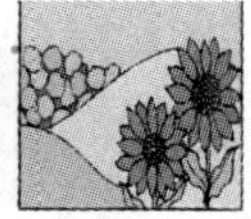

操意趣。

四、园林树木的感应

树木给人的印象不单是色彩、形态等外形上的直感。有时，这些综合感应还可以使人获得感官或心理上的满足。

（一）反光

当日光照射到叶片时，叶片排列整齐、叶片光亮、蜡质层或角质层较厚的树木有一定的反光效果。反光可以使景物更加辉煌，令人迷离，产生幻觉。

（二）声响

树木的枝叶受风、雨作用发出的不同声响，可加强和渲染园林的氛围，令人遐想沉思，引人入胜。例如，风拂叶片发出的沙沙声，使人联想到宁静的乡村，带来迥异于城市噪声的情感；松涛阵阵，气势磅礴、排山倒海；白杨秋瑟，惨淡凄凉、催人泪下等。

（三）阴影

树木的阴影能丰富树木的观赏情趣，烘托局部气氛。例如，当林中的阴影与通过“林窗”透入林地的光斑交相辉映时，会使人感到新奇，给人带来欢愉与乐趣。

（四）动姿

风使树木的枝叶摇曳、姿态万千，给人以流动的美感，例如，飘拂的柳枝让人臆想到绵绵雨丝，感受到景物的多姿多彩与柔情万种。

任务3 园林树木的生长环境

园林树木的生长环境主要指生长地周围的生态因子，如温度、光照、水分、土壤、空气、生物以及建筑物、铺装地面、灯光、城市污染等物理环境因素。园林树木的生长环境不同于自然森林中的树木，而是以人为活动集中的城市地域为主。园林树木的生长发育除了受自身的遗传特性影响外，还受制于环境条件的现状及变化趋势。园林树木具有多年生、占地空间大的生长特点，与环境条件间的关系错综复杂，影响深远。因此，在进行园林树木栽植与养护时，不仅须了解不同树木所需要的一般环境条件，同时也应了解城市环境对树木生长可能产生的影响。

一、园林树木生长的环境因子

（一）温度

温度是树木的重要生存因子，决定着树种的自然分布，温度因纬度、海拔高度不同而发生的变化，是不同地域树种组成差异的主要原因之一。温度又是影响树木生长速度和景观质量的重要因子，对树体的生长、发育及生理代谢活动有重要的影响。

树木的所有生理活动和生化反应都与温度有关，温度的变化还会导致其他环境因子发生变化，如湿度、空气流动等，从而影响树木的生长发育。

1. 基础温度

树木生长发育不但需要特定的温度范围，还需要一定的温度总量才能完成其生活周期，树木生长所需的基础温度主要有年平均温度和生长季积温，树木的生态分布与气候带的划分

主要以此为依据。

植物在达到一定温度总量时才能完成其年生长周期，对园林树木来说，在综合外界条件下能使树体萌芽的日平均温度为生物学零度，即生物学有效温度的起点，一般落叶树种的生物学零度多为6～10℃，常绿树的生物学零度则为10～15℃。通常把树木生长季中高于生物学零度的日平均温度总和，即生物学有效温度的累积值，称为生长季积温（又称为有效积温），其总量为全年内具有效温度的日数和有效温度值的乘积。不同树种（品种）在年生长期内，对有效积温的要求不同，一般落叶树种为2500～3000℃，而常绿树种多在4000～4500℃以上。园林树木在生长期中对温度热量的要求与其原生地的温度条件有关。如原生于北方的落叶树种萌芽、发根都要求较低的温度，生长季的暖温期也较短；而原生热带、亚热带的常绿树种生长季长而炎热，生物学零度值也高。

早春气温对树木萌芽、开花有很大影响，开花期主要受三月气温的支配，一般在大陆性气候带，由于春季温度突然升高，开花物候期通常较短而海洋性气候带，春季温度变化小，有效积温热量上升慢，则开花物候期相对延长。6月中旬至7月上旬的最低气温与花芽分化有关。温度对果实品质、色泽及成熟期有直接影响，一般情况下，在日照强度大、温差大的高海拔山地、高原，果实性状比在平原地区表现好，果实含糖量高、色鲜、品质佳。

树体在年发育周期中，自萌芽后转及旺盛生长时要求温度渐高，落叶树种为10～20℃，常绿树种为12～16℃。树体的生理活动对温度反应有其最适点、最低点和最高点，即为温度三基点。最适点树体生长、发育正常，温度过高或过低则树体生理过程受抑或完全停止，并出现异常现象。

2. 温度的时空变化

（1）温度的空间变化

1）纬度影响。太阳高度角随着纬度的升高而减小，太阳辐射量也随之减小，年平均温度逐渐降低。纬度每升高1°，年平均温度下降0.5～0.9℃。从赤道到极地划分为热带、亚热带、温带和寒带，不同气候带的树木组成不同，森林植物景观现象各异，如从高纬度到低纬度，分别为寒温带针叶林、温带针阔叶混交林、暖温带落叶阔叶林、亚热带常绿阔叶林、热带季雨林和雨林等。在树种分布上，“桔生淮南则为桔，桔生淮北则为枳”，讲的就是温度的制约关系。此外，杉、樟、含笑等暖温带常绿树种的引种范围，一般也不能到达淮河以北的寒冷地区。

2）地形及海拔高度变化。通常海拔每升高100m，相当于纬度向北推移1°，年平均温度则降低0.5～0.6℃；而高山上的昼夜温差可达30～50℃。温度还受地形、坡向等地理因素影响，一般情况下，南坡太阳辐射量大，气温、土温比北坡高，同一树种在南坡的分布上限比北坡高。如在长江流域与福建地区，马尾松的垂直分布带为海拔1000～1200m以下，在北坡为900m以下。

3）海陆分布。表现为气团流动对温度分布的影响。我国的东南沿海为季风性气候，从东南向西北，大陆性气候逐渐增强。夏季温暖湿润的热带海洋气团，将热量从东南带向西北；冬季寒冷而干燥的大陆性气团，使寒流从西北向东南推移，造成温度递减。

（2）温度的时间变化　温度的时间变化主要指全年的季节性变化与一日中的昼夜变化。温度的年变化节律主要表现在四季的变化，温度逐渐由低升高再降低。张宝堃提出以侯（5d为一侯）的平均温度来划分四季，即侯平均温度达到10～22℃时的为春、秋季，22℃

以上为夏季，10℃以下为冬季。我国幅员辽阔，各地的纬度、海拔高度、海陆位置、大气环流等条件不同，因此四季分配的差别很大。例如：广州的夏季长达六个半月；而位于高纬度的黑龙江省爱辉县，则冬天长达240d。

一日中温度的变化，最低值是在近日出时，日出后气温逐渐升高，至13：00～14：00达到最高值，此后又逐渐下降。温度的昼夜变化对树木的生长和果实的质量产生影响，如云南的山苍子含柠檬醛高达60%～80%，而浙江产的山苍子柠檬醛含量只有35%～50%，其主要原因是高原地区日交差温度值大，导致生化反应不同而物质积累有异。只有夜间温度下降到一定范围以内时，昼夜温差才对树木生长有良好作用，如果夜晚过于寒冷，则生长反受抑制。

3. 极端温度

（1）高温对树体的影响　生长期温度高达30～35℃时，一般落叶树种的生理过程受到抑制，升高到50～55℃时则受到严重伤害。常绿树种较耐高温，但达50℃时也会受到严重伤害。而落叶树种于秋冬温度过高时不能顺利进入休眠期，影响翌年的正常萌芽生长。高温对树木的危害作用，首先是破坏了光合作用和呼吸作用的平衡，叶片气孔不闭、蒸腾加剧，使树体"饥饿"而亡；其次，高温下树体蒸腾作用加强，根系吸收的水分无法弥补蒸腾的消耗，从而破坏了树体内的水分平衡，叶片失水、萎蔫的结果，使水分的传输减弱，最终导致树木枯死。同时，高温会造成对树木的直接危害，强烈的辐射灼伤叶片、树皮组织使局部死亡，以及因土壤温度升高而造成对树木根茎灼伤。

不同树种（品种）对高温的忍受能力不同，如叶片小、质厚及气孔较少的树种，对高温的耐受性较高。同一树体在不同发育阶段对高温的抗性也不同，通常休眠期时最强，生长、发育初期最弱。树体的不同器官对高温的反应也各异，根系的表现最为敏感，大多树木的幼根在40～45℃的环境中4h则会死亡，夏季表层裸露的土壤可能达到导致树木根系死亡的温度。

树木对高温的忍耐性也表现在生理反应上，如突然出现的高温会引发树体内热应激蛋白的合成，增加植株抗高温的能力；有些树种在遇到突发高温时，会形成小分子的碳水化合物异戊二烯，并将其排出体外，异戊二烯的释放能在几分钟内使叶面温度降低8℃，从而避免伤害发生。如红栎的叶片在阳光直射下其表面温度可比气温高14℃，从而不受伤害。

（2）低温对树体的危害　低温伤害，其外因主要取决于降温的强度、持续的时间和发生的时期；内因主要取决于树木种类（品种）的抗寒能力，此外还与树势等发育状况有关。低温伤害的表现有：

1）冻害，即因受零下低温侵袭，树体组织发生冰冻而造成的伤害；

2）寒伤，即受0℃左右低度影响，树体组织虽未冻结成冰但已遭受的低温伤害；

3）冻旱，又称为冷旱，是低温与生理干旱的综合表现；

4）霜害，即秋春季的早霜、晚霜危害。

低温对树木造成的危害，主要发生在春、秋、冬季，特别是早春温度回升后的突然降温，对树木危害更严重。不同树木种类的抗寒能力差异很大，如可可、椰子等热带树种在2～5℃就严重受冻；起源于北方的落叶树种则能在－40℃的低温条件下安全越冬。树木品种间的抗寒能力也不尽相同，如梅花中的"美人梅"品种，能耐－30℃低温，为北京等地适栽的优良抗寒品种。另外，树体的不同发育阶段其抗寒能力也不相同，通常以休眠阶段的抗

寒性最强，营养生长阶段次之，生殖生长阶段最弱。树体的营养条件对低温的忍耐性有一定关系，如生长季（特别是晚秋）施用氮肥过多，树体因推迟结束生长，抗冻性会明显减弱；多施磷、钾肥，则有助于增强树体的抗寒能力。

低温对树木的影响主要表现为感光氧化作用（即光合作用对因温度变化而产生的生物物理反应的敏感性）低于对因温度变化而产生的生物化学反应的敏感性。在低温条件下，叶绿素虽然继续吸收太阳辐射，但能量却不能以有效的速度被转送到正常的电子吸收成分中以避免光阻效应。对低温具适应性的树种，其避免感光氧化作用的机理，是增加叶黄素的循环来避免自由基（有毒的活性分子）的形成，树体避免因低温形成自由基而造成损伤的机理（特别是在高海拔伴有高辐射情况时），可能有以下几种：

1）具有类似的基因，与酚的抗氧化剂合成有关。

2）生长在高海拔地区的树木，含有抗坏血酸（V_C）、α—生育酚（V_E）、三酞谷胱甘肽等抗氧化剂，其浓度随海拔高度的上升而增加，在一天中的浓度变化以中午最高，夜间最低。

3）有些树种对低温的适应性因土壤含水量低而提高，目前推测低温以及土壤缺水都可能增加脱落酸（ABA）的水平。

（3）激烈变温对树体的危害　温度在年生长周期中呈现正常的季节变化和日变化，是在长期的进化过程中为树体生长发育所适应的。但由于气象因子的作用，而导致温度突然升高或降低，对树体生长十分有害。其中，低温危害要比高温危害涉及面大、程度深，严重时甚至导致树体死亡。降温速度越快、低温持续时间越长，对树体的危害越大；特别是在生长发育关键时期，例如寒潮以后的温度急剧回升对树体的危害更重。冻害后太阳直射，树体组织细胞间隙内的水分迅速解冻蒸腾，导致细胞原生质破裂失水致死。树体抗冻或适应温度剧变的能力，决定于树种、品种的遗传特性及其树体的适应状态，在冬季急剧变温的最初几小时内，可观察到氧的吸收下降，抗寒品种比不抗寒品种较能适应，恢复有氧呼吸较快。越冬锻炼好的树体，其组织内部水分含量发生变化，易冰的游离水含量下降，束缚水含量增加；磷代谢发生重大变化，磷酸酯糖和核苷含量增多；其皮层薄壁细胞中的花青素含量增多。

（二）光照

光照是树体生命活动中起重大作用的生存因子。光对植物生长发育的影响，主要表现在光照强度、光照持续时间和光质三方面。在一定的光照强度下，植物才能进行光合作用，积累碳素营养；适宜的光照，使植株生长健壮，着花多，色艳香浓。提高光能利用率，是园林树木栽培的重要研究内容之一。

1. 太阳辐射与光质

（1）太阳辐射与植物吸收光谱　太阳辐射的波长变化在150～3000nm的范围内，植物光合作用最佳利用值近于490nm，高海拔地区丰富的紫外线光为390nm左右。太阳辐射强度与太阳高度角有关，在近于直角时强度值最大。

植物感受光能的主要器官是叶片，并由叶绿素完成重要的光合反应。叶片以吸收可见光和紫外光为主，即同化太阳光谱380～760nm区间的能量，通常称为生理有效辐射或光合有效辐射。叶面可吸收利用的生理辐射光约占总量的60%～80%，喜光树种吸收的量比喜荫树种吸收的量较多。

生理辐射光主要由叶绿素和类胡萝卜素吸收，其中以红橙光的吸收利用最多，具有最大

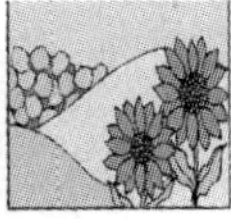

的光合活性；蓝、紫光也能被叶绿素、类胡萝卜素吸收；绿光大部分被绿色叶片所透射或反射，很少被吸收利用。另外，红光能促进叶绿素的形成，有利于碳水化合物的合成；蓝光有利于蛋白质的合成，但蓝紫光促进花青素的形成，抑制植物的生长，而使植株形态矮小。

（2）光质　光质指太阳光谱的组成特点，主要由紫外线、可见光和红外线三部分组成。当太阳辐射通过大气时，不仅辐射强度减弱且光谱成分也发生变化，随太阳高度升高，紫外线和可见光所占比例随之增大；反之，长波光比例增加。

紫外光会破坏核酸而对植物产生伤害，叶片的表皮细胞能截留大部分紫外光从而保护叶肉细胞。高海拔地区的强紫外光，会破坏细胞分裂和生长素的合成而抑制植株生长，因此在自然界中高山植物一般都具茎秆短矮、叶面缩小、茎叶富含花青素、花果色艳等特征，这除了与高山日交差温度值大有关外，主要与蓝、紫等短波光以及紫外光较强等密切相关。

（3）直射光与漫射光　作用于树体的光有两种，即直射光与漫射光。通常漫射光随纬度增高而增强，随海拔升高而减少；直射光随海拔升高而增强，垂直距离每升高100m，光照强度平均增加4.5%，紫外光强度增加3%～4%。南坡和北坡的漫射光不同，例如在坡度为20°时南坡受光量超过平地面积的13%，而在北坡则减少34%，山坡地边缘的树受漫射光最少。在一定限度内直射光的强弱与光合作用成正相关，但超过光饱和点后则光的效能反而降低。漫射光强度低，但在光谱中短波部分的漫射光比长波部分强得多，所以漫射光中有较多的红、黄光（可达50%～60%）可被树体完全吸收利用，而直射光中仅有37%的红、黄光。

在城市环境中，直射光多在向阳面、屋顶及开阔地带，而下光和后光的来源却很丰富，此外尚有夜间人工照明可利用。除非密集建筑群下，一般来说城市的客观存在光量还是能满足树木生长发育的，只是在种植设计时应更注意树种、品种的需光特性，适树适栽。

2. 光对树木生长发育的影响

（1）光照强度　园林树木需要在一定的光照条件下完成生长发育过程，但不同树种对光照强度的适应范围则有明显的差别，一般可将其分为三种类型：

1）喜光树种：又称为阳性树种，只能在全光照条件下生长，其光饱和点高，不能忍受任何明显的遮阴环境。植株性状一般为：枝叶稀疏、透光，叶色较淡，生长较快，自然整枝良好；但树体寿命较短。典型的阳性树种有马尾松、桦木、杨、柳、月季等。

2）耐阴树种：又称为阴性树种，能在较弱的光照条件下良好生长，光饱和点低，能耐受遮阴环境。植株性状一般为：枝叶浓密、透光度小，叶色较深，生长较慢，自然整枝不良；但树体寿命较长。如铁杉、八角金盘、珊瑚树等。

3）中性树种：介于上述两类之间，比较喜光、稍能耐阴，光照过强或过弱对其生长均不利，大部分园林树种属于此类。

不同树种均具有一定的适应光照强度范围，当树木光合作用系统吸收的辐射能量超过其光合化学反应所利用的能量水平时，树木生长就会受到影响甚至出现伤害，导致光伤害的发生。喜光树种具有避免受到光伤害的生理机制，其叶绿体中的类囊体羧化而产生一种酶，使类胡萝卜素转化为玉米素，此过程将辐射能量以热的形式散失，从而避免光伤害的发生。

树种的需光强度，与其原生地的自然条件有关。如生长在我国南部低纬、多雨地区的热带、亚热带常绿树种，对光的要求低于原生于北部高纬度地区的落叶树种。原生在森林边缘空旷地区的树种绝大部分是喜光树种，如落叶树中的落叶松、杨树、悬铃木、刺槐、桃、

杏、枣等，常绿树种中的椰子、香蕉等。而阴性树种在全日照光强的1/10即能进行正常光合作用，其光补偿点低，仅为太阳光照强度的1%，如落叶树中的天目琼花、猕猴桃和常绿树中的杨梅、柑桔、枇杷、云杉、水青冈等，光照强度过高反而影响其正常生长发育。

（2）光照延续时间　光照延续时间因纬度高低而各不相同，呈周期的变化：纬度越低，最长日照和最短日光照延续时间的差距越小；而随着纬度的升高，日照长短的变化也趋明显。树木对昼夜长短的日变化与季节长短的年变化的反应称为光周期现象，主要表现在诱导花芽的形成与休眠开始。不同树种在发育上要求不同的日照长度，这是植物在系统发育过程中适应环境的结果。根据这一特性可将园林树木分为三类：

1）长日照树种：大多生长在高纬度地带，树木需要较长时间的日照才能开花，通常需要14h以上的光照延续时间才能实现由营养生长向生殖生长的转化，花芽才得以分化和发育。如日照长度不足，即在生长期中得不到所需的长日照条件，则会推迟开花甚至不开花。

2）短日照树种：起源于低纬地带，需较短的日照长度才促进开花，光照延续时间超过一定限度则不开花或延迟开花，一般需要14h以上的黑暗。如果把低纬地区的短日照树种引种到高纬度地区栽种，因夏季日照长度比原生地延长，对花芽分化不利，尽管株形高大，枝叶茂盛，花期却延迟或不开花。

3）中日照树种：对光照延续时间反应不甚敏感的树种，如月季，只要温度条件适宜，几乎一年四季都能开花。

进一步的研究证明，对短日照植物的花原基形成起决定作用的不是较短的光期，而是较长的暗期。根据这个认识，人们用闪光的方法打断黑暗，可以抑制和推迟短日照植物的花期，促进和提早长日照植物开花。

（3）树体的受光量　树体的受光类型可分为四种，即上光、前光、下光和后光。前两种光是从树体的上方和侧方照到树冠上的直射光和部分漫射光，这是树体正常发育的主要光源。下光和后光是照射到平面（如土壤、路面、水面等）和树后的物体（包括临近的树和建筑物墙体等）所反射出的漫射光，其强度取决于树体周围的环境，如栽植密度、建筑物状况、土壤性质和覆盖状况等。树体对下光和后光的利用强度虽不如前两种光，但因其能增进树冠下部的生长，对树体生长起相当大的作用，在栽植及采取管理措施时不应被忽视。

树体的受光情况与树体所在的地理状况（海拔、纬度）和季节变化有关。照射在树体上的光，不会被全部利用，一部分被树体反射出去，一部分透过枝冠落到地面上，一部分落在树体的非光合器官上，因此树体对光的利用率取决于树冠的大小和叶面积的多少。

（三）水分

水是植物生存的重要因子，也是植物体构成的主要成分，枝叶和根部的水分含量约占树体全部水分的50%以上。树体内的生理活动都要在水分参与下才能进行，光合作用每生产0.5kg光合产物，约蒸腾150～400kg水。水通过不同质态、数量和持续时间的变化对树体起作用，水分过多或不足，都影响树体的正常生长发育，甚至导致树体衰老、死亡。水的质态可为分固态（雪、冰雹）、液态（降雨、灌水）和气态（大气湿度、雾），各种质态的水对树体起不同的作用，但其中以液态水最为重要。

1. 水在树体生理活动中的重要作用

水是树体生命过程不可缺少的物质，细胞间代谢物质的传送，根系吸收的无机营养物质输送以及光合作用合成的碳水化合物分配，都是以水作为介质进行的。另外，水对细胞壁产

生的膨压，得以支持树木维持其结构状态，当枝叶细胞失去膨压即发生萎蔫并失去生理功能，如果萎蔫时间过长则导致器官或树体最终死亡。一般树木根系正常生长所需的土壤水分为田间持水量的60%～80%。

树体生长需要足量的水，但水又不同于树体吸收的其他物质，其吸收的水分中大约只有1%在生物量中被保留下来，而大量的水分通过蒸腾作用耗失体外。蒸腾作用能降低树体温度，如果没有蒸腾，叶片将迅速上升到致死的温度；蒸腾的另一个生理作用是同时完成对养分的吸收与输送。蒸腾使树体水分减少而在根内产生水分张力，土壤中的水分随此张力进入根系。当土壤干燥时，土壤与根系的水分张力梯度减小，根系对水分的吸收急剧下降或停止，叶片发生萎蔫、气孔关闭、蒸腾停止，此时的土壤水势称为暂时萎蔫点。如果土壤水分补给上升或水分蒸腾速率降低，树体会恢复原状；但当土壤水分进一步降低时，则达永久萎蔫百分数，树体萎蔫将难以恢复。

2. 树体生长与需水时期

春季萌芽前为落叶树种的需水时期，如果冬春干旱则须在初春补足水分，此期水分不足，常延迟萌芽或萌芽不整齐，影响新梢生长。花期干旱会引起落花落果，降低坐果率，为另一树体需水时期。新梢生长期，温度急剧上升，枝叶生长迅速旺盛，此时需水量最多，对缺水反应最敏感，为需水临界期，供水不足对树体年生长影响巨大。果实发育的幼果膨大期需充足水分，为又一需水临界期。花芽分化期需水相对较少，如果水分过多则分化减少；在南方，落叶树种的花芽分化期正值雨季，如雨季推迟，则可促使提早分化。秋梢过长是由后期水分过多造成的，这种枝条往往组织不充实、越冬性差，易遭低温冻害。

3. 土壤水分与树木生态类型

树种在系统发育中形成了对水分不同要求的生态习性和生态类型，表现为对干旱、水涝的不同适应能力。花果木抗旱和耐涝的概念，不仅限于树体维持其生命活动，更重要的是能够正常开花结果。

（1）旱生类型　即适应在沙漠、干草原、干热山坡等干旱条件下生长的树种，有的具有发达的根系；有的具有良好的抑制蒸腾作用的结构；有的具有发达的储水结构；有的具有很高的渗透压或发达的输导系统，抗旱能力较强。树木对干旱的适应形式主要表现在两方面：一是树体本身需水少，具有小叶、全缘、角质层厚，气孔少而下陷，并有较高的渗透压等旱生性状，如石榴、扁桃、无花果、沙棘等。麻黄、沙拐枣的叶面缩小或退化以减少蒸腾；夹竹桃的叶具有复表面，气孔藏在气孔窝的深腔内，腔内还具有细长的毛，都是一种抑制蒸腾的适应能力。仙人掌、景天等肉质多浆植物，具有发达的贮水薄壁组织，能缓解自身的水分需求矛盾。部分植物具有强大的根系，能从深层土壤中吸收较多的水分供给树体生长，如葡萄、杏等；戈壁上的骆驼刺，根深常超过30m，能充分利用土壤深层的水分。

抗旱力强的树种，包括桃、扁桃、杏、石榴、枣、无花果、核桃、马尾松、黑松、泡桐、紫薇、夹竹桃、白杨、刺槐、柳、苏铁、箬竹等。抗旱力中等的树种，包括苹果、梨、柿、樱桃、李、梅、柑桔、胡桃、茶梅、珊瑚树、栎、竹类等。

（2）湿生类型　生长在潮湿、雨量充沛、水源充足的陆地环境中，有的甚至耐受短期的水淹。耐涝树种中，常绿类有卫矛、棕榈、杨梅、夹竹桃等；落叶类以池杉、落羽杉、水松、柽柳、垂柳、杞柳、龙爪柳、小檗、栾树、六月雪、枸杞、乌桕、枫杨、白蜡、胡颓子、紫藤、石榴、山楂、皂荚、三角枫、栀子花、木芙蓉、喜树、杜鹃、葡萄等较耐涝，最

不耐涝的树种是桃、梅、杏等。树体的耐涝性与水中含氧状况关系最紧密，也与气温有关。据试验表明，在缺氧死水中，无花果浸2d、桃浸3d、梨浸9d、柿和葡萄浸10d以上，枝叶表现凋萎；而在流水中经20d，全未出现上述现象；高温积水条件下，树体抗涝能力严重下降。耐涝树种的生态适应性表现为，叶面大、光滑无毛、角质层薄、无蜡层、气孔多而经常张开等。

池杉、枫杨等湿生类型树种，在高湿土壤条件下生长会发生形态变异，如树干基部膨大，产生肥肿皮孔，形成膝状根，树干上产生不定根等。适于部分或完全沉于水中生长的，称为水生树种，如飘曳的垂柳和著名的红树。

（3）中生类型　介于旱生和湿生类型之间的树种，包括大多数园林树木。对水分反应的差异性较大，如油松、侧柏、酸枣等倾向旱生植物性状，而桑树、旱柳、乌桕等则倾向湿生植物性状。

（四）土壤

土壤是树木栽培的基础，是树体生长发育所需水分和矿质营养元素的载体，也是固定植物的介体，树木通过生长在土壤中的根系来固定支撑其庞大的树体。土壤是地壳表层经风化、腐殖化作用而形成的疏松部分，是母岩、气候、地形、生物和时间长期共同作用的结果，其理化特性与树木的生长发育极为密切，良好的土壤结构能满足树体对水、肥、气、热的要求。土壤具有潜在的生物生产力，对树木生长的影响主要表现在土壤厚度、质地、结构、水分、空气、温度等物理性质，土壤酸度、营养元素、有机质等化学性质，以及土壤的生态环境。

1. 土壤温度

土壤温度直接影响根系的活动，同时制约着各种盐类的溶解速度、土壤微生物的活动以及有机质的分解和养分转化等。树木根系生长与土温有关，夏季土温过高时，表土根系会遭遇伤害甚至死亡，故可采取种植草坪、灌木等地被植物或进行土壤覆盖加以解决。根际土壤温度与树体生长有关，其实质是对光合作用与水分平衡的影响。据测定，光合蒸腾率随土温上升而减少，当土温为29℃的开始降低，达到36℃时根组织的干物质明显下降，叶中钾和叶绿素的含量显著减少；当土温为40℃时，叶片水分含量减少，叶绿素含量严重下降，而根中水分含量增加，这是由于高温导致初生木质部的形成减弱，水的运转受阻。当冬季土温低于-3℃时根系冻害发生，低于-15℃时大根受冻。

土壤的热量主要来源于太阳辐射能，经土壤表面吸收传到深层；土壤的增温和冷却取决于土壤各层的温差、土壤导热率、热容量和导湿率等。土壤表面和深层的温差越大，热量交换就越多，如沙土升温快散热也快。湿土层温度变化小、增温和冷却较缓，干土则相反。因此在水少情况下，热容量大的粘土白天增温比沙土慢，夜间冷却也慢；春季粘土比沙土冷，但在温度上升时比沙土持暖期长。

2. 土壤养分

土壤中含有树木生长所必需的各种养分，树木可以通过多种渠道获得生长需要的营养，但主要是由根系从土壤中吸收。土壤的营养元素大部分保持在有机碎屑物、腐殖质及不溶性的无机化合物中，它们只有通过缓慢的风化和腐殖作用，才能成为有效养分，从而为树木所吸收。有效养分主要为土壤胶粒所吸附的营养元素和土壤溶液中的盐类，如阳离子态的NH_4^+、K^+、Na^+、Ca^{2+}、Mg^{2+}、Cu^{2+}等；而阴离子态的SO_4^{2-}、NO_3^-、Cl^-，则主要存在

于土壤溶液中。树木根系通过离子交换方式吸收这些营养元素。

3. 土壤水分

矿质营养物质只能在有水的情况下才被溶解和利用，所以土壤水分是提高土壤肥力的重要因素，肥与水是不可分的。一般树木的根系适应田间持水量60% ~80%的土壤水分，通常落叶树在土壤含水量为5% ~12%时叶片凋萎（葡萄5%、桃7%、梨9%、柿12%）。干旱时土壤溶液浓度增高，根系非但不能正常吸水反而产生外渗现象，所以施肥后强调立即灌水以维持正常的土壤溶液浓度。

4. 土壤通气

树木根系一般在土壤空气中含氧量不低于15%时生长正常，不低于12%时发生新根；土壤空气中二氧化碳增加到37% ~55%时，根系停止生长。土壤淹水造成通气不良，尤其是有机物含量过多或温度过高时，氧化还原电位显著下降，使得一些矿质元素成为还原性物质，如$Fe^{3+} \rightarrow Fe^{2+}$、$SO_4^{2-} \rightarrow H_2S$等，抑制根系呼吸，造成根系中毒，影响根系生长。粘重土和下层具有横生板岩或白干土时，也会造成土壤通气不良。

各种树木对土壤通气条件要求不同，可生长在低洼水沼地的越桔、池杉忍耐力最强；可生长在水田地埂上的柑桔、柳、桧、槐等对缺氧反应不敏感；桃、李等对缺氧反应最敏感，水涝时最先死亡。

5. 土壤有害盐类

以碳酸钠、氯化钠和硫酸钠为主，其中碳酸钠危害最大。妨碍树木生长的极限浓度是：硫酸钠0.3%，碳酸盐0.03%，氯化物0.01%。大多数树木根系分布在2.5 ~3m土层内，树体受害轻者，生长发育受阻，表现为枝叶焦枯，严重时整株死亡。

抗盐碱园林树木包括：黑松（抗含盐海风和海雾，是唯一能在盐碱地进行园林绿化的松类观赏树种）；北美圆柏（可在0.3% ~0.5%含盐的土壤生长，为代替桧柏等在盐碱地栽培的优良柏类树种）；新疆杨（在含盐量0.3%的盐土上生长良好）；柽柳（可在含盐量0.5%的盐碱地上生长，叶可分泌盐分，有降低土壤含盐量的效能，为重盐碱地园林绿化骨干树种）；紫穗槐（在含盐量0.4% ~0.6%的土壤中能正常生长，为盐碱地绿化的先锋树种）；胡杨（能在含盐量1%的盐土上茁壮成长，被人们誉为荒漠土上的“劲松”）；沙枣（具根瘤，对风沙、盐碱、低温、干旱、瘠薄等有抗性，被誉为适应沙荒、盐碱的“宝树”。对硫酸盐的抗性强，在土壤含盐量1.5%以上时仍可生长；对氯化物的抗性较弱，在土壤含盐量0.6%以下时才适于生长；在硫酸盐氯化物盐土中，盐量超过0.4%则不适于生长）；沙棘（可在pH值为9的重碱性土以及含盐量达1.1%的盐碱地上生长）；枸杞（特别耐盐碱，为内陆重盐碱地的优良绿化材料）。

喜生于河谷沙滩、堤岸及沼泽地边缘等湿地的耐盐碱树种包括：火炬树（果穗鲜红如点燃的火炬，秋叶红艳）；白蜡树（在含盐量0.2% ~0.3%的盐碱地能生长良好，秋叶金黄色）；苦楝（一年生苗忍受含盐量0.6%，在含盐量0.4%左右的土壤上造林良好）；合欢（在轻盐碱土可作为行道树及庭园观赏树）；无花果（为轻盐碱土改造的先锋树种，其果实具较高的经济开发价值）；单叶蔓荆（喜生海滨沙滩地及海水经常冲击的地方，是极优良的沿海沙地固沙树种）；白刺（根系发达，能在飞沙地匍匐生长，有改盐防风固沙作用）。

我国很多地区均有较大面积盐碱地，发展绿化种植有一定困难。实践证明，选择耐盐树种，遵循生态平衡的原理，根据植物形体和特性，依照天然群落的结构特征，从木本

盐生植被区、海滩沙生盐被区、盐生植被区和沉水植物群落中进行耐盐渍性树种选择，采用引进与乡土树种相结合的办法，根据树种的高矮、冠形、根系深浅、抗盐程度、喜光耐阴等不同特性重新组合，构成和谐有序、稳定壮观且能长期共存的复层混交的立体人工群落，可以取得较为满意的结果。此外，地形设计是盐碱地园林树木栽植的重要措施，其指导原则是挖池堆山、扩大水面、抬高局部地形，土山堆积需埋设排盐暗沟，其出口注入水池，经过灌溉和雨水淋洗，可大大降低土壤的含盐量。根据树种的抗盐性能选择安排，将抗盐能力强的树种栽植在地势较低处，抗盐力较弱的树种则栽植在排盐良好的土山上或地势较高处。水体在盐碱地造园中起着重大作用，它不仅能丰富景观、增加灵气，其最大功能是可以用于排盐改壤。

二、城市环境与树木生长

在自然界中，生物和环境相互联系又相互作用，从而构成的占有一定空间、具有一定结构和功能的自然整体，称为生态环境系统。城市特有的生态环境及其对人类自身的影响已日益受到各国政府、生态学家和生物环境保护主义者们的关注，国际上创立了“城市生态学”的专门研究领域，国内近年来也开始注重这方面的工作。

（一）城市气候特点与树木生长

城市地域范围内的气候特点明显不同于周边乡村，主要表现为：平均气温升高，热岛效应明显；风速减小，相对湿度降低；有云天气增多，雨量增加；太阳辐射降低，晴天减少。

1. 城市气温特点与热岛效应

有关资料表明世界范围内的城市气温一直在增高，这一现象除了受温室效应的可能影响外（温室效应导致每10年平均增温0.3℃），主要是城市热岛效应的结果。一个地区（主要指城市）由于人口稠密、工业集中，造成中心地区温度高于周边地区的现象，称为热岛效应。如我国北京的7月平均气温，市中心的天安门广场比市郊高1.6℃；上海约有60km^{2}的“热岛”区域，平均气温较城郊高1℃；美国洛杉矶市区的年平均温度要比郊区农村高1.5℃。与农村具疏松湿润且多有植物覆盖的下垫面不同，城市下垫面多由砖块、水泥、沥青等铺设而成，热容量大；疏密相同、高低错落的建筑物，墙面又增加了辐射热的成分，其密度减低了反射热的扩散，结果形成了城市平均温度增高和昼夜温差减少的热岛效应。其成因在于人类对原自然下垫面的改造，改变了地表的热交换及大气动力学特性，使城市具有一种特殊的水平和垂直的温度结构。从气温的水平分布状况来说，市中心区气温最高，向城郊逐渐减低，农村的气温最低。如果用闭合等温线表示城市气温的分布，因其形状似小岛，故被称为热岛。

热岛效应用热岛强度表示，即同一时间内城市和郊区的气温对比的差值。对世界多座大城市的热岛现象研究表明，热岛强度随时间、土地利用格局以及天气条件的不同而变化，其日变化规律为：晴稳的天气夜间热岛强度要比白天大，在傍晚开始热岛强度逐渐增大。另外，热岛强度具有非周期的变化，影响其大小的主要因素是风速、云量及天气形势等，风小、云少最有利于城市热岛的加强。城市热岛强度也有地区性差异，热岛中心一般在商业区和人口、建筑物密集处，热岛强度的等值线明显绕过公园、绿地或水面。

例如，1995年7月6日下午3时多，广州市区突然乌云密布，狂风大作，随即大雨倾盆，然而市郊却基本无雨，一派平静。气象专家认为这是由“热岛效应”造成的。广州中

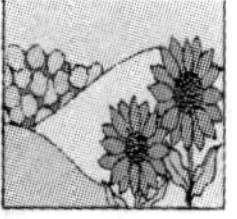

心气象台专家说，当日下午2时多，原来在三水市南部至南海市西部一带形成的对流云团以30km/h的速度向偏东方向移动，3时半左右进入广州市区后迅速发展加强，产生强雷雨和1.5m/s的6级阵风，持续2h，降雨量46.1mm。雨带移至东北面时即以极快的速度减弱并消失。

再如，1996年7月11日中午，上海西南有一云雨团进入上海西郊便迅速增强，到市区上空时刚好变成一场暴雨当头砸了下来。24h市区最大降水量超过160mm。然而同时的一些郊县如奉贤、金山降雨却只有十几毫米。上海中心气象台领班姚志展指出，大气环流是首先要加以考虑的因素，然而雨带的位置并不能解释一切，城市本身的环境对雨的大小确实有重大影响。由于绿地少、钢筋水泥建筑多等原因，使市区气温明显高于周郊的所谓“热岛效应”已是众所周知。“混浊岛”效应则是指由于市区的工矿企业集中，排放出的污染使空气中的尘埃积聚都较严重，而尘埃等污染物恰恰是云层中的水汽变成降雨所最需要的“凝结核”。此外，由于市区建筑物集中，因而地面状况要比郊县“粗糙”得多，市区风速会大力减少，强雨带等天气系统在市区上空停留的时间比较长，从而使总降水量增多。

热岛现象对城市其他气象要素产生影响，如降低积雪的频度和时间，延长无霜期，降低相对湿度等，这些气候要素的变化影响了城市园林树木的物候，如在德国的汉堡，金钟花的初始花期，城区比郊区早开7天；在伦敦，市区公园的花比郊区早开2~3周；在华盛顿，市区的木兰花比郊区早开2周。

2. 城市大气湿度特点

城市的大气湿度明显不同于乡村，这主要因为城区大面积的铺装表面使得降水大多以地表径流流失，而仅有的少量植被使得蒸腾作用大为减小，其特点表现为城市日平均绝对湿度低于郊区，且在16：00~17：00左右达到低谷，形成“干岛”；在夜间，城市的绝对湿度高于郊区，形成“湿岛”。由于城市绝对湿度低于郊区，气温高于郊区，使得城郊之间相对湿度的差别更为明显。

城市的大气相对湿度与绝对湿度同样具有季节性的变化，一般冬季高、夏季低，但在季风气候带，则表现为夏季高、冬季低。城市的相对湿度与绝对湿度均随城市的发展而下降，如上海市在近30~40年中平均绝对湿度下降了0.47mg，相对湿度下降了2.3%；南京市城内相对湿度比郊区低3%。

3. 城市辐射特点

总的说来，城市接收的总太阳辐射少于乡村，因为大气中的污染物浓度增加，大气透明度降低，致使所接受的太阳直接辐射明显减少。虽然城市接受的太阳总辐射量减少，但因为城市环境中铺装表面的比例大，导致下垫面的反射率小而减少了反射辐射，因此即使城市环境的短波辐射减少了10%左右，反射率的差异使城市接受的净辐射却未见减少，实际上与周边乡村相比差异并不明显。城市环境中太阳辐射的波长结构发生的变化较大，集中表现在短波辐射的衰减程度大，而长波辐射变化不明显，辐射能组成中的紫外辐射部分减少。

城市日照特点表明，日照持续时间减少，且因为建筑物的影响，城市日照水平分布的地区性差异十分明显，使长日照植物开花推迟。

除了自然光照外，城市环境中还有人工光照，如大型公共性建筑照明、城市雕塑照明、城市街道照明、喷泉照明等城市夜景照明会延长光照时间，因而可能打破树木正常的生长和

休眠，导致树木生长期延长，不利落叶树种过冬等；另外大面积的玻璃幕墙对光的强反射产生眩光，会造成光污染，对树木的生长也会产生一定的影响。

4. 城市风

由于城市的热岛效应，市中心空气温度增高、气流上升，与郊区乡村构成气压差，气流填补的结果形成城市风。理论情况下，城市风从早晨到中午有规律地逐步增强，但因建筑物对气流运动的阻碍，市中心虽同为高温中心，但却得不到足够的新鲜空气补充，故合理的道路走向和绿地系统可引导和加强城市风的运行，改善市中心过热状况。低矮的街道建筑，朝阳面与背阴面之间形成空气小环流。摩天大厦之间，因建筑物方位形成极其强劲的“巷道风”，被誉为“城市一绝”。

城市风速平均要比郊区低 10% ~20%。例如北京，城区的表面粗糙度为 0.28、郊区仅为 0.18，城区的风速比郊区平均小 20% ~30%，在建筑物密集的“前门”甚至可比郊区的风速小 40%。这种风速的差异有明显的日变化和季节变化，同时与盛行风的风速有关。例如，据吴林对上海的研究，市区与郊区风速的差异在白天 10：00 ~12：00 和 13：00 ~15：00 之间最大，在夜间 19：00 ~21：00 时最小。以 2m/s 作为临界风速，当风速大于 2m/s 时，市区风速小于郊区，反之则大于郊区的风速。另外，城市风速具明显的地区差异性，风在高大建筑物的迎风面会产生强烈的旋涡，而当盛行风和高大建筑物间的街道走向一致时，会因狭管效应而增加风速 15% ~30%，如果风向与街道成一定的角度则风速受阻而减小。

城市的热岛效应会造成特有的城市风系，因热岛中心形成低压中心而产生上升气流，同时在一定范围内城市低空比郊区相同高度的空气温度较高，因此郊区空气向市区流动，风向热岛中心辐合，而热岛中心的上升空气又在一定的高度上流向郊区，以补充下沉空气的流失，形成一个缓慢的热岛环流。

（二）城市土壤特点与类型

城市土壤是指城市或城郊地区的一种非农业土壤，为通过回填、混合、压实等城市建设过程中的人为因素，形成的表面层大于 50cm 的土壤，因此城市土壤不同于自然土壤，是极大程度地改变自然土壤的结构所造成的一种特殊的土壤类型。

1. 城市土壤的特点

（1）土壤结构变化　市政施工常常在改变地形的同时破坏了土壤结构，因此城市土壤的垂直层次不明显，混有大量灰沙、砖残渣等建筑垃圾。土壤质地的改变，影响土壤中的水分和空气容量，同时影响树木根系的伸展与生长。由于人流践踏，尤其是市政施工的机械碾压等，造成城市土壤的坚实度高，结果土壤容重增加、孔隙度减少。多数城市土壤达不到理想的孔隙度，经压实的土壤只有细小的空隙，其孔隙直径甚至小于根系穿透所要求的最小直径，降低了水分的运动，水分在孔隙中长时间的滞留又影响了空气的逸散。研究表明，如沙土容重超过 1.75g/m^3，并且粘土容重超过 1.55 g/m^3时，将限制树木根系的穿透。许多报道资料表明，城市土壤的容重多已超过上述的限值。

另外，城市铺装表面覆盖下的土壤是一种极端类型，因为这些土壤无法与外界进行正常的气体交换，水分的渗透与排出不畅，通常处于长期的潮湿或干旱状态，生长在这类土壤环境下的树木，其根系的生长受到很大的影响。

（2）土壤理化性质变化　城市土壤的 pH 值一般高于周围郊区的土壤，这是因为地表铺

装物一般采用钙质基础的材料。城市建筑过程中使用的水泥、石灰及其他砖石材料遗留在土壤中，或因为建筑物表面碱性物质中的钙质经淋溶进入土壤，导致土壤碱性化增强；另外，北方城市在冬季通常以施钠盐来加速街道积雪的融化，也会直接导致路侧土壤的 pH 值升高。土壤 pH >8 时往往会引起植株缺铁，叶片黄化，同时干扰土壤微生物的活动，进而影响土壤有机物质和矿质元素的分解和利用，限制了城市环境中可栽植树种的选择，城市热岛效应以及建筑物和铺装地面积聚的热量传到土壤中，城市土壤的平均温度比郊区土壤的高，土壤变得干燥。

2. 城市土壤的类型

城市绿地土壤和农田土壤、自然土壤不同，其形成和发育与城市的形成、发展和建设关系密切。由于绿地所处的区域环境条件不同，形成两类城市绿地土壤类型。

（1）城市扰动土　主要指行道绿地、公共绿地和专用绿地的土壤。由于受城市环境的影响，其土体受到大量的人为扰动，没有自然发育层次，一般含有大量侵入物；土壤表层紧实，透气性差；土壤容重偏大，土体固相偏高，孔隙度小，这些都直接影响土壤的保水、保肥性。就其养分含量来看，高低相差显著，分布极不均匀。按侵入物的种类约可分为 3 种：

1）以城市建设垃圾污染物为主：混有砖瓦、水泥块、沥青、石灰等建筑材料，侵入物量少可人工拣出，量大则无法种植。因土体有碱性物质的侵入，土壤 pH 值呈碱性，但一般无毒。

2）以生活垃圾污染物为主：在旧城的老居民区中，土体中混有大量的炉灰、煤渣等，有时几乎全部由煤灰堆埋而成，土壤 pH 值高，呈碱性，一般无毒。但肥效极低，影响种植。

3）以工业污染物为主：因工业污染源不同，土体的理化性状变化不定，同时还常含有毒物质，情况复杂，应调查、化验后方可种植。

（2）城市原土（指未扰动的土壤）　位于城郊的公园、苗圃、花圃地以及在城市大规模建设前预留的绿化地段，或就苗圃地改建的城区大型公园。这类土壤除盐碱土、飞沙地等有严重障碍层的类型外，一般都适绿化植树。

（三）城市水文环境的特点

首先，城市水分的收入量大于郊区。除了城市地区的降水一般多于郊区外，一般城市还需要从附近的河流、湖泊、水库引入大量的水，以满足大城市运转所需的大部分生产和生活用水。其次，城市下垫面中道路、广场、建筑物等所占的比例高，它们不像郊区的土壤疏松而具有很高的持水能力，降雨后地表径流会在短时间内急剧增高并很快出现峰值，然后径流量迅速降低，因而减少对地下水的补充。另外，城市下垫面的蒸发量比郊区通过植物蒸腾作用散失的水分少。城市水文平衡的特点决定了城市土壤常处于干旱状态，园林树木栽植常会受到水分亏缺的威胁，在树种选择和养护管理时应充分考虑这一因素。

城市水体对城市生态环境、城市的形态及经济发展起着非常重要的作用，我国有相当一部分建在江、河、湖畔的城市，在河道整治中常常采取硬化河岸、河底的方法，使城市水系失去了自然生态系统的基本特征。两边河岸以石质材料铺设的硬化措施，由于阻绝了河流与流域土壤间的物质交流，使得树木植被难以在沿河生存，同时也降低了河流的自净作用，减小其应有的生态作用。

我国大多数城市面临着水资源短缺的局面，在现有的 600 多个大中城市中，大约有 400

多个城市缺水，有100多个城市严重缺水，尤其是华北和西北地区，城市缺水问题十分严重。越来越多的城市将地下水作为主要水源，由于地下水的超量开采而引起的地面沉降、河流干涸，加剧了城市区域生态环境的恶化，加速了土壤沙化、盐渍化的产生，湿地面积减少、水域面积缩小，使区域生态用水需求量更大，因此城市的水文环境成为影响树木生长、制约绿地发展的主要因素之一。

（四）城市的环境污染

城市，以其独特的存在方式，极大地改变着自身及庇邻地区的自然环境和生态系统。城市的新建、改造或扩建，都将无例外地改变原有的自然地貌。鳞次栉比的各类建筑，纵横交错的大小街道，星罗棋布的广场、游乐园，代替了参天蔽日、广褒覆盖的绿色植物，自然植被的消失，自然生态的失衡，自然环境的恶化，都是现代城市发展不当造成的现象。

随着城市建设规模的扩大、工业生产的发展、人口密度的增加，各类能源消耗量超负荷膨胀，三废排放量超标准骤增。当其超越城市自净、自治的能力时，就会造成危害该系统正常运行的环境污染问题，人类生存将受到自身发展带来的威胁，城市发展将受到自身建设带来的毁坏。据联合国1995年发布的一项报告中称，目前全球只有20%的城市居民呼吸空气达到可接受的标准，而约有18亿城市居民呼吸着含有过高二氧化硫（SO_2）、烟尘的空气。造成空气中含有过高二氧化硫的原因，是由于城市中高大的建筑物、密集的公用设施和纵横交错的街道所形成的特殊的下垫面，以及人们在日常生产生活中排放出大量的热量、废气、烟尘等污染物共同作用所产生的特殊气候条件。

与园林树木生长有关的城市环境污染主要有大气污染、土壤污染、水体污染。城市环境污染主要受城市性质、规模、城市产业结构和城市能源结构，以及城市所在地域自然环境状况的影响。一般而言，以非工业职能为主的城市，如政治、文化和科技、风景旅游、休疗养、纪念地城市等，城市环境污染效应要小于以工业及交通职能为主的城市。

1. 大气污染

我国城市的大气污染源，主要是工业、交通运输和居民生活需要对各种矿物燃料的燃烧。主要污染物为二氧化硫（SO_2）、氟化氢（HF）、氯（Cl_2）、氯化氢（HCl）、光化学污染、臭氧（O_3）、氮的氧化物（NOx）、一氧化碳（CO）、乙醛（CH_3CHO）、过氧酰基硝酸酯［$RC(O)OONO_2$］等。其中以二氧化硫含量最多，由此造成酸雨危害日趋严重；而氯、氯化氢以及氟与氟化氢等气体对树体的危害尤甚于二氧化硫。

（1）物理效应　城市上空飘浮着的微尘，以煤尘、烟尘和有毒气体微粒的影响较大。因体积和重量的不等，它们在空中逗留的时间、飘浮的距离、沉降的速度也各不相同。在微尘达到一定的厚度和分布高度后，就会形成雾障，使得城市上空的大气能见度降低，改变城市的辐射平衡，地面接收的太阳辐射强度减弱（特别是紫外光的减少），一般情况下仅为原接受太阳辐射能量的3/5，工业发达城市更低。城市日照持续时间也相应减少，如被誉为“雾都”的伦敦，市中心的日照时数仅为郊区的82%。特别是冬季，因雾障分布较低，以煤为主要能源材料的城市天空呈灰黑色。工业区排放大量颗粒物，由此产生更多的凝结核而造成局部地区降雨增多。

粉尘是飘浮在大气中的细微颗粒，也是城市大气污染的主要类型之一，我国北方一些地区沙漠化严重，城市常受沙尘暴威胁，粉尘降落沉积在叶表面可以阻塞气孔，妨碍对辐射能

量的吸收，影响树体正常的气体交换。

大气中二氧化碳浓度增加导致温室效应引起全球气候变化。逆温层的形成不利于有害气体的扩散，易造成气象条件的反常（如阴、雨天增多，冬季变暖，降雪不正常等），严重时还会造成生物体的大量中毒、窒息死亡。

（2）化学效应　通过燃烧释放到大气中的二氧化硫，与大气中的水汽结合，并随雨水一起降落而形成酸雨（指 pH＜5.6 的降雨）。据浙江省环保局监察，1997 年该省酸雨覆盖面积已达80%以上，酸雨率达63.3%，即平均每下三场雨就有两场是酸雨，该省某地曾测到过 pH 值为3.32 的酸雨（无机酸），其酸度已接近于醋（pH＝3）。酸雨降落地面使土壤、水体酸化，并能直接伤害树木；氟氯烃化合物破坏臭氧层，使地面紫外线照射量增多等。

（3）生物效应　植物对大气的污染有多种反应，主要表现为生长状态异常、出现伤害的症状等，植物的这种指示作用可以用来评价环境的质量和受污染的程度。同时，在环境污染严重的地段建设绿地，在树种选择上要考虑其应具有的抗污能力和净化能力。例如许多树木对SO_2比较敏感，当SO_2气体进入叶片后遇水形成亚硫酸（HSO_3）和亚硫酸离子（SO_3^{2-}），当亚硫酸离子增加到一定量时叶片失绿，严重的会逐渐枯焦死亡。SO_2主要破坏叶绿素，叶脉间发生白色烟斑；叶片气孔扩大，导致病原微生物侵入。SO_2的危害程度与温度有关，高温易导致病斑的出现。SO_2的危害临界浓度：3 mg/L 10 分钟，0.3 mg/L 10 小时，0.1 mg/L 1 个月，0.01 mg/L 1 年。

搪瓷厂、制铅厂、磷矿石原料厂排放的氟化物对树体危害更重，氯化氢比二氧化硫的毒性高20倍。树体受害后叶尖和叶缘呈油浸状，由黄变褐，逐渐向叶身发展，严重时干枯脱落。大气中的氟化物对树木危害也很大，浓度为1 mg/L 时，延续15～60d 内可使杏、李、樱桃、葡萄等受害；如浓度达5mg/L，则在7～10d 内就可使之受害。氟破坏酶和叶绿素，叶内细胞组织机能被破坏，受害症状首先在叶尖和叶缘显出。氧化烟雾中有90%是臭氧，它侵害叶栅组织，使叶片黄化变白，芽的形成和开花过程受到抑制，导致落花、落果、早期落叶。

（4）抗污染树种选择　对二氧化硫（SO_2）抗性较强的树种有：山皂角、刺槐、银杏、加杨、臭椿、美国白蜡、小叶白蜡、华北卫矛、欧洲红豆杉、云杉、茶条槭、榆树、大叶朴、枫杨、梓树、黄檗、银白杨、丁香、构树、泡桐、柿树、蚊母树、垂柳、旱柳、栾树、杜梨、山桃、君迁子、北京丁香、胡桃、雪柳、黄栌、白玉棠、丁香、构树、泡桐、柿树、小叶黄杨、广玉兰、香樟等。

对氟化氢（HF）抗性较强的树种有：国槐、臭椿、泡桐、龙爪柳、悬铃木、胡颓子、白皮松、侧柏、丁香、山楂、紫穗槐、连翘、金银花、小檗、女贞等。

对氯气（Cl_2）及氯化氢（HCl）抗性较强的树种有：木槿、合欢、五叶地锦、黄檗、构树、榆、接骨木、紫荆、槐、紫藤、紫穗槐等。

对光化学烟雾抗性较强的树种有：柳杉、日本扁柏、日本黑松、樟树、海桐、青冈栎、夹竹桃、海州常山、日本女贞等。

树体遭受有毒气体的受害程度，因不同发育阶段而异，一般在生长发育最旺盛期树体敏感易受害，秋季生长缓慢期不敏感，进入休眠后抗性最强。在有毒气体污染的地区，可以选择抗污染适栽树种或在背风地点栽植，以免受危害。

2. 土壤污染

城市环境中对树木健康危害较大，又常常容易被忽视的一个重要方面，是城市的土壤污染。由于有害物质沉淀堆积，以及病原微生物所造成的土壤污染，当超过土壤自净能力时，引起土壤系统成分、结构和功能的变化，土壤微生物活力受抑制或破坏，肥力渐降或盐碱化，导致土壤正常功能失调，土壤质量下降，影响树体的正常生长发育。同时土壤污染物又向环境输出转化，使大气、水体等进一步污染，对生态系统影响非常严重，应该予以重视。

土壤中的重金属离子及某些有毒物质，如砷、镉、过量的铜和锌等，能直接影响树体生长和发育或在体内积累。高浓度的铅（800mL/L）胁迫，在短时间内足以引起树木叶片的急性生理伤害，其表现是植物细胞内的活性氧反应加剧，活性氧含量增加，类囊体膜和质膜破坏，叶绿素含量下降，质膜透性加大。“酸雨”使土壤酸化，使氮不能转化为供树体吸收的硝酸盐或铵盐，使磷酸盐变成难溶性的沉淀，使铁转化为不溶性的铁盐，从而影响植株生长。碱性粉尘（如水泥粉尘）能使土壤碱化，使树木的水分和养分吸收变得困难，并引起缺素症。

土壤污染的显著特点是具有持续性，例如某些农药在土中自然分解需几十年，故难以采取大规模的消除措施。

3. 水体污染

水是城市的血液，是不可替代的资源，随着城市的发展，对水的需求越来越大。工业化促进了城市化，启动了城市发展的进程；工业化又带来了水资源的污染，恶化了发展中的城市环境。城市既要解决供水问题，又要解决污水问题，怎样解决好水的问题是城市得以健康发展的关键。由于现代化工业的迅速发展，城市工业废水和生活污水的排出量远远超过了河流湖泊所能净化和承纳的程度，引起水体物理、化学性质发生变化，因而造成水体污染。许多流经城市的河流和湖泊，受污染更为严重。如原有“皇家之水”美称的泰晤士河，18 世纪曾经是世界著名的鲑鱼产地，但自 19 世纪以来水质迅速恶化，成为世界上污染最严重的城市河流之一，水质恶臭，河中水生生物和水鸟基本绝迹。明媚秀丽的莱茵河成了“下水道”，北美著名的五大湖也变成了藏污纳废、生物绝迹的“死水”。地下水被污染后就更难净化，美国从已污染的地下水中检测出 100 多种化学物质，其中有 12% 是致癌物质，这无疑是对人类的又一警告。

我国的水体污染主要来自工业废水、城市生活废水的排放，危害最重的是有毒化学废水和重金属离子废水。近几年，我国企事业单位废水排放总量平均每天都在 1 亿吨以上，其中 80% 以上的废水未得到任何处理，或经过一定处理但仍不符合国家排放标准。由于大量的工业和城市生活污水未经有效处理就直接排入江河，造成 87% 左右的城市河段受到不同程度的污染。

水中有毒物质如果浓度很低，将不会对树木立即产生毒害；但当有毒物质浓度增加，树木将表现受害症状；继续增加到一定限度时，树木将死亡。污染物能够抑制甚至破坏树木的生理生化活动，如镍、钴等元素能严重妨碍根系对铁的吸收，铅妨碍根系对磷的吸收，许多重金属离子能破坏酶的活性。

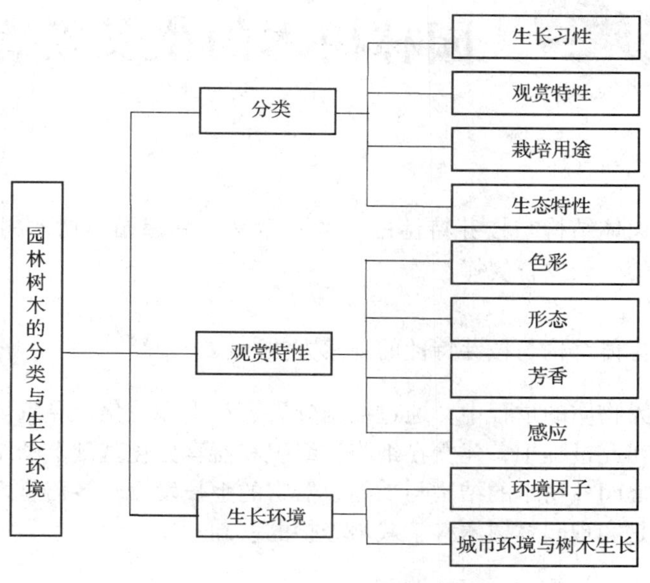

习　题

一、名词解释（20分）

乔木　　灌木　　藤木　　花相　　热岛效应

二、填空题（20分）

1. 按园林树木的生长习性，可分为______、______、____、____、____五种类型。

2. 按生态特性，可将园林树木分为______、______和环境生态型，其中环境生态型可分为______、______、____、____四类。

3. 影响园林树木生长的环境因子有______、______、____、____四种。

4. 由于霜冻发生的时间不同，通常将秋季开始发生的霜冻称为______，春末发生的霜冻称为______。

5. 园林树木的花相大致可分为______、______、____三种类型。

三、简答题（60分）

1. 城市气候是如何影响园林树木生长的？（10分）

2. 如何根据城市环境污染选择适宜树种？（10分）

3. 列举十种秋叶变红或紫红色树种。（8分）

4. 列举十种开红，黄，白，蓝紫花的观花树种。（8分）

5. 列举十种果实呈红色、黄色、蓝黑色的树种。（8分）

6. 列举十种落叶观花灌木。（8分）

7. 列举春、夏、冬开花的树木。（8分）

项目2 园林树木的生长发育规律

【学习目标】

理解园林树木树体结构与枝芽特性的目的和意义，掌握园林树木树体的基本组成与结构，熟悉园林树木的生长发育规律。

【学习要点】

学会园林树木树体结构与枝芽特性的观察方法。

植物在同化外界物质的过程中，通过细胞分裂、扩大和分化，导致体积和重量不可逆的增加称为生长，而在此过程中，建立在细胞、组织和器官分化基础上的结构和功能的变化称为发育。了解和掌握园林树木的结构与功能、器官的生长发育、各器官之间的关系以及个体的生长发育规律，是实现园林树木科学栽培养护的基础。

任务1 园林树木的树体结构与枝芽特性

树体结构是指一株树木整体的组成和结构，它决定了一株树木地上部分的形态特征和地下根系的分布特点。枝芽特性是指树木枝芽的类型、组成和生长发育特点，它决定着树木地上部分结构和形态的变化趋势。因此，了解园林树木的树体结构与枝芽特性，在园林生产上具有重要的作用，不仅可以为园林树木的种植设计和树种选配提供可靠树体形态的科学依据。而且可以为园林树木栽培管理提供相应的生物学依据。如通过观察了解园林树木的树体结构与枝芽特性，可以确定整形修剪的时间、对象和方法，另外，还可以根据根系的组成和分布特点来确定栽植地的选择、施肥的范围和方法等。

一、树体结构

园林树木一般由树根、树干（或藤本树木的枝蔓）和树冠等主要器官构成，树冠包括枝、叶、花、果等。习惯上把树干和树冠称为地上部分，把树根称为地下部分，而地上部分与地下部分的交界处称为根颈。不同类型的园林树木，如乔木、灌木或藤本，它们的结构各有特点，这决定了园林树木在生长发育规律和园林应用中的功能性差异，要想更好地达到园林树木栽培和管理的目的，必须首先认识园林树木的结构、功能以及它们之间的关系。

树木的地上部分，有主干、主枝、侧枝、辅养枝、延长枝、中心领导枝、芽、叶、花、果等。

地下部分，有根系（垂直根、水平根、须根）。

地上部分、地下部分交界的地方为根颈。

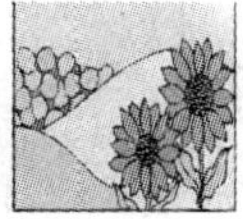

二、枝的类型及特性

枝条是树木的主要组成部分之一，是构成地上部分的骨架，也是承载花、果、叶的主要器官。它的生长发育直接影响着树木的观赏价值和利用寿命，也是树木繁殖的主要材料。

（一）类型

营养枝是指只有叶芽发育没有花芽的枝条，包括一年生枝、二年生枝、多年生枝、新梢、副梢、春梢、夏梢与秋梢、一次枝、二次枝、徒长枝、叶丛枝等。着生花芽的枝称为结果枝，包括长果枝、中果枝、短果枝、短果枝群、花束状果枝、果苔枝等。

一年生枝：当年生长的枝条的统称。

二年生枝：去年的一年生枝萌发后，原一年生枝称为二年生枝。

多年生枝：生长三年以上的枝条，称为多年生枝。

新梢：当年生的新枝，从嫩枝到枝条木质化前的阶段。

副梢：从新梢上长出的二次或三次枝，统称为副梢。

春梢：春季萌芽后到第一次停止生长形成的枝条。

夏梢与秋梢：春梢停止生长或形成顶芽后继续萌发长出的枝条，根据抽生时间分别称为夏梢或秋梢，秋梢可以从春梢或夏梢上长出。有些树还能从秋梢上抽出冬梢。

一次枝：春梢萌发后第一次生长的枝条。

二次枝：由当年抽生的一次枝条上抽生的枝条。

徒长枝：抽生长度超过长枝标准，节间长、芽发育不良的枝。

叶丛枝：短缩的营养枝，叶片聚集生长在枝条上或叶片成莲座状排列的短枝，长度一般在1～5cm。

长果枝：达到该树种长枝要求的称为长枝，顶端或侧面能形成花芽的长枝称为长果枝。

中果枝：达到该树种中枝要求的称为中枝，顶端或侧面能形成花芽的中枝称为中果枝。

短果枝：达到该树种短枝要求的称为短枝，顶端或侧面能形成花芽的短枝称为短果枝。

短果枝群：分枝后在短枝上形成集中生长的短果枝称为短果枝群。

花束状果枝：枝长度在5cm以下，除顶芽是叶芽外其余全部是花芽的果枝。

果苔枝：着生果实部位膨大的当年生短枝段。从果苔上抽生的枝条称为果苔副梢。

（二）特性

1. 顶端优势

枝条的先（顶）端有明显的生长优势，活跃的顶端分生组织或茎尖芽常抑制其下侧芽的发育，使其生长的枝条明显强于下部枝条。树木中以乔木树种的顶端优势最为明显。表现为抽生强枝，形成饱满的顶芽，由上往下生长势逐渐减弱，中心干的枝条顶端又比主、侧枝的顶端枝条生长势强。

顶端优势的形成主要是顶端分生组织活跃，细胞分裂素、细胞激动素、赤霉素等生长激素以及充足的营养向顶端输送，促使形成明显的顶端优势。

2. 垂直优势

直立生长的枝条生长势旺盛、枝条长，水平或下垂的枝条生长短而弱，在弯曲部长出的枝条又强于前后长出的枝条。因枝条着生方位的不同而出现强弱的变化，越直立生长势越强的特性，称为垂直优势。在树木整形修剪中常利用这个特点，来调整枝条的长势。

3. 层性现象

在顶端优势和芽的异质性的共同作用下，树木生长出现明显层次，即层性现象。随着树木的生长枝发育成主枝、侧枝等骨干枝，在树木上就逐渐出现分层的主侧枝，由骨干枝上继续生长就出现层与层之间的明显间隔。树种本身成层能力存在差异，即层性强弱。若在顶芽周围几个芽发育特别好，加上顶端优势强，则层性明显，如马尾松、雪松、枇杷、长山核桃等。柑橘、香樟、桂花等较不明显，一般明显程度表现为：大乔木 > 小乔木 > 灌木 > 蔓性藤木。

4. 枝条的加长生长和加粗生长

（1）加长生长　新梢的延长生长并不是匀速的，一般都会表现出慢—快—慢的生长规律。

（2）加粗生长　枝条的加粗生长由形成层细胞分裂、分化、增大后向内、外两侧同时生长而完成。

三、芽的类型及特性

（一）类型

芽的类型包括花芽、叶芽、混合芽、纯花芽、腋花芽、单芽、复芽、潜伏芽、隐芽。

花芽：凡能开花或开花后结果的芽。

叶芽：只能长枝叶的芽。

混合芽：萌发后能开花结果又能长枝叶的芽。

纯花芽：只能开花的芽。

腋花芽：在叶腋中形成的花芽。

单芽：一个节上只着生 1 个芽。

复芽：一个节位上着生 2 个以上的芽。

潜伏芽：在二年生以上枝上由于条件不适宜未萌发的芽，由隐芽转化而来。

隐芽：一年生枝上未萌的芽。

（二）特性

1. 芽的异质性

在同一根枝条上，由于其发育期间环境条件和内部营养状况差异的影响，造成着生在枝条不同部位的芽出现质量上的差异，表现在芽萌发后的生长势及其他特性的差异称为芽的异质性。

芽的质量与周围的叶片质量有密切关系。枝条基部的叶面积比较小，枝条开始生长时气温又比较低，芽的发育受到影响，多数不能形成分化完全的芽或饱满芽，而发育成疵芽和隐芽。从外表仅看出芽痕，或看不出痕迹，更看不出一个完整的芽形。随气温的升高，叶片的增大，光合作用能力增强，芽的发育质量逐渐提高，之后枝条生长速度减缓，成熟的叶片逐渐增加，养分积累逐渐增多，芽的质量不断提高，形成的芽呈现出充实饱满的状态。以后由于气温不断升高、养分消耗过多，芽质量出现一个下降过程，有些树种甚至出现一段盲节，即在这一段上不长芽。枝条一年只生长一次的树种，最后能长出饱满的顶芽。如果枝条一年能多次生长的树种在环境条件适宜和营养充足的情况下可由侧芽或顶芽继续多次萌发生长出新的枝条，在新长出的侧生枝条或顶芽上长出的二次生长枝条，其上的芽同样在不同的部位

存在着差异。生长到后期的芽由于气温下降，往往发育不良，甚至随枝条先端枯死而一起枯死。而最后留下来的芽是侧芽（假顶芽），侧芽一般比较饱满，这种现象被称为顶芽自枯现象。在梅、杏、柑橘、柿、板栗等一些果树上常发生顶芽自枯现象。芽的饱满程度影响着下一年枝条抽生的强弱和能力。在树木修剪上常利用这一特性削弱或增强树木的树势。

2. 芽的早熟性和晚熟性

在当年形成的新梢上继续抽生二次新梢（又称为夏梢），在二次新梢上继续抽生三次新梢，甚至四次新梢（称为秋梢），这种能多次抽生枝条的芽在树木上称为芽的早熟性。具有早熟性芽的树木一般分枝多、结果早，如紫藤、葡萄、桃树、柑橘、火棘等。有些树种在枝条上形成芽以后，当年不再萌发，要到下一年才再次萌发生长出新的枝条，这种特性称为芽的晚熟性，如多数的松、柏类树种。芽的这种特性还受树龄和种植地区环境条件影响。树龄增大则副梢形成能力减弱，如苹果、海棠等。南方树种在北方栽植时，副梢抽生能力减弱，如柑橘。

3. 萌芽率

枝条上能萌发的芽多则表示枝条的萌芽力强，萌芽少则表示枝条的萌芽力弱。树木有连续萌芽形成二次枝、三次枝的能力称为萌芽力强。不能连续萌芽抽枝的被认为是萌芽力弱。枝条上萌发芽数占总芽数的百分率称为萌芽率。萌芽能力强弱因树种、品种、树龄、树势而异。萌芽率高的树种整形、修剪比较方便。

4. 成枝率

枝条抽生长枝的数量，表示其成枝的能力，抽生长枝多的，称为成枝力强，反之为弱。生产上用抽生长枝占枝条上萌芽数的百分率来表示成枝率。成枝力强的树种修剪取舍方便，但发枝过多易造成树冠郁闭，修剪时以疏枝为主。

5. 芽的潜伏力

树木生长时不萌发，当受刺激或树体衰老时才萌发的芽称为隐芽（潜伏芽）。芽的潜伏能力强，枝条恢复能力强有利于树冠更新复壮。芽的潜伏能力弱，枝条恢复能力则弱，树冠很容易衰老。芽的潜伏能力也受树体营养和栽培管理的影响，条件好则隐芽寿命长。

任务2　园林树木的生长发育

一、根系的生长

（一）根系的年生长动态

根系在一年中的生长过程一般都表现出一定的周期性，其生长周期与地上部分不同，但与地上部分的生长密切相关，二者往往呈现出交错生长的特点，而且不同树种的表现也有所不同。掌握园林树木根系年生长动态规律，对于科学合理地进行树木栽培和管理有着重要的意义。

一般来说，根系生长所要求的温度比地上部分萌芽所要求的温度低，因此春季根系开始生长比地上部分早。有些亚热带树种的根系活动要求温度较高，如果引种到温带冬春较寒冷的地区，由于春季气温上升快，地温的上升还不能满足树木根系生长的要求，也会出现先萌芽后发根的情况，出现这种情况不利于树木的整体生长发育，有时还会出现树木因地上部分活动强烈而地下部分的吸收功能不足导致树木死亡的现象。

树木的根一般在春季开始生长后即进入第一个生长高峰，此时根系生长的长度和发根数量与上一生长季节树体贮藏的营养物质水平有关。如果在上一生长季节中树木的生长状况良好，树体贮藏的营养物质丰富，根系的生长量便大，吸收功能增强，地上部分的前期生长也好。在根系开始生长一段后，地上部分开始生长，此时根系生长逐步趋于缓慢，地上部分的生长出现高峰。当地上部分生长趋于缓慢时，根系生长又会出现一个大的高峰期，即生长速度快，发根数量大。之后在树木落叶后还可能出现一个小的根系生长高峰。

一年中，树木根系生长出现高峰的次数和强度与树种和年龄有关，根在年周期中的生长动态还受当年地上部生长和结实状况的影响，同时还与土壤温度、水分、通气及营养状况等密切相关。因此，树木根系年生长过程中表现出高峰和低峰交替出现的现象，是上述因素综合作用的结果，只是在一定时期内某个因素起着主导作用。

树体有机养分和内源激素的积累状况是影响树木根系生长的内因，而土壤环境温度和土壤水分等环境条件是影响根系生长的外因。夏季高温干旱和冬季低温都会使根系生长受到抑制，使根系生长出现低谷，而在整个冬季，虽然树木枝芽已经进入休眠状态，但根系却并未完全停止活动。虽然上述规律的具体表现因树种而异，但对于同类型树种来说都有类似的表现，如松类一般在秋冬就停止生长，而阔叶树在冬季仍有缓慢的加粗生长。

在生长季节内，根系生长也有昼夜动态变化节律。许多树木的根系夜间生长量和发根量都多于白天。

（二）根的生命周期

不同类型的树木都有一定的发根方式，常见的是侧生式和二叉式。树木在幼年期根系生长很快，其生长速度一般都超过地上部分，但树木根系生长领先的年限因树种而异。随着年龄的增加，根系生长速度趋于缓慢，并逐渐与地上部分的生长形成一定的比例关系。

在树木根系的整个生命周期中，根系始终有局部自疏和更新的现象。从根系生长开始一段时间后就会出现吸收根的死亡现象，吸收根逐渐木栓化，外表变为褐色，逐渐失去吸收功能；有的轴根演变成起输导作用的输导根，有的则死亡。须根自身也有一个小周期，其更新速度更快，从形成到壮大直至死亡一般只有数年的寿命。须根的死亡，起初发生在低级次的骨干根上，其后在高级次的骨干根上，以至较粗的骨干根后部几乎没有须根。

根系的生长发育很大程度受土壤环境的影响，并与地上部分的生长有关。在根系生长达到最大根幅后，也会发生向心更新。另外，由于受土壤环境的影响，根系的更新不那么规则，常出现大根季节性间歇死亡，随着树体的衰老根幅逐渐缩小。有些树种，进入老年后发生水平根基部的隆起。

当树木衰老地上部分濒于死亡时，根系仍能保持一段时期的寿命。利用根的此特性，我们可以进行部分老树复壮工程。

二、枝条的生长

园林树木的树体枝干系统及所形成的树形决定于各树种枝芽特性。在园林树木栽培和管理过程中，通过对树木的整形修剪，建立和维护良好的树形，是一项基本的极其重要的工作。了解和掌握树木枝条和树体骨架形成的过程和基本规律，是做好树木整形修剪和树形维护的基础。

（一）树木的枝芽特性

芽是多年生植物为适应不良环境和延续生命活动而形成的重要器官，它是枝、叶、花的原始体，是树木生长、开花结实、更新复壮、保持母株性状和营养繁殖的基础。了解芽的特性，对园林树木的整形修剪和管理具有重要意义。

1. 芽序

定芽在枝条上按一定规律排列的顺序称为芽序。因为大多数的芽都着生在叶腋间，所以芽序与叶序一致。不同树种的芽序不同，多数树木的相邻芽在茎周相距144°处着生；有些树种的芽序着生部位相位差为180°；另外，有对生芽序，即每节芽相对而生，相邻两对芽交互垂直，如丁香、洋白蜡、油橄榄等；轮生芽序，即芽在枝上呈轮生壮排列，如夹竹桃、盆架树、雪松、油松、灯台树等。

了解芽序对幼树整形，安排主枝方位都很重要。

2. 芽的异质性

在芽的形成过程中，由于内部营养状况和外界环境条件的不同，使处在同一枝上不同部位的芽在大小和饱满程度乃至性别上有较大差异，这种现象称为芽的异质性。枝条基部的芽多在展叶时形成，由于这一时期叶面积小、气温低，因而芽一般比较瘦小，且常成为隐芽。此后，随着气温增高，枝条叶面积增大，光合效率提高，芽的发育状况得到改善，到枝条进入缓慢生长期后，叶片累积的养分能充分供应芽的发育，形成充实饱满的芽。许多树木达到一定年龄后，所发新梢顶端会自然枯死，或顶芽自动脱落。某些灌木中下部的芽反而比上部的好，萌生的枝势也强。

有些树木的长枝有春、秋梢，即一次枝春季生长后于夏季停长，到秋季温湿度适宜时，顶芽又萌发成秋梢。秋梢的组织常不充实，在冬寒地易受冻害。如果长枝生长延迟至秋后，由于气温降低，梢端往往不能形成新芽。

3. 芽的萌发和生长

许多暖温带和温带树木的芽为晚熟性芽，须经过一定的低温时期解除休眠，到第二年春季才能萌发。而另一些树木在生长季节早期形成的芽，当年就能萌发（如桃等），有的多达2~4次梢，具有这种特性的芽叫早熟性芽；这类树木成形快，有的当年即可长成小树。有些树木，芽虽具早熟性，但不受刺激一般不萌发，人为修剪、摘叶等措施可促进芽的萌发。

不同树木种类与品种的叶芽萌发能力不同。有些树木的萌芽力和成枝力强，如杨树、柳树、白蜡、卫茅、紫薇、女贞、黄杨、桃等，这类树木容易形成枝条密集的树冠，耐修剪，易成形。有些树木的萌芽力和成枝力较弱，如松类和杉类的多数树种、梧桐、楸树、梓树、银杏等，枝条受损后不容易恢复，树形的塑造比较困难，须特别保护苗木的枝条和芽。

许多树木枝条基部的芽或上部的副芽，一般情况下不萌发而呈潜伏状态，称为隐芽或潜伏芽。当枝条受到某种程度的刺激时，如上部或近旁枝条受伤，或冠外围枝出现衰弱，潜伏芽可以萌发出新梢。某些树种有较多的潜伏芽，而且潜伏寿命较长，有利于树冠的更新和复壮。

（二）枝的生长

树木每年都通过新梢生长来不断扩大树冠，新梢生长包括加长生长和加粗生长两个方面。一年内枝条生长增加的粗度与长度，称为年生长量。在一定时间内，枝条加长和加粗生长的快慢称为生长势。生长量和生长势是衡量树木生长状况的常用指标，也是评价栽培措施是否合理的依据之一。

1. 枝条的加长生长

新梢的延长生长并不是匀速的，一般会表现出慢—快—慢的生长规律。多数树种的新梢生长可划分为以下三个时期。

（1）开始生长期　叶芽幼叶伸出芽外，随之节间伸长，幼叶分离。这一时期的新梢生长主要依靠树体在上一生长季节储藏的营养物质，新梢生长速度慢，节间较短，叶片由前期形成的芽内幼叶原始体发育而成，其叶面积较小，叶形与后期叶有一定的差别，叶的寿命较短，叶腋内的侧芽的发育较差，常成为潜伏芽。

（2）旺盛生长期　从开始生长期之后，随着叶片的增加和叶面积的增大，枝条很快进入旺盛生长期。这一时期形成的枝条，节间逐渐变长，叶片的形态也具有了该树种的典型特征，叶片较大，寿命长，叶绿素含量高，同化能力强，侧芽较饱满，这一时期的枝条生长由利用贮藏物质转为利用当年的同化物质。因此，上一生长季节的营养贮藏水平和本时期肥水供应对新梢生长势的强弱有决定性影响。

（3）停止生长期　旺盛生长期过后，新梢生长量减小，生长速度变缓，节间缩短，新生叶片变小。新梢从基部开始逐渐木质化，最后顶芽或顶端枯死而停止生长。枝条停止生长的早晚与树种、部位及环境条件关系密切。一般来说，北方树种早于南方树种，成年树木早于幼年树木，观花和观果树木的短果枝或花束状果枝早于营养枝，树冠内部枝条早于树冠外围枝，有些徒长枝甚至会因没有停止生长而受冻害。土壤养分缺乏、透气不良、干旱等不利环境条件都能使枝条提前 1 ~ 2 个月结束生长，而氮肥施用量过大，灌水过多或降水过多均能延长枝条的生长期。在栽培中应根据目的合理调节光、温、肥、水，来控制新梢的生长时期和生长量，加以合理的修剪，促进或控制枝条的生长，达到园林树木培育的目的。

2. 枝条的加粗生长

树干及各级枝的加粗生长都是形成层细胞分裂、分化、增大的结果。在新梢伸长生长的同时，也进行加粗生长，但加粗生长高峰稍晚于加长生长，停止也较晚。新梢加粗生长的次序也是由基部到梢部。形成层活动的时期和强度，依枝的生长周期、树龄、生理状况、部位及外界温度、水分等条件而异。落叶树种形成层的活动稍晚于萌芽；春季萌芽开始时，在最接近萌芽处的母枝形成层活动最早，并由上而下开始微弱增粗，此后随着新梢的不断生长，形成层的活动也逐步加强，加粗生长量增加，新梢生长越旺盛形成层活动也越强烈，持续时间也越长。秋季由于叶片积累大量光合产物，因而枝干明显加粗。级次越低的枝条粗生长高峰期越晚，粗生长量越大。一般幼树粗生长持续时间比老树长，同一树体上新梢粗生长的开始期和结束期都比老枝早，而大枝和主干的粗生长从上到下逐渐停止，根颈结束最晚。

3. 年轮及其形成

在树干和枝条的加粗生长过程中，由于树木形成层随季节的变化周期性生长，树干横断面上出现因密度不同而形成的同心环带，即为树木年轮。温带和寒温带的大多数木本植物的形成层在生长季节（春季、夏季）不断地增生，而在秋季和冬季形成层的增生趋于缓慢或停止，这是年轮发生的生理学基础。热带树木可因干季和湿季的交替而出现年轮，有时由于一年中气候多次变化可导致树木出现几个密度不同的同心环带，每一轮并不代表一年，可称为生长轮，但一年中生长轮的数量对于特定地区的特定树种来说也是有规律的。

针叶树的年轮是由管胞大小和管胞壁厚薄不同而形成的，即春材形成的细胞大、细胞壁薄；而秋材的细胞小而多、细胞壁厚，通常被明显地挤成扁平状。阔叶树的材质一般受导管

细胞的大小和数目的影响，春材细胞大、细胞壁薄，而秋材的细胞密集。更确切地说，年轮是树木横断面上由春材和秋材形成的环带。在只有一个生长期的温带和寒温带，在根茎处的树木年轮就成为树木年龄和气候变化的历史记载。

由于气候的异常或树木本身的生长异常（如病害等），会在树干横断面产生“伪年轮”。在根据年轮判断树木年龄时，伪年轮是引起误差的主要原因，只有剔除伪年轮的影响才能正确判断树木的实际年龄。伪年轮一般具有以下特征：① 伪年轮的宽度比正常年轮小。② 伪年轮通常不会形成完整的闭合圈，而且有部分重合。③ 伪年轮外侧轮廓较不明显。④ 伪年轮不能贯穿全树干。

4. 枝条的顶端优势

树木同一枝条上顶芽或位置高的芽比其下部芽饱满、充实，萌发力、成枝力强，抽生出的新枝生长旺盛，这种现象就是树木枝条的顶端优势。许多园林树木都具有明显的顶端优势，它是保持树木具有高大挺拔的树干和树形的生理学基础。灌木树种的顶端优势较弱。不同树种的顶端优势强弱相差很大，要在园林树木养护中达到理想的栽培目的，在园林树木整形修剪中有的放矢，必须了解与运用树木的顶端优势。对于顶端优势比较强的树种，抑制顶梢的顶端优势可以促进若干侧枝的生长，而对于顶端优势弱的树种，可以通过对侧枝的修剪促进顶梢的生长。一般来说，顶端优势强的树种容易形成高大挺拔和较狭窄的树冠，而顶端优势弱的树种容易形成广阔圆形的树冠。有些针叶树的顶端优势极强，如松类和杉类，当顶梢受到损害时侧枝很难代替主梢的位置，影响冠形的培养。因此，要根据不同树种顶端优势的差异，通过科学管理，合理修剪培养良好的树干和树冠形态。对于观花树种，如月季、白玉兰、紫薇等，也应通过调节枝条的生长势，促使枝条由营养生长向生殖生长方面转化，促进花芽分化和开花。

一般来说，幼树、强树的顶端优势比老树、弱树明显，枝条在树体上的着生部位越高，枝条上顶端优势越强，枝条着生角度越小，顶端优势的表现越强，而下垂的枝条顶端优势较弱。

5. 树冠的形成

多数园林树木树冠的形成过程就是树木主梢不断延长，新枝条不断从老枝条上分生出来并延长和增粗的过程。通过地上部芽的分枝生长和更新以及枝条的离心式生长，乔木树种从一年生苗木开始，前一生长季节所形成的芽在后一生长季节抽生成枝条，随树龄的增长，中心干和主枝延长枝的优势转弱，树冠上部变得圆钝而宽广逐渐表现出壮龄期的冠形，达到一定立地条件下的最大树高和冠幅后，会进一步转入衰老阶段。以地下芽更新为主的竹类和丛木类树种，为多干丛生，它们的植株由许多粗细相似的丛状枝茎组成。对许多丛木的每一枝干上形成的芽质，有些类似乔木；有些则相反，在枝的中下部芽较饱满，抽枝较旺盛。由此说明丛木单枝离心生长达到其最大体积快，衰老也快。

多数攀缘藤木类似乔木，主蔓生长势很强，幼时少分枝，壮老年以后分枝渐多。由于依附它物而生长，多无自身的冠形，而随依附物体形而变化。少数藤木开始生长时类似灌木，如紫藤、猕猴桃等，长到一定时期才出现具缠绕性的长枝。

三、叶和叶幕的形成

（一）叶片的形成

叶片是由叶芽中前一年形成的叶原基发展起来的，其大小与前一年或前一生长时期形成叶原基时的树体营养状况和当年叶片生长条件有关。不同树种和品种的树木，其叶片形态和大小差别明显，同一树体上不同部位的枝梢上的单叶形态和大小也不相同。旺盛生长期形成的叶片生长时间较长，单叶面积大。不同叶龄的叶片在形态和功能上也有明显差别，幼嫩叶片的叶肉组织量少，叶绿素浓度低，光合功能较弱，随着叶龄的增长单叶面积增大，生理活性增强，光合效能大大提高，直到达到成熟并持续相当时间后，叶片逐步衰老，各种功能也逐步衰退。由于叶片的发生时间有差别，同一树体上着生着各种不同叶龄和不同发育时期的叶片，它们的功能也在新老更替。

（二）叶幕的形成

叶幕是指树冠内叶片集中分布的区域，随树龄、整形、栽培的目的与方式不同，园林树木叶幕形态和体积也不相同。幼树时期，由于分枝尚少树冠内部的小枝多，树冠内外都能见光，叶片分布均匀，树冠形状和体积与叶幕的形状和体积基本一致。无中心主干的成年树，其叶幕与树冠体积不一致，小枝和叶多集中分布在树冠表面，叶幕往往仅限于树冠表面较薄的一层，多呈弯月形叶幕。有中心主干的成年树，树冠多呈圆头形，到老年多呈钟形叶幕。成片栽植的树木，其叶幕顶部呈平面形或立体波浪形。观花观果类园林树木为了结合花、果生产，经人工整剪成一定的冠形，有些行道树为了避开高架线，人工修剪成杯状叶幕。藤本树木的叶幕随攀附物体的形状变化。

落叶树木叶幕在年周期中有明显的季节变化，常表现为初期慢、中期快、后期又慢，即“慢——快——慢”这种“S”形曲线式生长过程。叶幕形成的速度因树种和品种、环境条件和栽培技术的不同而不同。一般来说，幼龄树、长势强的树、长枝型树种，其叶幕形成期较长，出现高峰晚；而树势弱、年龄大、短枝型树种，其叶幕形成期较短，出现高峰早。

落叶树木的叶幕，从春天发叶到秋季落叶，大致能保持5～10个月的生活期；而常绿树木，由于叶片的生存期长，多半可达一年以上，而且老叶多在新叶形成之后逐渐脱落，叶幕比较稳定。

四、花芽分化与开花

许多园林树木属于观花或兼用型观赏树木，掌握园林树木花芽分化条件和开花特点对于园林树木栽培和养护具有重要意义。

（一）花芽的分化

1. 花芽分化的概念

植物的生长点既可以分化为叶芽，也可以分化为花芽。生长点由叶芽状态开始向花芽状态转变的过程，称为花芽分化。花芽形成全过程，即从生长点顶端变得平坦、四周下陷开始，到逐渐分化为萼片、花瓣、雄蕊、雌蕊以及整个花蕾或花序原始体的全过程，称为花芽形成。生长点内部由叶芽的生理状态（代谢方式）转向形成花芽的生理状态的过程称为生理分化。由叶芽生长点的细胞组织形态转为花芽生长点的组织形态过程，称为形态分化。因此，树木花芽分化概念有狭义和广义之分。狭义的花芽分化是指形态分化，广义的花芽分化，包括生理分化、形态分化、花器的形成与完善，直至性细胞的形成。

2. 花芽分化期

根据花芽分化的指标，花芽的分化一般可分为生理分化期、形态分化期和性细胞形成期三个分化期，但不同树种的花芽分化时期差异很大。

（1）生理分化期 生理分化期是指芽的生长点转向分化花芽而发生生理代谢变化的时期。一般，发生在形态分化期前4周左右或更长。它是控制花芽分化的关键时期，因此也称为花芽分化临界期。

（2）形态分化期 形态分化期是指花或花序的各个花器原始体发育过程所经历的时期。一般又可分为分化初期、萼片原基形成期、花瓣原基形成期、雄蕊原基形成期、雌蕊原基形成期5个时期。有些树种的雄蕊原基形成期和雌蕊原基形成期时间较长，要到第二年春季开花前完成。

（3）性细胞形成期 当年进行一次或多次花芽分化并开花的树木，其花芽性细胞都在年内较高温度的时期形成，而于夏秋分化。在次年春季开花的树木，其花芽在当年形态分化后要经过冬春一定时期的低温（温带树木0～10℃，暖温带树木5～15℃）累积条件，才能形成花器并进一步分化完善，在第二年春季萌芽后至开花前的较高温度下完成。因此，早春树体营养状况对此类树的花芽分化很重要。

树木的花芽分化期不是固定不变的，随着年龄的变化会发生变化。一般，幼树比成年树花芽分化期晚，旺树比弱树分化期晚。同一株树上，短枝上的花芽分化早，而中长枝、长枝上腋花芽的形成依次要晚。一般生长早的枝上花芽分化早，但花芽分化多少与枝的长短无关。花芽开始分化期和持续时间的长短因树体营养状况和气候状况而异，营养状况好的树体花芽分化持续时间长，气候温暖、平稳、湿润，花芽分化的持续时间长。

3. 花芽分化的类别

花芽分化开始时期和延续时间的长短，以及对环境条件的要求因树种（品种）、地区、年龄等的不同而异。根据不同树种花芽分化的特点，可以分为夏秋分化型、冬春分化型、当年分化型和多次分化型四种类型。

（1）夏秋分化型 绝大多数早春和春夏开花的观花树木，如海棠、榆叶梅、樱花、迎春、连翘、玉兰、紫藤、丁香、牡丹、杨梅、山茶（春季开花的）、杜鹃等，属于夏秋分化型。北京地区大致在枣树开花以前开花的树木多属于此类。其花芽均在前一年夏秋（6～8月）开始分化，并延续至9～10月间才完成花器分化的主要部分。此类树木花芽的进一步分化与完善，还需经过一段低温，直到第二年春天进一步完成性器官的分化。

（2）冬春分化型 原产亚热带、热带地区的某些树种（如龙眼、荔枝），一般秋梢停长后，至次年春季萌芽前，即于11月到次年4月间这段时期中，花芽逐渐分化与形成。柑桔类的柑和橘、柚常从12月至次春期间分化花芽，其分化时间较短，并连续进行。此类型中有些延迟到年初才分化，而在冬季较寒冷的地区，如浙江、四川等地，有提前分化的趋势。

（3）当年分化型 许多夏秋开花的树木，如木槿、槐、紫薇、珍珠梅、荆条等，在当年新梢上形成花芽并开花，不需要经过低温阶段即可完成花芽分化。

（4）多次分化型 在一年中能多次抽梢，每抽一次梢就分化一次花芽并开花的树木属于多次分化型。如茉莉花、月季、葡萄、无花果、金柑和柠檬等以及其他树木中某些多次开花的变异类型，如四季桂、西洋李中的三季李、四季桔等也属于此类。此类树木中，春季第一次开花的花芽有些可能是去年形成的，各次分化交错发生，没有明显停止期，但大体上也有一定的节律。

（二）树木的开花

树体上正常花芽的花粉粒和胚囊发育成熟，花萼和花冠展开，这种现象称为开花。不同

树木开花顺序、开花时期、异性花的开花次序以及不同部位的开花顺序等方面有很大差异。

1. 开花顺序

（1）不同树种的开花顺序　同一地区不同树种在一年中的开花时间早晚不同，除在特殊小气候环境外，各种树木每年的开花先后有一定顺序。了解当地树木开花时间对于合理配置园林树木，保持园林绿化地区四季花香具有重要指导意义。如在北京地区常见树木的开花顺序是银芽柳、毛白杨、榆、山桃、玉兰、加杨、小叶杨、杏、桃、绦柳、紫丁香、紫荆、核（胡）桃、牡丹、白蜡、苹果、桑、紫藤、构树、栓皮栎、刺槐、苦楝、枣、板栗、合欢、梧桐、木槿、国槐等。

（2）不同品种开花早晚不同　同一地区同种树木的不同品种之间，开花时间也有一定的差别，并表现出一定的顺序性。如在北京地区，碧桃的“早花白碧桃”于3月下旬开花，而“亮碧桃”则要到下旬开花。有些品种较多的观花树种，可按花期的早晚分为早花、中花和晚花三类，在园林树木栽培和应用中也可以利用其花期的差异，通过合理配置，延长和改善其美化效果。

（3）同株树木上的开花顺序　有些园林树木属于雌雄同株异花的树木，雌雄花的开放时间有的相同，有的不同。同一树体上不同部位的开花早晚也有所不同。同一花序上的不同部位开花早晚也可能不同。这些特性大多有利于延长花期，掌握这些特性可以在园林树木栽培和应用中提高其美化效果。

2. 开花类型

树木在开花与展叶的时间顺序上常常表现出不同的特点，常分为先花后叶型、花叶同放型和先叶后花型三种类型。在园林树木的配置和应用中了解树木的开花类型，通过合理配置，可提高总体的绿化美化效果。

（1）先花后叶型　此类树木在春季萌动前已完成花器分化。花芽萌动不久即开花，先开花后展叶。如银芽柳、迎春花、连翘、山桃、梅、杏、李、紫荆等，有些能形成一树繁花的景观，如玉兰、山桃花等。

（2）花叶同放型　此类树木开花和展叶几乎同时，花器在萌芽前已完成分化，开花时间比先花后叶型稍晚。多数能在短枝上形成混合芽的树种属于此类。如苹果、海棠、核桃等。混合芽虽先抽枝展叶而后开花，但多数短枝抽生时间短，很快见花。此类开花较先花后叶型稍晚。

（3）先叶后花型　此类树木多数是在当年生长的新梢上形成花器并完成分化，萌芽要求的气温高，一般于夏秋开花，有些甚至能延迟到晚秋，是树木中开花最迟的一类。如木槿、紫薇、凌霄、槐、桂花、珍珠梅、荆条等。

3. 花期

花期即开花时期的延续时间，花期的长短受树种和品种、外界环境以及树体营养状况的影响而有很大差异，为了合理配置并科学管护园林树木，提高美化效果，应了解不同园林树木的花期。

（1）不同树种和类型的花期　由于园林树木种类繁多，几乎包括各种花器分化类型的树木，加上同种花木品种多样，在同一地区，树木花期延续时间差别很大，从1周到数月不等。

具有不同开花时期的树木花期的长短也不同，早春开花的树木多在秋冬季节完成花芽分

化，到春天一旦温度合适就陆续开花，一般花期相对短而且开花整齐；夏季和秋季开花的树木，花芽多在当年生枝上分化，分化早晚不一致，开花时间也不一致，加上个体间的差异使其花期持续时间较长。

（2）树体营养状况和环境条件对花期的影响　同种树木，青壮年树比衰老树的花期长而整齐，树体营养状况好花期延续时间长。

花期的长短也因天气状况而异，花期遇冷凉潮湿天气时花期会延长，而遇到干旱高温天气时花期则会缩短。在不同的小气候条件下，花期长短不同。如在树荫下、大树北面和楼房等建筑物背后生长的树木花期长。但由于这些原因而延长花期时，花的质量往往受影响。

4. 开花次数

多数园林树木每年只开一次花，特别是原产温带和亚热带地区的绝大多数树种，但也有些树种或栽培品种一年内有多次开花的习性，如月季、柽柳、四季桂、佛手、柠檬等，紫玉兰中有多次开花的变异类型。

每年开花一次的树木种类，如果一年内出现第二次开花的现象称为再度开花、二度开花，我国古代称为“重花”。常见再度开花的树种有桃、杏、连翘等，偶见玉兰、紫藤等出现再度开花现象。树木出现再次开花现象有两种情况，一种是花芽发育不完全或因树体营养不足，部分花芽延迟到夏初才开，这种现象常发生在某些树种的老树上；另一种是秋季发生再次开花现象，通常是由于气候原因导致的再度开花，如进入秋季后温度下降但晚秋或初冬发生气温回暖，一些树木花开二度。如在1975年，春季物候期提早，在10～11月间很多地方的树木再度开花；1976年，北京的秋季特别暖和，连翘从8月初到12月初均有开花；上海地区在近年来多见海棠、含笑等树木在秋季再度开花的现象。

一般来说，树木再度开花时花的繁茂程度不如第一次开的花，因为有些花芽尚未分化成熟或分化不完全，使树木花芽分化不一致，部分花芽不能开花。出现再度开花对园林树木影响不大，有时还可加以研究利用。如人为促成一些树木在国庆节等重要节假日期间再度开花，这是提高园林树木美化效果的一个重要手段。在北京，可于8月下旬至9月初摘去丁香的全部叶子，并追施肥水，至国庆节前可再次开花。

五、果实的生长发育

园林树木栽培中也要栽植多种观果类树木，其目的主要是为了以果的“奇”（奇特、奇趣之果）、“丰”（给人以丰收的景象）、“巨”（果大给人以惊异）、“色”（果色多样而艳丽）来提高树木的观赏和美化价值，须根据果实的生长发育规律，通过一定的栽培和养护措施，使树木充分发挥这些方面的功能。

（一）果实的生长发育

1. 果实生长发育时间

各类树木的果实成熟时，在果实外表会表现出成熟果实的颜色和形状特征，称为果实的形态成熟期。果熟期的长短因树种和品种各异而不同，榆树和柳树等树种的果熟期最短，桑、杏次之。松属植物种子发育成熟需要两个完整生长季，第一年春季传粉，第二年春才能受精，球果成熟期要跨年度。果熟期的长短还受自然条件的影响，高温干燥，果熟期缩短，反之则延长，山地条件、排水好的地方果实成熟较早。当果实外表受伤或被虫蛀食后成熟期会提早。

2. 果实的生长过程

果实生长是通过果实细胞的分裂与增大进行的，果实生长的初期以伸长生长（即纵向生长）为主，后期以横向生长为主。

果实的生长过程并不是直线形，一般都表现为“慢——快——慢”的“S”形曲线生长过程。有些树木的果实呈双“S”形生长过程（即有两个速生期），但其机制还不十分清楚。园林观果树木果实多样，有些奇特果实的生长规律有待更多的观察和研究。

3. 果实的着色

果实的着色是由于叶绿素的分解，果实细胞内原有的类胡萝卜素和黄酮等色素物质绝对量和相对量增加，使果实呈现出黄色、橙色，由叶中合成的色素原输送到果实，在光照、温度和充足氧气的共同作用下，经氧化酶的作用产生青素苷，使果实呈现出红色、紫色等鲜艳色彩的过程。

（二）落果

从果实形成到果实成熟期间，常常会出现落果，有些树木由于果实大，果柄短，结果量多，造成果实之间相互挤压，夏秋季节的暴风雨等外力作用常引起机械性落果。由非机械和非外力所造成的落花落果现象统称为生理落果。生理落果机制比较复杂，诸如因授粉、受精不完全而引起的落果，有些树种的花器发育不完全，如杏花常出现雌蕊过短或退化，或柱头弯曲，不能授粉受精；因土壤水分过多造成树木根系缺氧，水分供应不足引起果柄形成离层，土壤缺锌也易引起生理性落果；或者由于营养不足造成的落果。这些都需要在栽培管护工作中采取措施加以避免和控制。

六、园林树木各器官的相互关系

植物体各器官之间，在生长发育的速率和节律上都存在着相互联系、相互促进或相互抑制的关系。园林树木树体某一部位或器官的生长发育，常能影响另一部位或器官的形成和生长发育。这种表现为植物体各部分器官之间在生长发育方面的相互促进或抑制的关系，植物生理学上称为植物生长发育的相关性。植物各器官生长发育上这种既相互依赖又相互制约的关系，是植物有机体整体性的表现，也是制订合理的栽培措施的重要依据之一。

（一）地上部树冠与地下部根系之间的关系

“根深叶茂，本固枝荣。枝叶衰弱，孤根难长。”这句名言充分说明了树木地上部树冠的枝叶与地下部根系之间相互联系和相互影响的辩证统一关系。实际上，地上部与地下部关系的实质是树体生长交互促进的动态平衡，是存在于树木体内相互依赖、相互促进和反馈控制机制决定的整体过程。

枝叶是树木为生长发育制造有机营养物质，固定太阳能并为树体各部分的生长发育提供能源的主要器官。枝叶在生命活动和完成其生理功能的过程中，需要大量的水分和营养元素，这需要借助于根系的强大吸收功能。根系发达而且生理活动旺盛，可以有效地促进地上部分枝叶的生长发育，为树体其他部分的生长提供能源和原材料。

根系是树体吸收水分和营养元素的主要器官，它必须依靠叶片光合作用提供有机营养与能源，才能实现生长发育并完成其生理功能，繁茂的枝叶可以促进根系的生长发育，提高根系的吸收功能。当枝叶受到严重的病虫危害后，光合作用功能下降，根系得不到充分的营养供应，根系的生长和吸收活动就会减弱，从而影响枝叶的光合作用，使树木的生长势衰弱。当树木枝

叶受到的危害比较轻微时，根系的吸收功能在短期内不会有严重损害，根系吸收的水分和养分可以比较集中地供应部分枝叶，促进枝叶迅速恢复，在相互促进中使树木的长势逐步恢复。

总之，树木地上部分和地下部分的生长是相互联系、相互依存的，既有相互促进，也有相互制约，呈现出交替生长反馈控制的作用过程，在园林树木栽培中可以通过各种栽培措施，调整园林树木根系与树冠的结构比例，使园林树木保持良好的结构，进而调整其营养关系和生长速度，促进树木整体的协调、健康生长。

（二）消耗器官与生产器官之间的关系

树木有光合能力的绿色器官称为生产性器官，无光合能力的非绿色器官称为消耗性器官。实际上，叶片是树木净光合积累的主要器官，其他器官的绿色部分占比例很小。因此，叶片承担着向树体的根、枝、花、果等所有器官供应有机养分的功能，是最重要的生产性器官。然而，叶片作为整个树体有机营养的供应源，不可能同时满足众多消耗性器官的生长发育对营养物质的要求，需要根据树木各器官在生长发育上的节律性，在不同时期首先满足某一个或某几个代谢旺盛中心对养分的需求，按一定次序优先将光合产物输送到生长发育最旺盛的消耗中心，以协调各个器官生长发育对养分的需求。因此，叶片向消耗器官输送营养物质的流向，总是和树体生长发育中心的转移相一致。一般说，幼嫩、生长旺盛、代谢强烈的器官或组织是树体生长发育和有机养分重点供应的中心。树木在不同时期的生长发育中心，大体与生长期树体物候期的转换相一致。

（三）营养生长与生殖生长之间的关系

树木的根、枝干、叶和叶芽为营养器官，花芽、花、果实和种子为生殖器官，营养器官和生殖器官的生长发育都需要光合产物的供应。营养生长与生殖生长之间需要形成一个合理的动态平衡。在园林树木栽培和管理中，可以根据对不同园林树木的栽培目的和要求，通过合理的栽培和修剪措施，调节两者之间的关系，使不同树木或树木的不同时期偏向于营养生长或生殖生长，达到更好的美化和绿化效果。

1. 根枝叶的生长与开花结果

良好的根、枝、叶的营养生长是树木开花结果的基础。树木要早开花结果，需要一定的根、枝量和叶面积，才能使达到一定年龄阶段的树木由营养生长转向生殖生长。进入成年阶段的树木，需要一定的枝叶量才能保证生长与开花结果的平衡。如果树体生长过旺，消耗过大，减少树体贮藏营养的积累，会影响花芽分化和花器发育，进而影响树木的开花和结果。

2. 花芽发育与开花结果

树体结果明显受花芽形成质量的直接影响。一般来说，花芽大而饱满，开花质量高，开花后的坐果率也高，果实发育好。反之，花芽瘦小而瘪，花朵小、花期短、容易落花落果。要通过合理的栽培措施促进花芽的发育，合理控制树体总的开花结果数量，才能确保开花结果的均衡和稳定。

3. 根系活动强度与花芽分化

根系在生长活动中，不仅可以为地上部枝叶制造各种物质提供无机原料，而且还能以叶片的光合产物为原料直接合成花芽分化所必需的一些结构物质和调节物质。所以根系随着花芽分化的开始，由生长低峰转向生长高峰，这时，一切有利于增强根系生理功能的管理措施，均有利于促进花芽分化。

4. 枝条发育质量与花芽分化

一个叶芽能否发生质变形成花芽，首先与枝条本身的发育质量有直接关系。一般来说，大多数树木，发育比较粗壮且姿势适当平斜的中、短枝，在生长前期如能及时停止生长，则容易形成花芽。相反，生长细弱和虚旺的直立性长枝，难以形成花芽。对于一些观花树木，应通过合理修剪调节树体结构和枝条发育状况，促进花芽形成和分化。

归纳总结

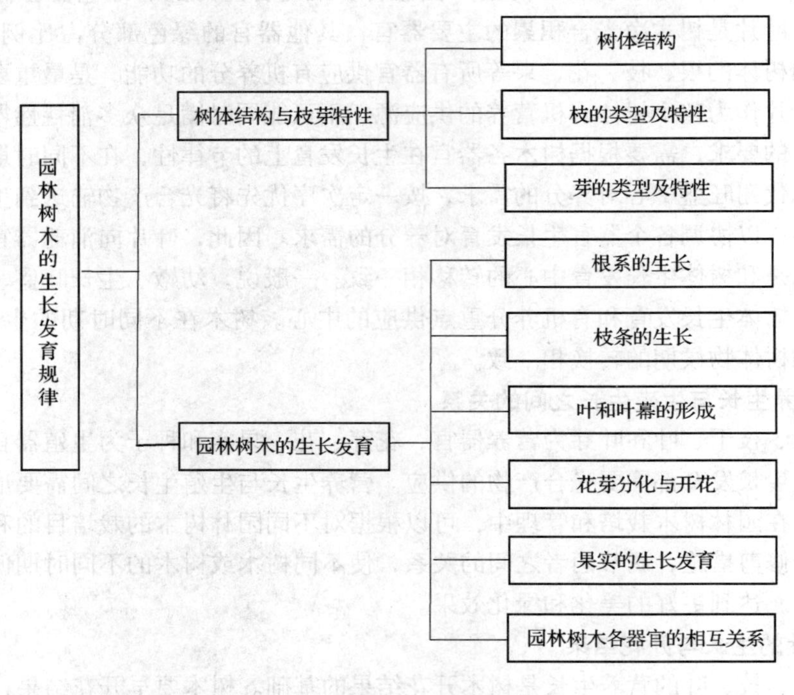

习　题

一、名词解释（20 分）

树体结构　　营养枝　　新梢　　花芽　　芽的异质性　　复芽　　成枝率

结果枝　　芽的早熟性　　芽的晚熟性

二、选择题（20 分）

1. 树木对环境的适应能力有强弱，下列______属于耐碱树种。

A. 山茶　　B. 柽柳　　C. 杜鹃　　D. 日本五针松

2. 短日照花卉每天的______ h 日照，就能加快发育，提前开花。

A. 5 ~ 8　　B. 8 ~ 12　　C. 12　　D. 13 ~ 15

3. 一般树木根系生长的适宜温度是______℃。

A. 0 ~ 5　　B. 5 ~ 10　　C. 15 ~ 25　　D. 25 ~ 30

4. 植物下部老叶叶脉间黄化，而叶脉为正常绿色，叶缘向上或向下有揉搓，表示____。

A. 缺磷　　B. 缺钾　　C. 缺铁　　D. 缺镁

5. 叶片脱落的主要原因之一是由于______。

A. 离层区细胞的成熟　　B. 植株进入衰老期

C. 叶片内营养严重不足　　D. 花果发育的影响

6. 植物感受低温春化的部位是______。

A. 茎尖　　B. 根尖　　C. 幼叶　　D. 老叶

7. 环境污染主要包括______、大气污染和土壤污染等方面。

A. 生物污染　　B. 水体污染　　C. 人为污染　　D. 空气污染

8. 植物叶子的先端和边缘出现斑痕，以后成环状分布，逐渐向内发展，严重的整片叶子焦枯脱落，这证明是受了______的污染。

A. SO_2　　B. HF　　C. Cl_2　　D. O_3

9. 配制盆栽混合土壤，对各种混合材料的理化性质需有一个全面了解，就吸附性能（即保肥性能）来说，下列材料中，最强的是______。

A. 珍珠岩　　B. 木屑　　C. 粘土　　D. 泥炭

10. 以下各种介质的持水性最强的材料是______。

A. 稻壳　　B. 壤土　　C. 木屑　　D. 粘土

三、是非题（14分）

1. 深秋时候灌水，有利于提高土温。（　）

2. 适地适树的“地”，是指温、光、水、气、土等综合环境条件。（　）

3. 长日照植物南种北引时，应引晚熟品种。（　）

4. 短日照植物北种南引时，应引晚熟品种。（　）

5. 冬天灌水可以保温，夏天浇水能降温，主要是因为水的比重大，能维持温度的稳定。（　）

6. 根外追肥应选择晴朗天气，中午阳光充足进行。（　）

7. 每种植物处于不同的生长发育时期，对养分的需要是有差别的。（　）

四、简答题（46分）

1. 简述枝和芽的特性。（16分）

2. 城市土壤有何特点，对城市树木有哪些影响。（15分）

3. 试用所学知识解释“根深叶茂，本固枝荣。枝叶衰弱，孤根难长”这句话。（15分）

项目3 园林树木的栽植

【学习目标】

了解园林树木栽植成活原理、栽植季节对树木成活的影响、栽植前的准备工作，掌握园林树木栽植技术及其成活期养护管理技术等知识。

【学习要点】

重点掌握园林树木栽植前的准备工作、园林树木栽植技术和成活期养护管理技术。

园林树木的栽植是园林建设中必不可少的一个重要环节。园林树木的栽植技术直接影响园林树木的成活率，进而影响园林景观建设效果的体现，在园林景观建设中有举足轻重的作用。只有熟练掌握园林树木栽植前的准备工作和栽植技术及后期的养护管理技术，才能优质高效地完成园林绿化建设任务。

任务1 园林树木栽植原理

一、园林树木栽植的概念

园林建设中，与树木栽植有关的几个概念主要有“栽植”、“种植”、“假植”等。“栽植”是指有计划地将苗木种植于一定区域、一定位置的过程，包括“起苗”、“运苗”和“种植”等环节。起苗是指将苗木以裸根或带土球的方式从某地掘出的操作，也称为掘苗；运苗是指把掘出的苗木用人力或运输工具运送到指定种植地点的过程；种植是指按要求将运来的树苗栽入指定位置的操作。

因目的不同，栽植有移植与定植之分。移植多为园林苗圃中为促进苗木根系生长发育及培育冠形、调整苗木疏密等所使用。定植是指将植物栽植在预定位置，之后不再轻易移走的栽植方式。在园林绿化建设中，绿化工程具有长久性的特点，栽植多有“定植”之意。仅在特殊情况或特殊工程需要时，将树木从一处迁移到另一处才用“移植”一词，如大树移植等。

“假植”是指在苗木或树木掘起运达目的地后，不能及时种植时，为了保护植株根系、维持植株生命活动而采取的短期或临时将根系埋于湿润土壤中的措施。绿化工程中，通过采取正常合理的假植处理，可以大大提高苗木、树木的栽植成活率。

二、园林树木栽植成活原理

正常生长的树木，以地面为界，可将其划分为地上部分和地下部分。地上部分以光合作用、蒸腾作用等生理生化代谢为主；地下部分的根系与土壤密切接触，从土壤中吸收的水分

和矿质元素等通过木质部运送到地上部分，满足枝叶光合作用、蒸腾作用所需。与此同时，光合作用制造的有机物质又可通过韧皮部运输到根系，满足根系生长发育所需。正常生长发育的树木，其地下部分与地上部分的生理代谢是平衡的，如图3-1所示。

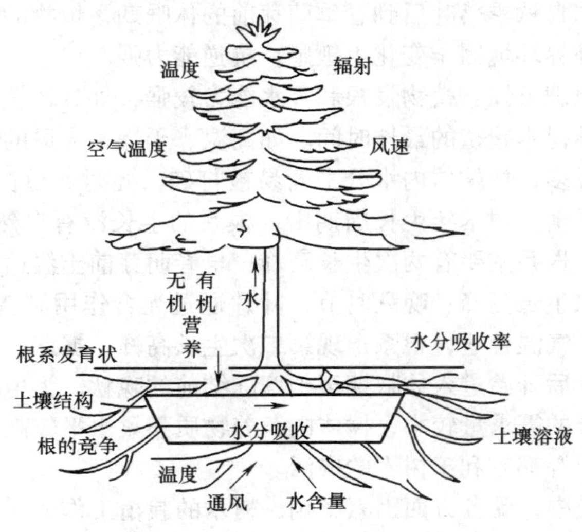

图3-1 树木水分平衡示意图

树木栽植过程中，起苗会在一定程度上破坏根系与原有土壤之间的密切关系，并有大量的根被损伤、切断，根系对水分和矿质元素等的吸收能力被削弱，而地上部分的枝叶在一定的时间段内，蒸腾作用、光合作用会照常进行。如此一来，树体对水分等物质的消耗量远大于吸收积累的能量，从而打破树木地上部分和地下部分之间以水分代谢为主的生理生化代谢平衡，影响到树木正常生长发育，乃至死亡。在这种情况下，如果不采取迅速恢复根系再生能力、尽快密切根系与土壤间的关系等有效措施，尽快恢复树体地上地下部分间以水分代谢平衡为主的生理生化代谢平衡，树木就会逐渐萎蔫、干枯直至死亡，如图3-1所示。

树体水分代谢平衡关系建立的快慢受树木种类、年龄时期、物候状况、环境因子和栽植技术等因素的影响。一般来说，萌根能力和根系再生能力强的树种能较快地恢复根系的吸收功能，栽植成活率高；处于幼年期、青年期及休眠期的树木容易栽植成活；有充足的土壤水分和适宜的气候条件的栽植成活率高。严格、科学的栽植技术和高度的责任心可以弥补许多不利因素，从而大大提高栽植成活率。

另外，在树木栽植过程中，力争做到适地适树，也可有效保证树木栽植成活率。适地适树是指使树木的生态学特性和栽植地点的生态条件相适应。生产中，主要采取选地适树、选树适地、改地适树、改树适地等途径实现适地适树。

任务2 园林树木栽植季节

园林树木栽植成活率与栽植季节有很大关系，而且较大程度地影响人力、物力等资源的消费。一般来说树木的物候状况和外界环境条件决定园林树木栽植的适宜季节，栽植时节也受到树木的种类、生长状态的影响。总之，确定树木栽植时节的基本原则是尽量减少栽植过程对树木正常生长发育的影响。

树木有它自身的年生长发育规律：春季萌芽抽枝展叶，夏季旺盛生长，秋季果熟，冬季休眠。在植物春季、夏季和秋季落叶前生理活动旺盛的生长期，生长发育与外界环境因子的关系十分密切；在树木自秋季落叶后到春季萌芽前的休眠期，植物的各项生理代谢微弱，营养物质消耗最少，对外界环境因子变化不敏感，抗逆能力强。

从树木栽植成活原理可知：植物发根和吸水能力较强，外界环境适于植物保湿及根系伤口愈合之时，即是园林树木栽植的最佳时间。如高温、干燥、大风的天气条件下，蒸腾作用强烈，植物散失水分过多，植株体内水分平衡易被打破，此时栽植苗木，须采取各种措施，尽力维持其体内水分平衡。树木年生长周期中，根系的生长没有自然休眠，只要条件适合，可不断生长。一年中，根系主要有两次生长高峰：早春萌芽前土温达到要求时，根系开始生长，至晚春达到第一次生长高峰；晚秋时节，叶片通过光合作用制造的大量有机营养回流，有机营养积累水平高、气温合适，根系出现第二次生长高峰。据此，树木萌芽前刚开始生命活动的早春和树木落叶后开始进入休眠期至土壤冻结前的晚秋，为植树的最适季节。这两个时期树木对水分和养分的需求量较小，树体内营养物质积累水平较高，伤口愈合和新根再生能力强，外界环境因子等都有利于树木的成活。

园林绿化工程建设中，受各方面因素影响，树木的栽植工作大多无法做到在最适宜植树的春秋二季进行。只要能确保根系相对完整，栽植环节科学合理，栽后管理措施到位，树木的栽植可打破季节的限制，在四季进行。近年来各地大力推行的容器苗木，已可根据工程需要，随时栽植。

一、春季栽植

春季栽植指自春季土壤解冻后至树木萌芽前栽植树木。此期树木尚处于休眠期，代谢较弱，环境温度也不高，树体蒸发量小，消耗水分少，栽植后容易达到地上、地下部分的生理代谢平衡。春季是树木栽植的黄金季节，栽植成活率高，适合于绝大部分地区和几乎所有树种。但是有些地区不适合春植，如西北、华北以及西南的部分地区，春季干旱多风，气温回升快，蒸发量大，适栽时间短，根系尚未恢复，树已萌芽，这一时期栽植成活率低。

春季栽植宜在土壤解冻、地气上升后进行，尽量提早，但也应综合考虑树种特性，如物候期等，以树木萌芽先后为依据，安排各树种的种植顺序。

在园林绿化工程中，春季栽植与秋季栽植多配合进行，尤其是栽植工程量巨大，人力物力等资源紧张时，更应考虑分期进行，如春季主要栽植常绿树种，秋季主要栽植落叶树种。

二、秋季栽植

秋季栽植指自树木落叶盛期后至土壤封冻前栽植树木。这一时期树木进入休眠期，生理代谢转弱，消耗营养物质少，树体内营养积累水平较高，且气温逐渐降低，蒸发量小，土壤水分比较稳定等，有利于维持树体生理代谢平衡和断根伤口的愈合。如果地温尚高，还可促发新根。经过冬季，根系与土壤颗粒紧密结合，翌年春季土温回升，根系开始生长，为树木萌芽、抽枝、展叶奠定良好基础。

近年来，部分地区推行秋季带叶栽植。带叶栽植不宜过早，可在大量落叶开始时进行，以保证成活率。部分耐寒能力差、髓部中空或有伤流现象的树木不适宜秋植。

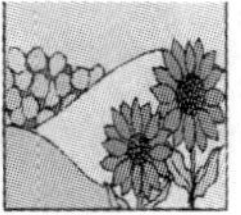

三、夏季栽植

夏季栽植又称为雨季栽植。夏季树木生长旺盛，土壤蒸发和树体蒸腾作用强烈，新栽树木的生理代谢平衡较难维持，树体容易失水干枯直至死亡。夏季栽植只适合于部分地区，如春、秋、冬易干旱，夏季雨水多、海拔较高的西南地区以及长江流域的梅雨季节，栽植成活率较高，尤以带土球栽植常绿树效果明显。

夏季栽植宜充分利用历年降雨规律及当年的气象预报，抓住连绵阴雨的有利时机。与此同时，采取加大土球、加强树体保湿及遮阳、重修剪、喷抗蒸腾剂等措施以及选择有利栽植时机，诸如在第一次枝梢停长、第二次枝梢尚未萌发时进行栽植，可有效地提高栽植成活率。

夏季栽植成本高、成活率低，如非必要，栽植工程尽量不安排在这一时期进行。

四、冬季栽植

冬季栽植适合于冬季土壤基本不结冻的地区，如华南、华中和华东等地区；北方或高海拔等低温寒冷地区不适宜冬季栽植。以广州为例，气温最低的一月份平均气温仍在13℃以上，故无气候上的冬季，从一月份开始即可栽植樟树、白兰花等常绿深根性树种，二月份可全面开展植树工作。在北方，气温回升早的年份，土壤化冻后即可开始栽植部分耐寒树种。在冬季严寒的华北北部、东北大部，由于土壤冻结较深，对当地乡土树种可以利用冻土球栽植法进行栽植。

我国疆域广阔，各地温度、湿度、光照等气候条件差异明显，树种不一特性各异，致使各地均有与之对应的适宜栽植季节，甚至同一季节里，不同种类的树木也有先后之别。一般来说，对气候条件反应敏感的树种和萌芽力弱的树种应优先栽植，如落叶树常比常绿树先栽，针叶树常比阔叶树先栽。在同一季节里，栽植先后顺序为落叶针叶树、落叶阔叶树、常绿针叶树、常绿阔叶树。

在植树过程中，结合各植树季节的优缺点，综合立地环境条件，因地、因树制宜，合理调配人力、物力，恰当安排施工时间和施工进度，可确保优质高效地完成绿化工程建设任务。

任务3　园林树木栽植前的准备工作

承担绿化工程施工的单位，在接受施工任务后，工程开工之前，必须充分了解设计理念、设计思想、预期目标与效果和工程概况等，做好工程施工方案、清理现场、准备苗木等准备工作，确保高标准高质量地按期完成工程施工。

一、了解设计意图与工程概况

园林绿化工程必须按照批准的绿化设计及有关文件进行施工，因此，正式施工前，施工单位应充分了解设计意图与工程概况等详细情况。

1）施工之前，首先由设计单位向施工单位进行设计交底，使施工单位充分了解设计目的、设计意图、设计要求以及工程范围、任务量、土质情况、工程投资与设计预算，讨论确定最佳定点放线依据等详细信息。

2）施工单位应该向设计单位了解植树工程与其他配套工程，如花坛建造、道路、山石、给排水、园林设施等工程的施工范围、工程量等，结合实际情况，确定施工的先后顺序，尽量避免交叉施工。

3）了解施工期限及工程投资情况。主要掌握工程的总进度、开始日期、竣工日期等，尽量考虑将树木的栽植时间与树种的最适栽植时间重合，以提高树木成活率。充分了解主管部门批准的投资规模和设计预算，以备编制施工预算计划。

4）施工现场情况。主要向有关部门了解地上物处理要求，掌握地下管线、电缆等设施的分布；了解设计单位与管线管理部门的配合情况，避免影响定点放线工作的进行。

5）了解各项工程材料的来源渠道，尤其是苗木来源、所在地点、苗木质量与规格、起苗及运苗所需时间等情况以及机械、车辆和劳动力的现状，以便做好合理安排、调配预案。

二、现场调查

在充分了解设计意图和工程概况之后，负责施工的主要人员必须亲自到现场进行细致的现场踏勘与调查，着重掌握以下情况：

1）查看现场是否有地上物，如房屋、树木、市政及农田设施与需要保护的地上地下参照物、设施，如古树名木、光缆电线等。履行需要搬迁或拆迁的手续，制定相应办法。遇到需要保护的古树名木或其他地上物，影响到工程施工的，须与设计单位及有关主管部门协商讨论，确定搬迁或变更设计方案等。

2）掌握施工现场内外交通设施、水源状况、电源情况以及施工期间工人的生活设施，如食堂、厕所、宿舍情况，明确是否需要修建辅助道路、搭建临时工棚等生活设施，保证施工的正常进行。

3）核查施工范围、施工地段的土壤状态、地下水位、水源等详细情况，如有与设计说明书不符之处，应与设计方研究解决办法，必要时变更设计方案。如遇土壤质地不理想的情况，明确是否需要改良土壤及改良土壤的工作量，如果需要客土，估算客土量及其来源等。

三、制订施工方案

施工方案即根据工程规划设计所制订的施工计划，又叫施工组织设计。施工方案由施工单位的领导部门或委托生产业务部门制订。制订方案之前，由负责制定的部门召集有关单位开会，对施工现场进行详细的现场勘测，研究制订出基本方案，然后由经验丰富的专人执笔，负责编写初稿。编制完成后，应广泛征求群众意见，反复修改，定稿、报批后执行。施工方案应简明扼要、全面细致周到、有极强的针对性和预见性。

（一）施工方案的主要内容

1. 工程概况

工程概况主要包括工程项目名称、施工地点及范围、工程量、设计意图、工程的意义、原则要求以及指导思想、工程的特点以及有利条件和不利条件、投资预算等信息。

2. 组织机构及分工

参加施工的单位及负责人，需设立的职能部门及其职责范围和负责人；明确施工队伍，确定任务范围，任命组织领导人员，制订有关规章制度和要求。

3. 施工程序和进度计划

依照施工程序，确定单项进度与总进度，规定起始、截止日期。工程进度计划表见表3-1。

表3-1　工程进度计划表

工程名称　　　　　　　　　　　　　　　　　年　月　日

工程地点	项目名称	工程量	单位	用工	进度（月日）				备注

主管　　　审核　　　技术员　　　制表

4. 劳动力计划

根据工程任务量及劳动定额，计算出每道工序用工数量，并确定用工来源、使用时间及具体的组织形式等。劳动力计划表见表3-2。

表3-2　劳动力计划表

工程名称　　　　　　　　　　　　　　　　　年　月　日

工程地点	项目名称	工程量	单位	用工量/个				备注
				时间	时间	时间	…	

主管　　　审核　　　技术员　　　制表

5. 材料工具供应计划

根据工程进度的需要，制订苗木、工具、材料的供应计划，包括用量、规格、型号、使用期限等。工程工具材料计划表见表3-3，工程用苗计划表见表3-4。

表3-3　工程工具材料计划表

工程名称　　　　　　　　　　　　　　　　　年　月　日

工程地点	工程项目	工具材料名称	单位	规格	需用量	使用日期	备注

主管　　　审核　　　技术员　　　制表

表3-4　工程用苗计划表

工程名称　　　　　　　　　　　　　　　　　年　月　日

用苗地点	品种	规格	数量	出苗地点	供苗日期	备注

主管　　　审核　　　技术员　　　制表

6. 机械运输计划

根据工程需要提出所需的机械、车辆，说明型号，日用台班数及具体使用日期。机械车辆使用计划表见表3-5。

表3-5 机械车辆使用计划表

工程名称　　　　　　　　　　　　　　　　　　年　　月　　日

工程地点	工程项目	机械车辆名称	型号	台班	使用日期	备注

主管　　　　审核　　　　技术员　　　　制表

7. 各项工程的施工预算及总投资金额

以设计预算为主要依据，根据实际工程情况、质量要求和当时市场行情，编制合理的施工预算。

8. 技术和质量管理措施

1）制定操作细则，施工中除遵守当地统一的技术操作规程外，应提出本项工程的一些特殊要求及规定。

2）确定质量标准及具体的成活率指标。

3）进行技术交底，提出技术培训的方法。

4）制订质量检查和验收的办法。

9. 绘制施工现场平面图

对于比较大型的复杂工程，为了解施工现场的全貌，便于指挥施工，在编制施工方案时，应绘制施工现场平面图，标明施工现场的交通路线、放线基点、各种材料存放位置、苗木假植地点以及水源、临时工棚、厕所等信息。

10. 安全生产制度

建立安全生产督查机构，制订安全操作规程，订立安全生产检查管理制度与办法等，保障生产安全。

（二）确定植树工程的主要技术项目

为确保工程质量，在制订施工方案的时候，根据植树工程的主要项目确定具体的技术措施和质量要求。

1. 定点、放线

确定具体的定点、放线方法（包括平面和高程），保证栽植位置准确无误，符合设计要求。

2. 挖坑

根据树种、苗木规格不同，确定相应种植坑的规格，并做好编号排序工作。

3. 去渣添土换土

根据现场踏勘时调查的土质情况，确定是否需要换土。如果现场土质较好，只是混杂物较多，可以去渣添土，尽量降低工作量；如需换土，应计算出客土量，确定客土来源及换土方法和渣土处理方法及去向。

4. 掘苗

确定具体树种的掘苗、包装方法及要求，如土球规格、裸根根幅等。

5. 运苗

确定运输车辆或机械、行车路线、遮盖材料、押运人员等，尤其长途运输，必须拟订详细计划及各项具体要求。

6. 假植

选好假植地点，确定假植方法、时间和养护管理措施等。

7. 种植

根据不同树种和不同地段的特点，拟订苗木种植顺序、根系消毒处理方式方法、肥水管理措施等。

8. 修剪

根据苗木情况，确定修剪方法、修剪量的大小、苗木造型要求等。一般来说，高大的树木宜先修剪后栽植，低矮苗木可先栽植后修剪。

9. 设立支柱

根据苗木大小，结合立地情况，确定是否需要设立支柱、支柱的材料、形式和设立的方法等。

10. 灌水

确定灌水的方式、方法、时间、次数和灌水量，以及封堰或中耕等措施的具体要求。

11. 清理现场

应做到文明施工，工完场净。

12. 其他有关技术措施

制订遮阴、喷雾保湿、防病治虫以及风雨之后的扶正等预案。

四、现场清理

施工现场清理工作的进度和质量影响到整个栽植工程的进展，是准备工作的重中之重，必须加以重视。

（一）清理障碍物

凡绿化工程用地边界之内有碍施工的市政设施、农田设施、房屋、树木、坟墓、堆放杂物、违章建筑等，应拆除或迁移。障碍物的处理应在现场踏勘的基础上逐项落实，根据有关部门的要求，履行相关手续，依法处理；对不妨碍施工的房屋设施等，可物尽其用，如作临时工棚或仓库等，待施工完毕再行拆除；对现有树木的处理，尤其是古树名木要持慎重态度，凡能结合绿化设计加以利用的尽量保留，无法保留的可进行移植，避免造成不必要的浪费和损失。

（二）地形地势的整理

地形整理是指从土地的平面上，将绿化地区与其他用地区划分开来，根据绿化设计图样的要求整理出一定的地形，此项工作可与清除地上障碍物相结合。有混凝土等铺装的地面，须刨除铺装，以免影响树木成活与生长。地形整理过程中，宜安排好土方调度，挖填结合，节省投资。

地势整理主要解决绿地的排水问题。绿地的排水主要借助地面坡度，使雨水形成地表径流进入下水道或排水明沟。因此，绿地界限划清后，结合地形地势现状，将绿化区域整理成具有一定坡度的地形，能达到较好的排水效果即可，如图3-2所示。

（三）地面土壤的整理

地形地势整理完毕之后，须在种植植物的范围内对土壤进行整理，给植物创造良好的生长条件。如原为农田菜地的基址，土质较好、侵入物不多的只需适当平整即可；如果在建筑遗址、工程废弃物和矿渣炉灰等裸地兴建绿地，则须清渣换土。树木定植点及附近，更须改良土壤。

（四）接通电源、水源，修通辅道

工程开工之前，须解决工程用水、用电等基本问题，并修筑辅助道路，确保工程的顺利开展。

（五）根据需要，搭盖临时工棚

施工场地附近有可利用的房屋设施等，尽量物尽其用，否则应搭盖工棚、食堂等必要生活设施，解决施工工人饮食起居难题。

五、苗木准备

（一）苗木质量要求

绿化工程中，苗木质量影响到栽植成活率、工程质量、后期养护成本及绿化景观效果。不同绿化工程需要苗木的规格、种类、苗龄各异，在确保树种符合设计要求的前提下，高质量的苗木应满足下述要求：

1. 植株健壮

苗木通直圆满，枝条茁壮，苗高合适，组织充实，不徒长，木质化程度高。无严重病虫害，尤其不能带有检验检疫性病虫害，无严重机械或人为损伤。

2. 根系完整

根系发达、完善，主根短直，靠近根颈一定范围内有较多侧根和须根，起苗后粗根无劈裂、撕裂，冠根比适当。

3. 顶芽饱满

除顶芽自剪的树种外，苗木顶芽完整健壮。尤其针叶树，如雪松等，顶芽越大，苗木质量越好，栽植成活后，景观效果愈好。

（二）苗木冠形与规格要求

苗木的冠形与规格，受设计意图、近期景观目标等制约。小苗来源容易、成本低、栽植成活率高，但如需考虑近期景观效果，则宜选择大规格苗木。苗木选择时，应结合设计意图与景观用途进行。

1. 行道树苗木

苗木树干通直、无弯曲、枝叶茂密、树冠完整，干高合适。行道树干高不低于3m，分枝点高度基本一致，具有3～5个分布均匀、角度适宜的主枝，且同一地段苗木个体大小相近。

2. 花灌木

高1m左右，有主干或主枝3～6个，分布均匀，根际有分枝，冠形丰满。

3. 观赏树（孤植树）

单株姿态优美，树势雄伟、有特点。庭荫树干高2m以上，树冠大而开阔。

4. 绿篱

株高合适，个体树冠大小、高矮基本一致，整个植株枝繁叶茂，中下部枝条不易枯萎。

5. 藤木

有2~3个多年生主蔓，无枯枝现象。

当前城市绿化工程多采用较大规格的苗木，建议首选当地苗圃经过移栽培育的苗木，次选外地购进适合本地生长发育、能满足景观建设需要、并经过移植的苗圃培育苗木，最后才考虑选用当地经过促根处理的野生苗木，以提高苗木栽植成活率。

任务4　园林树木栽植技术

一、定点放线

以园林绿化工程树种种植设计图为依据，将树木种植点按比例确定于地面上即为定点放线。定点放线的准确与否直接影响到种植工程质量的高低，因此，定点放线前须做好前期准备工作，认真仔细研究施工图样，熟练掌握施工现场和附近水准点等。

（一）行道树的定点放线

行道树是指栽植于道路两侧，为车辆或行人遮阳并构成一定景观的树木。行道树的定点放线要求位置绝对准确无误。

1. 行位确定方法

行道树行位严格按横断面设计的位置放线，如果是有固定路牙的道路以路牙内侧为准，没有路牙的道路，以道路路面的平均中心线为准，用钢尺测准行位，并按设计图规定的株距，每10棵左右钉一个行位控制桩。通直的道路，行位控制桩距离可远些，凡遇道路拐弯则必须测距钉桩。行位控制桩不要钉在植树刨坑的范围内，以免妨碍施工。道路笔直的路段，如有条件，最好首尾用钢尺量距，中间部位用经纬仪照准穿直的方法布置控制桩，确保行位精准。

2. 点位确定方法

行道树点位以行位控制桩为瞄准依据，用皮尺或测绳按照设计确定株距，定出每棵树的株位。株位中心以石灰或其他标记物定位标记。

由于行道树位置与市政、交通、沿途单位、居民等关系密切，定点位置除应以设计图样为依据外，还应注意以下情况：

1）遇道路急转弯时，在道路内侧留出50m的空当不栽种树木，以免树木遮挡视线，影响交通安全。

2）交叉路口各边30m内不栽树。

3）公路与铁路交叉口50m内不栽树。

4）高压输电线两侧15m内不栽树。

5）公路桥头两侧8m内不栽树。

6）遇有出入口、交通标志牌、涵洞、车站电线杆、消火栓、下水口等应留出适当距离，并注意左、右对称。

行道树的定点放线工作结束后，必须请设计人员以及有关单位验点，得到许可方能进行

下一程序的施工作业。

（二）成片绿地的定点、放线

成片绿地的树木种植有单株种植、成片成丛种植两种。其定点、放线多采用以下方式：

1. 平板仪定点

根据设计图样，依据基点将单株位置及片林的范围依次定出，做好标记，并标明树木种类、数量等基本信息。

2. 网格法

网格法适合范围大、地势平坦的公园等绿地种植树木。按比例在设计图上和现场分别找出对应的永久性固定点位，按照设计图上的比例尺在施工现场绘制等距离方格网，钉木桩或撒石灰等做好标记。

3. 交会法

交会法适用于范围较小、现场内建筑物或其他标记与设计图相符的绿地。以建筑物的两个固定位置为依据，根据设计图上与该两点的距离相交会，定出植树位置。位置确定后必须作明显标志，孤立树可钉木桩，写明树种和刨坑规格。树丛可用石灰等标记物标记范围，注明树种、数量、坑号等，此后可目测确定单株点位，做好标记。注意：树种、数量须符合设计要求；树种位置层次分明，形成中心高边缘低或由高渐低的倾斜树冠线；树丛配置自然，切忌呆板，尤应避免平均分布、距离相等，邻近的几棵树不要成机械的几何图形，或成一条直线。

二、刨坑

（一）刨坑规格

种植单株苗木的土坑一般为圆筒状；种植绿篱的土坑一般为长方形槽；成片密植的小株灌木，则适宜采用大块几何形浅坑。常用刨坑规格见表3-6、表3-7、表3-8。

表3-6 落叶乔木、常绿树、落叶灌木种植坑规格

落叶乔木·胸径/cm	落叶灌木·高度/m	常绿树·树高/m	坑径×坑深/(cm×cm)
—	—	1.0~1.2	50×30
—	1.2~1.5	1.2~1.5	60×40
3.0~5.0	1.5~1.8	1.5~2.0	70×50
5.1~7.0	1.8~2.0	2.0~2.5	80×60
7.1~10	2.0~2.5	2.5~3.0	100×70
—	—	3.0~3.5	120×80

表3-7 绿篱类种植槽规格

苗高/m	种植方式（深×宽）/(cm×cm)	
	单行式	双行式
0.5~0.8	40×40	40×60
1.0~1.2	50×50	50×70
1.2~1.5	60×60	60×80

表3-8 竹类种植穴规格 （单位：cm）

种植穴深度	种植穴直径
盘根或土球高20～40	比盘根或土球大40～60

刨坑大小依据树种、树体大小、根系分布状况和土球规格以及立地土壤情况等确定，以能够容纳植株全部根系，并能良好舒展为适。一般种植坑的深度与宽度（直径）比树木的根幅或土球大20～40cm。当刨坑处立地土壤情况良好，如为耕作熟土，排水透气性能良好等，则可按规定规格刨坑；如果土壤为建筑垃圾渣土或板结粘土等，则需清除建筑垃圾、加大刨坑规格。具体种植坑的大小可参照《城市绿化工程施工及验收规范》（CJJ/T 82—1999）确定。

（二）刨坑操作规范

1. 坑形及位置

以定植点为圆心，按规格在地面划一个圆圈、或确定种植绿篱的范围，以利于抽槽整地。从周边向下刨坑，坑或槽周壁大体上下垂直，避免形成“上大下小”的“U”字形或“上小下大”的坛子形，否则栽植踩实时会使根系劈裂卷曲或上翘，影响树木生长，如图3-3所示。

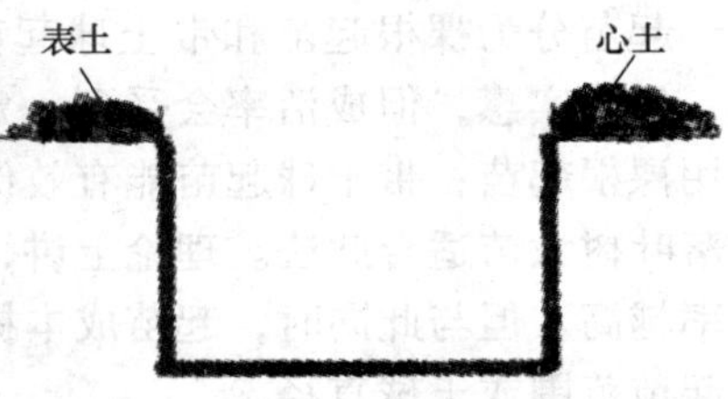

图3-3 种植坑形及土壤堆放要求

高地、土埂上刨坑，要平整植树点地面后适当深刨；斜坡、山地上刨坑，要外堆土，里削土，使坑面平整；低洼地刨坑，要适当填土深刨。

2. 土壤堆放

一般土壤上部为耕作层，疏松、透气，营养较丰富。下部土壤，尤其耕作层以下部分，透气透水性较差、瘠薄。为便于栽植时回填土壤，刨坑时宜将上部表层土和下部底层土分开堆放。且土壤的堆放要有利于栽种操作，避免影响换土、运土和行人通行等。

3. 地下物处理

刨坑时发现电缆、管道等，应停止操作，及时找有关部门配合解决。刨坑完毕后，应严格按规格、质量标准统一组织验收，对不达标者及时返工修正。

三、起苗

作为树木栽植过程的关键环节之一，起苗质量高低直接影响苗木栽植成活率和最终的绿化效果。苗木原生长品质好坏是保证掘苗质量的基础，但正确的掘苗方法、合理的掘苗时间、认真负责的组织操作，却是保证苗木质量的关键。掘苗质量同时与土壤含水情况、工具锋利程度、包装材料适用与否有关，故应在事前做足准备工作。

（一）掘前准备

1. 选苗号苗

在苗木起挖前，根据设计要求和苗木质量标准，严格筛选苗木并做好相应标记，如涂色、挂牌、拴绳等，避免误掘。选苗号苗时，数量上宜适当加大，以弥补后期损耗所需。

2. 土地准备

为方便苗木的起挖和减少苗木根系损伤，掘苗前要调整好土壤的干湿情况。土壤过干，应提前灌水浸地；土壤过湿，应设法排水或适当晾晒。对不熟悉情况的苗木，可先行试掘数株，再行制订相应措施。

3. 捆扎树冠

部分分枝低、侧枝分叉角度大的常绿树种，或枝条长而柔软、乃至枝条带刺不便掘苗操作的树木，如雪松、棕竹、火棘等植株，在掘前用草绳适度捆扎树冠，既方便掘苗操作，又减少掘苗过程中对树体的损伤。

4. 工具、材料和人力准备

提前备好适用的掘苗工具和材料，组织好劳动力等，尽量减少掘出的苗木在空气中裸露时间，可提高苗木成活率。

（二）掘苗规格

起苗分为裸根起苗和带土球起苗两种。裸根起苗需要的工具材料少、方法简单、成本低、经济实惠，但成活率会受到一定程度的影响。一般苗木干径低于 8cm 的落叶树小苗可采用裸根起苗；带土球起苗能有效保证树木栽植成活率，但成本高、技术性强，多数常绿树和落叶树大苗适合此法。理论上讲，起苗的范围或土球的直径越大，根系损伤越小，苗木成活率越高。但与此同时，起苗成本提高、操作难度加大。因此，为平衡二者关系，须合理确定起苗范围或土球直径。

起苗范围或土球规格参照苗木的干径和高度确定。一般乔木类树种掘取根部的范围或土球直径为其胸径的 7 ~ 10 倍，如香樟、天竺桂等；灌木类树种，如紫叶李、木槿、榆叶梅、碧桃等，掘取根部的范围或土球直径为苗木高度的 1/3 左右。掘取深度依据根系分布的深浅而定，一般 60 ~ 90cm 能满足绝大多数树种的要求。

上述掘苗规格是根据一般苗木在正常生长状况下确定的，但苗木的具体掘取规格要根据树木种类、根系生长状况、立地环境条件等因素综合确定，如果各方面条件不够理想，则应适当加大掘苗范围或直径。

此外，各种苗木的挖掘、包装应符合《城市绿化和园林绿地用植物材料—木本苗》（CJ/T 24—1999）的规定。

（三）掘苗方法

1. 裸根掘苗

裸根掘苗适用于大多数阔叶树在休眠期栽植。裸根掘苗保存根系比较完整，操作方便，节省人力、运输和包装材料，但因根部裸露，容易失水干燥和损伤弱小的须根。裸根掘苗直接在划定的掘苗范围内轻挖、由外向内逐渐去除土块即可。注意尽量避免撕裂根系，同时根际间与根系结合紧密的护心土壤应尽量保留。

2. 带土球掘苗

将苗木指定范围内的根系，连土掘削成球状，用蒲包、草绳或其他软材料包装捆扎，避免土球散开。

由于在土球范围内须根未受损伤，并带有部分原土，栽植过程中水分不易损失，对恢复生长有利。但操作较困难，费工费时、消耗大量包装材料、增加运输负担，成本远高于裸根掘苗。因此，绿化建设中，凡可裸根栽植成活的尽可能不采用带土球栽植。

四、运苗与假植

（一）运苗

苗木掘出后，于最短时间内运输到种植处，尽量缩短苗木根系在空气中的裸露时间，并在运输过程中采取相应的保护措施，减少对树木枝条、根系等的损伤，可提高树木栽植成活率。

1. 核对苗木

装车之前，仔细核对苗木种类、数量与规格等，剔除不合格苗木。贴上相应标签、注明树种、年龄、产地等信息，完善起运苗木手续。

2. 苗木装车

装车前在车厢内铺稻草、蒲包等松软物质，避免损伤树皮。大苗装车时，须放倒，且土球或根系向车前，枝梢向车后并不拖地，依次码放。土球直径大于60cm的只宜码放1层，小土球可以码放2～3层，土球之间码放紧实避免运输途中松动、碰散土球；部分苗高低于1.5m的苗木可以立放，但须设立支架或绑扎，固定苗木，苗木上方不可堆放重物、站人等，并搭盖遮阳挡风材料。

3. 运输

运苗过程中，如果是短距离运输，未采取遮阳挡风措施，中途尽量不作停留，直奔施工现场，如图3-4所示。如果是长距离运输，驾车要稳，尽量避免大的颠簸抖散土球，随时检查遮阳挡风材料，适度喷水保持根系湿润。

4. 苗木卸车

苗木运达目的地后，应及时组织人力卸车。卸车时，注意从上往下依次卸车，对带土球苗木，不可拖拽树干，须抱球或借助木板等材料顺势滑动卸车，并做到轻拿轻放，避免土球散开。

（二）假植

苗木运达施工现场后，受气候条件、施工进度或劳动力不足等因素影响，不能及时栽植，为保护根系，减少苗木失水，提高苗木栽植成活率，将苗木根系或土球用湿润的沙壤土掩埋起来的过程，即为“假植”。

1. 裸根苗假植

裸根苗木自掘苗开始到种植下去，在空气中裸露时间尽量不要超过8h。凡不能及时种植的，则应假植。可在栽植处附近选择合适地点，挖取宽200～300cm、深30～50cm的浅沟，长度视苗木数量而定，按树木种类或品种集中假植，做好标记。若土质干燥还应适量灌水，确保根际土壤湿润；在气候温和湿润的地区，如果假植时间很短，可采取对根部喷水保湿、覆盖草帘等方式，降低工作量；但在高温干旱多风地区，不宜采用此法。

2. 带土球苗假植

带土球的苗木，运到工地以后，如较短时间内无法定植完毕，宜选择不影响施工之处，将苗木码放整齐，四周培土，用草绳围拢树冠，喷水保湿；假植时间较长的，土球间缝隙也应填土，并根据需要经常给苗木进行叶面喷水。如假植时间非常短，可采取直接对土球喷水保湿、覆盖草帘等方式，既降低工作量，又不影响苗木成活。

五、栽植前的修剪

(一) 修剪目的

1. 保证成活

不管是裸根起苗还是带土球起苗，都会损伤植株根系，减弱根系吸收能力，而地上部分枝叶蒸腾等代谢作用依旧。这样会打破植株原地上、地下部分的水分和养分平衡，影响苗木栽植成活率。通过修枝剪叶，降低枝叶对水分和养分的消耗量，可缓和植株地上、地下部分的水分和养分之间的矛盾，提高苗木栽植成活率。

2. 调整树形，均衡树势

多数苗圃培育形成的苗木树冠，与定植地点对树冠的要求不相符合。为此，通过整形修剪，可塑造出满意的树形，同时还能刺激长势衰弱的树萌发更多枝叶，缓和生长势强劲苗木的生长。

3. 推迟物候期，减少伤害

栽植前的修剪，着重剪除病虫枝、徒长枝、折断或撕裂的枝条及根系和一些幼嫩的枝梢等，能够较好地减弱病虫危害。同时，修剪时会剪除比较饱满的顶芽，物候期也会被相应延迟。

(二) 修剪操作规范

园林苗木的栽植修剪分栽前修剪和栽后修剪，生产中二者常综合使用，栽后修剪在栽前修剪的基础上进行。不管栽前修剪还是栽后修剪，都要严格按照有关操作规范进行。基本要求如下：

1. 剪口平整

要求工具锋利，剪口平滑整齐，枝条不劈不裂，更不能撕破树皮，否则伤口难以愈合。

2. 剪口芽位置合理

与苗圃里培育苗木一样，要结合树木的生长习性和立地环境，合理选留剪口芽的位置与方向，保证剪口芽萌发抽条的方向符合今后树形发展要求。剪口位置与芽的距离约0.5~1.0cm，不可紧靠剪口芽下剪，否则易致剪口芽随枝条干枯而死。剪口成45°斜面。

3. 上下兼顾

栽植前的修剪部位，包括地上部分的枝叶和地下部分的根系。首先从根系入手，先将干枯及病虫危害、破皮、劈裂的根系、枝条剪除，其次处理部分大枝、徒长枝，无法利用的，及时去除。对修剪留下的较大剪口、伤口，应及时涂抹伤口保护剂。

六、栽植

(一) 散苗

散苗也称为配苗，是指为方便栽植，将苗木按设计图样或定点木桩，散放于定植坑(穴)旁边的过程。散苗时应注意：

1. 按图散苗，细心核对

散苗时应以设计图样为依据，找准位置，选对苗木种类，避免散错。带土球苗木可置于坑边，裸根苗应根朝下置于坑内。

2. 保护苗木植株

带土球的苗木必须轻拿轻放，避免土球散开。组织安排好劳动力，边散边栽，减少苗木在空气中的暴露时间。

3. 精细分级，确保景观效果

行道树、绿篱等散苗时做好分级工作，相邻苗木高度、规格基本一致，确保景观效果。

4. 顺序取苗

在假植沟内取苗时应依次进行，不可随意拖拽，避免伤根或土球散开。取后及时掩埋剩余苗木根系。

（二）栽苗

栽苗是指散苗后，将苗木放入坑内扶直，提苗到适宜深度、舒展根系，分层埋土压实、固定的过程。

1）埋土前必须仔细核对设计图样，检查树种、规格与设计图样是否一致，同时检查栽植坑的大小、深浅是否符合要求，发现问题立即纠正。

2）树形及长势最好的一面应朝向主要观赏方向；平面位置和高程必须与设计规定相符；树身必须垂直于地面，如果树干有弯曲，其弯曲方向应朝向当地的主风方向。

3）栽苗深度合理。栽苗深度一般与原土痕平齐。乔木不得深于原土痕10cm；带土球树种不得超过5cm；灌木丛等不得过浅或过深。回填土壤时，表土在下、心土在上，如图3-5所示。定植坑中回填的疏松土壤，会随时间的推移有所下沉，因此，在栽苗时可适当考虑加高回填疏松土壤的高度，预留下沉空间，避免苗木被栽植后随土壤下沉而导致根系呼吸困难，苗木长势衰弱甚至死亡。

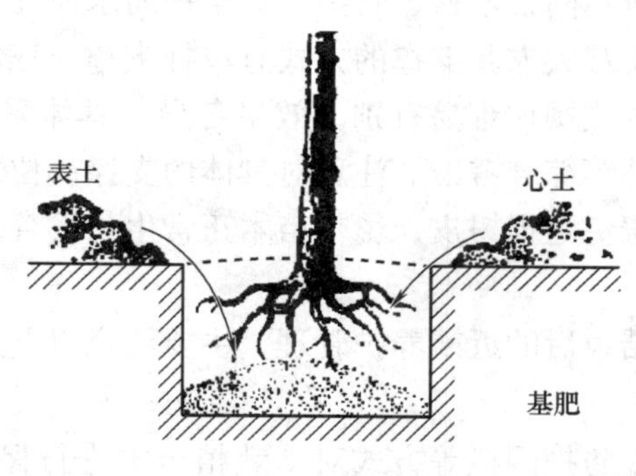

图3-5 种植示意图

4）行列式栽植应十分整齐，维持在一条线上。可每隔20株左右先行栽植1株，以作标杆树，方便栽植时前后对齐，做到三点一线。

5）定植完毕后应与设计图样仔细核对，确定无误后解开捆拢树冠的草绳等。

6）裸根苗的栽植宜每3人为一作业小组，1人负责扶树、找直和掌握深浅度，2人负责回填土壤。栽种时，可先于坑底用表土做一馒头状的小土丘，将苗木根系舒展开置于其上，回填表土至栽植坑深度的1/2左右，向上轻提苗木，适当踩实，继续回填土壤至栽植坑满，踩踏紧实，再培土至根颈或原土痕处即可。

7）栽植带土球苗木时，首先目测栽植坑的深度与土球高度是否相符合，并据此作相

应调整，确保栽植深度适宜。其次回填部分疏松表土，预留足够下沉高度。再将土球安放稳当，解除包装材料，并尽量全部取出，以免影响新根再生。回填土时必须边填土边夯实，夯实最好从土球四周以45°左右斜角向内踩压，不可直接在土球上踩踏，避免踩散土球。

七、栽植后的养护管理

植树工程按设计要求定植完毕后，为了巩固绿化成果，提高树苗成活率，还必须加强后期养护管理工作。

（一）及时浇水

水是保证树木栽植成活的重要条件之一。树木定植后尽量在24h内浇水，时间越早越好，并连续浇灌几次，尤其是高温干旱、蒸发量大的区域。季节栽植苗木时，及时合理浇水更为重要。

苗木栽植后浇的第一次水也有“定根水”之称。此次浇水量不宜太大，但应湿润30～40cm土层，其主要作用是通过水分的渗透，使苗木根系与土壤颗粒密切接触，利于根系吸收功能的发挥，提高成活率。此后间隔5～7d左右再行浇第二次、第三次水，具体浇水次数及间隔时间视当地气候以及土壤条件等综合情况决定。注意每次浇水后应及时检查，扶正因土壤松软导致的歪斜、倾倒的苗木。

（二）设立支柱

高大苗木，尤其是带土球栽植的大苗，容易因风刮、浇水、生物活动以及松软土壤下沉等因素的影响而歪斜，应及时设立支柱加以支撑。

支柱的材料，各地有所不同，木材、竹竿、甚至钢筋水泥柱等均可。一般原则是就地取材，既要简便实用，也要美观大方。支撑的方式有单杆支撑、三脚架支撑（图3-6）、“井”字架支撑等，不同的支撑方式操作难易有别，效果各异。具体采取何种方式根据当地风向、苗木大小以及立地土壤条件等综合考虑。注意对具体的支撑部位加以保护，一般采取缠绕稻草绳、垫橡胶皮等方式，避免磨损树皮，影响苗木正常生长发育。

（三）其他养护管理

这里着重指栽植工程结束后的近期养护管理，主要注意以下几点：

1. 加强看管防护

树木定植后可通过设立防护围栏等方式对新栽植苗木进行保护，避免人为等因素破坏，尤其是在城市绿化工程中，更应加强看护。如果没有围护条件，须强化巡查看管，减少人为破坏。

2. 再次复剪

苗木定植后，还需要进行补充修剪，着重对栽植过程中受损伤的枝条和栽植前修剪不够理想的枝条进行复剪，以打造良好的树形，减少蒸发，有利成活。

3. 清理施工现场

植树工程竣工后，应将施工现场彻底清理干净，如去除围堰、清扫施工现场，将石块、土球包扎物、修剪下来的枝条、根系等无用杂物处理干净，保持施工场地清洁，做到文明施工。

任务5　成活期的养护管理

一、扶正培土

新栽苗木一般入土较浅，栽植坑底及周围土壤疏松，土壤容易下陷，加上风吹雨打，部分苗木会倾斜或基部松动，造成根部悬空、根系暴露或塘内积水。因此，应随时观察，尤其是风雨之后，应对新栽苗木全面检查，把倾斜和松动的树苗扶正并培土、踏实，保证树苗成活。

二、灌水与排水

树苗根系恢复生长过程中既需要足够的水分，也需要足够的氧气，如果土壤过于干旱或根系附近积水严重，会影响根系正常生长发育。尤其暴雨或连绵阴雨天气，容易导致土壤间隙被水填满、通气不良，部分不耐水湿的树种会因根系呼吸困难而窒息死亡。因此，树木成活期的水分管理应以“旱时及时灌水，涝时及时排水”为原则，为苗木正常生长发育创造良好条件。

三、施肥

新栽成活的苗木，度过缓苗期后，可适当施清淡的肥水，以满足苗木生长发育对养分的需求，促进苗木正常生长。初期施肥浓度宜低，施肥次数可适当增加，以“勤施薄肥，少量多次”为原则。

四、修剪

苗木成活期的整形修剪主要包括除萌、修枝、平茬等工作。部分新栽苗木主干容易产生萌蘖，除因特殊需要保留外，其他均需要及时摘除；对主枝多或分布不均的苗木，可适当修剪，疏除扰乱树形的枝条，以培育优质主干；对萌发能力强，但主干干枯、折断或弯曲等无培育前途的苗木，可于树液流动前进行平茬，加强肥水管理，可培育出新的端直主干。

五、松土除草

与树苗相比，杂草根系发达，争夺水分养分的能力强，影响树苗根系伸展。因此，结合松土，及时清除杂草，可有效改善苗木根系的生长发育条件。同时，松土可以切断土壤毛细管，减少水分蒸发，保蓄土壤水分，增加土壤通气性，促进微生物活动，提高土壤肥力，有利于树苗成活和生长。松土除草一般一年进行2~3次，要做到“除早，除小，除净”。

六、补植

苗木成活期养护管理工作中，应不定期的检查苗木成活情况，对死亡的苗木以及虽未死亡、但已严重影响景观效果、短期难以恢复生长势的苗木进行拔出，并及时补植。

注意补植苗木的规格，如高矮、干粗等，应与四周苗木大小基本一致，避免影响景观效果。

实训1　裸根苗栽植

一、目的要求

了解园林树木栽植过程，掌握裸根苗栽植技术。

二、材料与工具

备栽裸根苗木、锄头、铁铲、修枝剪、手锯、皮尺、测绳、标杆、石灰、支柱或支架、水桶、有机肥等。

三、方法步骤

1. 定点放线

按照要求的株行距，在测绳上做好记号。根据绿化施工图样要求，拉绳定行定点，并在定点处撒石灰或插签做好标记，方便工人准确挖坑。

2. 挖坑

定植坑的大小，依土壤性质、环境条件及苗木根幅大小而定，一般种植坑的深度与宽度均比苗木的根幅大20cm以上。挖坑时，表土和心土分别堆放，同时注意堆放位置，以不影响行人、运输工具等通行为宜。定植坑的周壁应与底平面平直，不能挖成上大下小“V”字形以及底面凹陷的“U”字形，可在底面留一中间高四周低的小土丘，以栽植裸根苗时舒展根系。定植坑挖好后，将有机肥与部分表土混合回填，呈小土丘状。如定植坑底有大的石头、石块等影响根系生长的异物，须去除再回填土壤。

3. 苗木分级及根系处理

根据苗木大小、根系完整程度等，把相同等级的苗木集中栽植，方便栽后管理；对起苗后没有进行根系修剪或修剪不完善的，须在栽植前再次对苗木根系进行修剪处理，主要剪除断伤、劈裂、虫蛀、腐烂和干枯死亡的根。对修剪留下的较大伤口要进行消毒防腐处理。

4. 栽植

经过长途运输的苗木，可在栽植前用清水浸泡根系数小时，或栽植前对根系进行蘸泥浆处理，可保持根系湿润。栽植时将苗木按品种、等级分别放在挖好的定植坑内。栽植时将根系舒展开，一人扶直苗木，一人回填土壤。注意栽植位置、方向准确，保证景观效果的体现。

回填土壤时，混有有机肥的表土在下、心土在上。埋至根系的1/2时，轻提植株，然后适当踩压土壤，使土壤与根密切接触，继续回填土壤；把握好栽植深度，预留好疏松土壤灌水后的下沉空间。一般土壤回填完毕后苗木根颈要略高于地面，待灌水后，土壤下沉，根颈恰好与土面平齐最佳。

如果苗木多，短时间内无法栽植完毕，应开挖浅沟进行假植。即将苗木根系置于浅沟中，回填疏松湿润的沙土护根。

5. 栽后管理

苗木定植后，应做好及时浇水、复剪、设立支柱、围栏和现场清理等工作。

四、作业

1. 如何确定定植坑的大小？

2. 完善实训报告，并以组为单位，进行栽植后的管理，将管理措施记录整理成文，并行课堂交流、讨论。

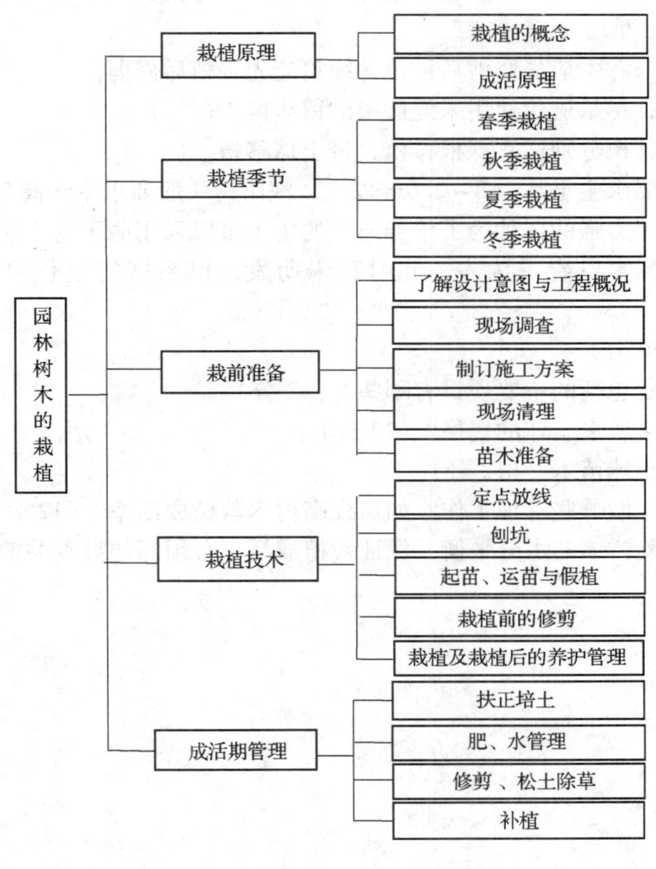

习　　题

一、名词解释（20分）

栽植　假植　定植　散苗　中耕除草

二、填空题（10分）

1. 树木栽植成活的原理是保证树木地上部分与地下部分______的平衡。

2. 适宜树木栽植的时期大多在早春______前和秋季______时。

3. 高压输电线两侧______m、交叉路口______m内不栽树。

4. 移栽的四个环节应密切配合，尽量缩短时间，最好是______、______、______，及时管理，形成流水作业。

5. 一般乔木掘取根部的范围或直径，常为其胸径的______倍；灌木类树种掘取根部的范围或直径则为苗木高度的______左右。

三、是非题（10分）

1. 栽植坑的直径与深度一般要比根的幅度与深度或土球大20~40cm。（　）

2. 一般而言，发根能力和根系再生能力强的树种容易栽植成功。（　）

3. 适宜的种植季节是树木所处物候状况和环境条件最有利于其成活而所花费的人力物力却较少的时期。(　)

4. 秋季带叶栽植的树木要在大量开始落叶时移植，不能太早，否则会降低移栽成活率。(　)

5. 树木栽植时，乔木应先修剪后种植，绿篱应先种植后修剪。(　)

6. 栽植树木时，尽量避免使用未经截根的留床苗。(　)

7. 常绿树、落叶树分别适宜裸根移植、带土球移植。(　)

8. 行道树一般要求主干高 1.8 ~2.0m 以上，庭荫树一般要求主干高 2.5m 以上。(　)

9. 干性弱、萌芽力强的树种为了培养通直的主干可以采用截干的方法。(　)

10. 北方移植苗木以春季为主，此时芽未萌发，根系恢复生长快，苗木成活率高。(　)

四、简答题（60 分）

1. 树木栽植工程包括的主要项目有哪些？（12 分）
2. 如何确定苗木所带土球的规格？（12 分）
3. 如何挖取带土球苗木？（12 分）
4. 树木栽植后要做哪些管理工作？如何提高树木栽植成活率？（12 分）
5. 为保持和恢复树体的水分平衡，保证栽植成活，必须抓住哪些关键问题？（12 分）

项目4 大树移植

【学习目标】

了解目前我国大树移植的现状、目的及意义；掌握大树移植的概念、特点、原则、移植技术、移植时间和移植后的水肥管理。

【学习要点】

1. 大树移植的概念、特点、原则。
2. 大树移植操作技术。
3. 大树移植后的管理。

大树在城市绿化中有着重要作用，它直接关系到城市绿地的景观效果，是城市绿化的骨架，特别是一些重点工程为了加快园林绿化的速度，及时发挥园林树木的生态功能和景观效果，常常引进栽植一些较大的树木，大树移植已成为城市绿化建设中的一种重要技术手段，可以迅速达到绿化美化城市的效果。尽管大树移植有诸多困难，但如果能科学规划、合理运用、适度配植，则可在较短的时间内迅速显现绿化效果，较快发挥城市绿地的景观功能。大树的移植只要遵循其自然生长规律，运用科学的技术，就会有较高的成活率。通过大树移植，可在短时间内优化城市园林绿地的植物配置和空间结构，及时满足重点工程和大型市政工程的绿化、美化要求，是现代化城市园林布置和绿化建设中经常采用的重要手段和技术措施。

任务1 大树移植的概念及特点

一、大树移植的概念

大树移植又称为壮龄树木或成年树木的移植，是城市园林绿化建设中经常做的工作，是指树干胸径在10~20cm及以上，树高在5~12m及以上，树龄一般在10~20年或更长的大型树木的移栽。移植大树来源不同可分为人工培育大树移植和天然生长大树移植两类。人工培育的移植树木是经过各种技术措施培育的树木，移植后能适应各种生态环境，成活率较高。天然生长的移植树木大部分生长在森林生态环境中，移植后不适应小气候生态环境，成活率较低。但从大树移植的实践中可发现，不论人工培育的还是天然生长的大树，只要方法得当，都可以收到较好的绿化效果。

二、大树移植的特点

（一）快速建成景观效果，提高绿化质量

无论是以植物造景，还是以植物配景，如果要反映景观效果，都必须选择理想的树形来

体现艺术的景观内容。通常幼年树难以实现艺术效果，只有选择成形的大树才能创造理想的艺术作品，为了提高园林绿化、美化的造景效果，经常采用大树移植。它能在最短时间内改善城市的园林布置和城市环境景观，较快地发挥园林树木的功能效益，及时满足重点工程、大型市政建设绿化、美化等要求，也是突破植树季节性，实行全年植树绿化的一项重要措施。

（二）成活困难，要求较高

由于大树树龄大、发育阶段长，根系的再生能力下降，在移植过程中被损伤的根系恢复慢，新根发生能力较弱；树木根系扩展范围大，使有效地吸收根处于深层和树冠投影附近，而移植起树范围内须根量很少；大树的树体高大，枝叶蒸腾面积大，为使其尽早发挥绿化效果和保持原有优美姿态，多不进行过度修剪，因而地上部分蒸腾面积远远超过根系的吸收面积，树木常因脱水而死亡；此外，在移植过程中，采用措施不当而造成树体损伤、栽植后的养护管理不到位等都会影响树木的成活。为有效保证大树移植的成活率，一般要求在移植前的一段时间要作必要的移植处理。移栽周期少则几个月，多则几年，每一个步骤都不容忽视。

（三）保存绿化成果

在繁华的街道、广场、车站乃至一些居民小区等地方，人为损坏使城市的绿化与保存绿化成果的矛盾日益突出，因而只有栽植大规格的树木，提高树木本身对外界的抵抗能力，才能在达到绿化效果的同时，保存绿化成果。

（四）技术要求比较复杂，成本高

大树对移植的质量要求较高，移植的大树具有庞大的树体和重量，往往需要借助于一定的机械力量才能完成，消耗的人力、物力、财力远远超过一般植树工程。作业人员必须经过严格的培训和实际锻炼，达到熟练操作程度，方可单独上岗，否则人员、树木的安全和工程质量就不能保证，因此，大树移植成本高。

三、大树移植的原则

（一）就近选择原则

不同树种的生物学特性不同，对土壤、光照、水分和温度等生态因子的要求不同，移植后的环境条件应尽量与树种的生物学特性及原生地的环境条件相符。因此，在进行大树移植时，应根据栽植地的气候条件、土壤类型，以选择乡土树种为主、外来树种为辅，选择移植易成活的树种，坚持就近选择优先的原则。

（二）树体规格适中

大树移植，并非树体规格越大越好、树体年龄越老越好，不能一味追求树龄，不惜重金从千百里外的深山老林寻古挖宝，且不谈移植失败对大树资源的浪费和破坏，其实质是对大树原生地生态资源的野蛮掠夺。特别是古树，由于生长年代久远，已依赖于某一特定生境，环境一旦改变，就可能导致树体死亡。同时，移植及养护的成本也随树体规格增大而迅速攀升。

（三）树体年龄轻壮

处于壮年期的树木，从形态、生态效益以及移植成活率上来讲都是最佳时期的树木。大多树木，当胸径在 10～15cm 时，正处于树体生长发育的旺盛时期，因其环境适应性和树体

再生能力强，移植过程中树体恢复生长时间短，移植成活率高，易成景观。一般说来，树木到了壮年期，树冠发育成熟且较稳定，最能体现景观设计的要求。

（四）科学配置原则

由于大树移植能起到突出景观和强化生态的效果，因此要尽可能地把大树配置在主要位置，配置在景观、生态最需要的位置，在能够产生巨大景观效果的地方，作为景观的重点、亮点。如在公共绿地、公园绿地、居住区绿地，大树作为点景用树适宜配置在入口、重要景点、醒目地带；或成为构筑疏林草地的主要元素；或作为休憩区的庭荫树配置。切忌在一块绿地中集中、过多地应用过大的树木栽植。

（五）科技领先原则

为有效利用大树资源，确保移植成功，应充分掌握树种的生物学特性和生态习性，根据不同的树种和树体规格，制订相应的移植与养护方案，选择在当地有成熟移植技术和经验的树种，并充分应用现有的先进技术，降低树体水分蒸腾，促进根系萌生，恢复树冠生长，最大限度地提高移植成活率，尽快、尽好地发挥大树移植的生态和景观效益。

（六）严格控制原则

大树移植，对技术、人力、物力的要求高，费用大，移植后的养护难度更大。大树移植时，要对移植地点和移植方案进行严格的科学论证，移什么树，移植多少，必须精心规划设计。大树来源更需严格控制，必须以不破坏森林自然生态为前提，最好从苗圃中采购，或从近郊林地中抽稀调整。

任务2 大树移植前的准备工作及处理

目前，大树移栽已成为城镇园林绿化施工中的一项重要内容，大树移栽施工的成败优劣直接影响到绿化工程的效果和效益。因此，大树移植前必须进行精心策划，准确掌握大树移栽的配套技术以及加强栽后的精细管理，以确保大树移栽的成功。

一、大树的选择

对可供移植的大树进行实地调查。调查的内容包括树木种类、年龄、干高、胸径、树高、冠幅、树形及所有权等，并进行测量记录，注明最佳观赏面的方位，必要时可进行照相。调查记录苗木产地与土壤条件，交通路线有无障碍物等，判断是否适合挖掘、包装、装运，分析存在的问题，提出解决措施，办好准运证和检疫证等证件。对选中的树木应进行登记编号，为规划设计提供资料。

二、大树移植的时间

严格地讲，如果掘起的大树带有大而完整的土球，在移植过程中严格执行操作规程，移植后又精心养护，那么在任何时期都可以进行大树移植。但在实际中，最佳移植时间的选择不仅可以提高移植成活率，而且可以有效降低移植成本，方便日后的正常养护管理。最好选择在树木休眠期，春季萌动期和秋季树木落叶后为最佳时期。北方最佳时期是早春。落叶后至土壤封冻前的深秋，树木上部处于休眠状态，也可进行大树移植。在城市改建扩建工程中的大树移植，可以选择在生长旺季（夏季）移植，最好选择在连阴天或降雨前后移植。常

绿树，春、夏（雨季）、秋均可进行。但夏季应错过生长旺盛期。一般以春季最佳。

（一）春季移植

早春是大树移植的最佳时期，这一时期树液开始流动，枝叶开始萌芽生长，挖掘时损伤的根系容易愈合、再生。移植后，经过早春到晚秋的正常生长，树体移植时受伤的根冠已基本恢复，给树体安全越冬创造了有利条件，春季树体开始萌芽而枝叶尚未全部长成之前，树体蒸腾量较小，根系尚能够及时恢复水分代谢平衡。大树移植须缩短土球暴露在空气中的时间，其后进行精心的养护管理，也可以获得较高的移植成活率。

（二）夏季移植

夏季，由于树体蒸腾量较大，一般来说不利于大树移植。不得不移植时，可采取加大土球、加强修剪、树体遮阳等减少枝叶蒸腾的移植措施，也能获得较好的效果。由于所需技术复杂、成本较高，一般尽可能避免夏季移植。在北方的雨季和南方的梅雨期，由于连阴雨日较长，光照强度较弱，空气湿度较高，如把握得当，也不失为移植适期。

（三）秋冬移植

秋冬季节，从树木开始落叶到气温不低于－15℃这一时期，树体虽处于休眠状态，但地下部分尚未完全停止生理活动，移植时被切断的根系能够愈合恢复，给来年春季萌芽生长创造良好的条件。在严寒的北方，必须加强对移植大树的根际保护，才能达到预期目的。

大树移植的最佳时期还因树种而异，故须区别对待，灵活掌握，分期分批有计划地进行。确定了移植计划以后，具体移植时还要注意天气状况，避免在极端的天气情况下进行，最好选择阴而无雨或晴而无风的天气进行。欧洲国家提倡在夜间移植大树，可避免日间高温与强光照对树体蒸腾的影响。

三、断根处理

断根处理也称为回根、盘根或截根。定植多年的或野生的大树，特别是胸径在25～30cm以上的大树，应先进行断根处理，利用根系的再生能力，促使树木形成紧凑的根系，生发出大量的须根。在丛林内选中的树木，应对其周围的环境进行适当的清理，疏开过密的植株，并对移栽的树木进行适当的修剪，改善通风透光条件，增强树势，提高抗逆性。

断根可在大树移植前的1～3年，分期切断树体的部分根系，以促进吸收根的生长，缩小日后的根坨挖掘范围，使大树在移植时能形成大量可带走的吸收根。具体做法为：在移植前1～3年的春季或秋季，以树干为中心，以3～4倍胸径尺寸为半径画圆或方形，在保留两段或三段之外挖宽30～40cm宽的沟，深度视树种根系特点而定，一般为60～80cm。挖掘时，如遇较粗的根，应用锋利的修枝剪或手锯切断，使之与沟的内壁齐平，如遇直径5cm以上的粗根，为防大树倒伏一般不予切断，而于土球外壁处进行环状剥皮（宽约10cm）后保留。并在切口涂抹一定浓度的生长素，有利于促发新根。其后，用拌和着肥料的泥土填入并夯实，定期浇水。到翌年的春季或秋季，再分批挖掘其余的沟段，仍照上述操作进行，如图4-1所示。正常情况下，经2～3年，环沟中长满须根后即可起挖移植。在气温较高的南方，有时为突击移植，在第一次断根数月后，即起挖移植。如广州等地，通常以距地面20～40cm处树干周长为半径，挖环行沟，沟深60～80cm，沟内填满稻草、园土后浇水，修剪树冠。保留两段约占1/4的沟段不挖，以便有足够的根系不受损伤，能够继续吸收养分、水分，供给树体正常生长。40～50d后，新根长出，即可掘树移植。

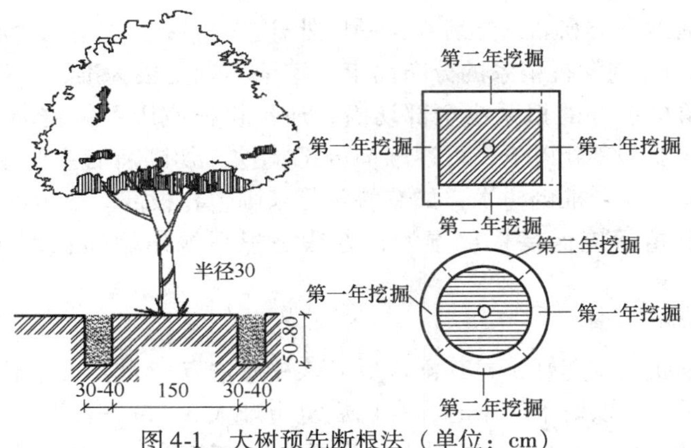

图 4-1 大树预先断根法（单位：cm）

四、大树的修剪

移植前对树冠须进行修剪，修剪强度依树种而定。萌芽力强的、树龄大的、叶片稠密的应多剪；常绿树、萌芽力弱的宜轻剪。从修剪程度看，可分全株式、截枝式和截干式 3 种。全株式原则上保留原有的枝干树冠，只将徒长枝、交叉枝、病虫枝及过密枝剪去，适用于萌芽力弱的树种，如雪松、广玉兰等，栽后树冠恢复快，绿化效果好。截枝式只保留树冠的一级分枝，将其上部截去，如香樟等一些生长快、萌芽力中等的树种。截干式修剪，只适宜生长快，萌芽力强的树种，将整个树冠截去，只留一定高度的高干，如悬铃木、国槐等。由于截口较大易引起腐烂，应将截口用蜡或沥青封口，也可用塑料薄膜包裹。

任务3 大树移植技术

大树移植要掌握“随挖、随包、随运、随栽”的原则，移植前应根据设计要求定点、定树、定位。

一、树木挖掘

目前，国内普遍采用人工挖掘软材包装移栽法，如图 4-2 所示。大树移植时，应尽量加大土球，多保留根系。在挖掘过程中要有选择地保留一部分根际原土，以利于树木萌根。大树以树兜为中心，在四周由外向内开挖。挖掘圆形土球，适用于树木胸径为 10 ~ 15cm 或稍大的常绿乔木，起树时要保持好土球完整性，用蒲包、草片或塑编材料加草绳包装；挖掘方形土台，适用于树木胸径为 15 ~ 25cm 的常绿乔木。一般采用木箱包装移栽法，北方寒冷地区可用冻土移栽法。落叶乔木一般采用休眠期树冠重剪、尽量保留较大较多根系的裸根移栽法，挖掘包装相对容易。具体操作如下所述。

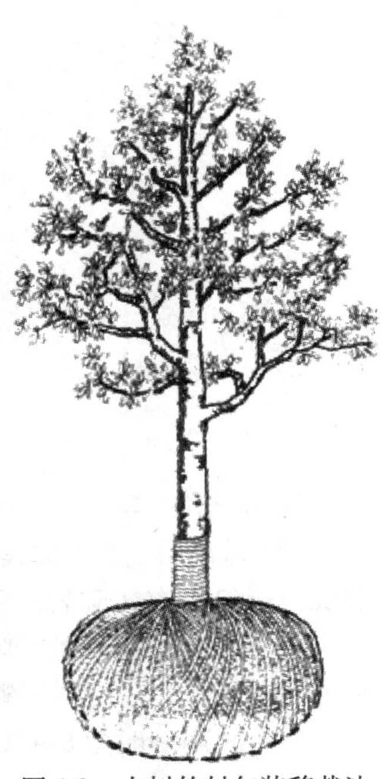

图 4-2 大树软材包装移栽法

（一）裸根移植

裸根移植仅限于落叶乔木，挖掘前要先以树干为圆心按规定直径在树木周围画一个圆圈，然后在圆圈以外开挖。挖掘时应沿所留根幅外垂直下挖操作沟，沟宽60~80cm，沟深视根系的分布而定。挖至不见主根为准，深度一般为80~120cm。挖掘过程所有预留根系外的根系应全部切断，遇到粗根应用手锯锯断，剪口要平滑不得劈裂。从所留根系深度1/2处以下，可逐渐向内部掏挖，切断所有主侧根后，即可打碎土台，保留护心土，清除余土，推倒树木，如有特殊要求则包扎根部。裸根的成活关键是尽量缩短根部暴露时间。移植后应保持根部湿润，方法是根系掘出后喷保湿剂或沾泥浆，用湿草包裹。

（二）土球挖掘

土球挖掘应保证土球完好，尤其雨季更应该注意这点。为了减轻土球重量，挖掘前应先铲除树干周围的浮土。以树干为中心，在比规定土球大3~5cm处画一个圆圈，顺着此圆圈往外挖沟，沟宽60~80cm，深度以到土球所要求的高度为止。挖时先去表土，再行下挖。修整土球要用锋利的铁锹，遇到较粗的树根时，用手锯或利剪将根切断，切忌用铁锹硬砸，以免造成散坨。然后用锹将所留土坨修成上大下小呈截头状圆锥体土球。当土球修整到1/2深度时，可逐步向里收底。直到缩小到土球直径的1/3为止，然后将土球表面修整平滑，下部修成小平底，收底时遇粗大根系应锯断。

（三）捆扎土球

在大树基部捆草绳60~80cm高，在捆好的草绳上钉护板以保护树干。

1. 打腰箍

用浸好水的草绳，将土球腰部缠绕紧，随绕随拍打勒紧，腰绳宽度视土球而定，通常为土球的1/5左右，一般扎8~10圈草绳，草绳捆扎要求松紧适度、均匀，如图4-3所示。

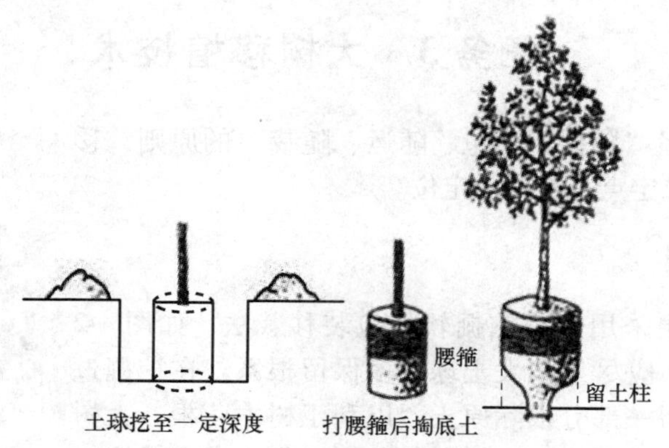

图4-3　土球挖掘和打腰箍示意图

2. 开底沟

围好腰绳后，在土球底部向内挖一圈5~6cm宽的底沟，以利打包时兜绕底沿，草绳不易松脱。用包装物（麻袋片等）将土球包严，用草绳围接固定。打包时将绳收紧，随绕随敲打，用双股或四股草绳以树干为起点。稍倾斜，从上往下绕到土球底沿沟内再由另一面返回到土球上面。之后绕树干顺时针方向缠绕，应先成双层或四股草绳，第2层与第4层交叉压花。草绳间隔一般为8~10cm宽。注意绕草绳时双股绳应排好理顺。

3. 围外绕绳

打好包后在土球腰部用草绳横绕20~30cm的腰绳。草绳应缠紧，随绕随用木槌敲打，围好后将腰绳上下用草绳斜拉绑紧，避免脱落。完成打包后，将树木按预定方向推倒，遇有直根应锯断，不得硬推，随后用麻袋片将底部包严，用草绳与土球上的草绳串联。

二、装运

大树装运一般采用起重机吊装或滑车吊装、汽车运输的办法来完成。大树运输前，应先计算好土球和大树的重量，以便安排相应的起吊工具和运输车辆。吊装、运输中，关键是保护土球，不使其破碎、散开。吊装前应事先准备好粗麻绳和木板等。吊装时，先将双股麻绳的一端留出1m以上的长度打结固定，再将双股绳分开，捆在土球由上至下3/5的位置上，将其捆紧，然后将大绳的两端扣在吊钩上。在绳与土球接触的地方用木板垫起，以免麻绳勒入土球，如图4-4所示。将树木轻轻吊起之后，再将脖绳套在树干基部，另一端也扣在吊钩上，即可起吊、装车。树木装进汽车时，为放稳土球要将树冠向着汽车尾部，根部土块靠近司机室放在车辆上。土块下垫木板，然后用木板将土块夹住或用绳子将土块缚紧在车厢两侧。树干包上柔软材料放在木架上，用软绳扎紧。树冠也要用软绳适当缠拢。

根部盖草包等物进行保护，树身与车板接触之处，必须垫软物，并用绳索紧紧固定，以防擦伤树皮，碰坏树枝。树冠不可与地面接触，以免运输途中树冠、树枝受损伤，如图4-5所示。吊装好后，一般应用草席或高密度遮阳网覆盖树体特别是树冠，以减少水分蒸发；运输途中，车速不宜过快，否则树木水分蒸发快，容易引起树木叶片和嫩枝脱水。运距较远时必须采用有篷汽车，还应定时给树木洒水，以补充水分。

一般一辆汽车只装运1株树，若需装多株时要尽量减少互相影响。装、运、卸都要保证不损伤树干、树冠以及根部土块。非适宜季节装运时还应注意遮阴、补水保湿，减少树体水分蒸发。装运过程中，应有专人负责，并注意安全。

三、栽植

栽植穴的直径比土球直径大50~60cm，深度比土球高度深30~40cm，土质不好的栽植穴大小应该是土球体积的1倍。在挖好的种植穴底部先施基肥，将腐熟的有机肥与土拌匀，并用土堆成约10cm高的小土堆。大树运抵后必须尽快定植。定植起吊前同样应在树干上捆绑两根长绳索，以便卸装和定植时用人力控制方向；同时应进行种植坑的回土和施肥，回土高度应保证树木下坑后土球上表面略高于地面5~10cm（因为灌水后树木会出现一定的下沉）。定植起吊时，在不影响起重机起吊臂的前提下应尽可能使树体直立，以便直接进坑；距坑20~30cm时，应由人配合起重机，掌握好定植方位，尽量符合原来的朝向，并保证定植深度适宜。当树木栽植方向确定后，即可将树木轻落坑中，然后用人力稳住树体，解开吊绳和包装材料。解开包装材料后应观察树木根系，把受伤的根系剪除，创面一定要修平滑，然后用草木灰涂抹或用0.1%的高锰酸钾溶液喷洒，有利于创面愈合，防止烂根。树木定位后，拆除草绳等包装材料，均匀填入细土，分层夯实。当填至1/3时，通过人力用树干上的绳索校正树体以使其垂直于地面，而后再将种植穴回填压实至满，于树干基部围一土埂，便于保水；填土至2/3时浇水，如发现空洞，及时填入捣实，待水渗下后，再加土，然后堆土成丘状。树木定植好后应立即灌水，灌水时在水管端口套接一根1m有余的钢管，打开水

阀，将水管顺着种植坑壁插入坑底，直至水往外冒。多方位插灌，直到灌透为止。

树木定植后应解开树干绳索和树冠包扎物，在树干2.5～3m处包裹草席，捆扎3～4根木桩，结实地支撑在地面上，以免大风摇动树体，影响树木生长。树木基部的地面也应覆盖草席或稻草保暖保湿。

由于移植时大树根系会受到不同程度损伤，定植时，为促其增生新根，恢复生长，可根据具体情况适当使用生长素。对于土球破裂或裸根树木还应采用种植穴内打泥浆法种植。

四、栽植后的管理

大树的再生能力较幼树明显减弱，移植后一段时间内树体生理功能大大降低，树体常常因供水不足、水分代谢失去平衡而枯萎，甚至死亡。因此，大树移栽后，一定要加强后期的养护管理，第1年最为关键。因此，应把大树移栽后的精心养护看成是确保移栽成活和树木健壮生长不可缺少的重要环节，切不可小视。大树移植后应具体做好以下几方面的工作。

（一）地上部分保湿

1. 包干

大树移植后及时用稻草绳、麻包等材料严密包裹树干和比较粗壮的分枝。上述包扎物具有一定的保湿性和保温性，经包干处理后，避免强阳光直射和热风吹袭，可减少树干、树枝的水分蒸发；贮存一定量的水分，使枝干经常保持湿润；还可调节枝干温度，减少高温和低温对枝干的伤害。

2. 喷水

树体地上部分特别是叶面因蒸腾作用而易失水，应及时喷水保湿。喷水要求细而均匀，喷及地上各个部位和周围空间。可采用高压水枪喷雾，或将供水管安装在树冠上方，根据树冠大小安装一个或数个喷头进行喷雾，效果较好，但比较费工费料。或采取“打点滴”的方法，即在树枝上挂上若干个装满清水的盐水瓶，运用“打点滴”的原理，让瓶内的水慢慢滴在树体上，定期加水，既省工又节省材料，但喷水不够均匀，水量较难控制。

3. 遮阴

大树移植初期或高温干燥季节，要搭设荫棚遮阴，以降低棚内温度，减少树体的水分蒸发。在成行、成片种植的密度较大的区域，宜搭制大棚，省材又方便管理；孤植树宜按株搭设荫棚。要求全冠遮阴，荫棚上方及四周与树冠保持50cm左右距离，以保证棚内有一定的空气流动空间，防止树冠日灼危害，遮阴率为70%左右。树木抽发新根，生长稳定后可逐步去掉荫棚。

（二）促发新根

1. 控水

新移植的大树，其根系吸水功能减弱，对土壤水分需求量较小。因此，只要保持土壤适当湿润即可。土壤含水量过大，反而会影响土壤的透气性能，影响根系的呼吸，对发根不利，严重的会导致烂根死亡。因此，一方面要严格控制浇水量，移植时第一次浇透水，以后视天气情况与土壤干燥情况，谨慎浇水，同时要慎防对地上部分喷水过多使水滴进入根系区域；另一方面，要防止树穴内积水，种植时留下浇水穴，在第一次浇透水后即应填平或略高于周围地面，以防下雨或浇水时积水。在地势低洼易积水处，要开排水沟，保证雨天及时排水，做到雨止水干。另外，为提高成活率，浇定根水时加入活力素稀释液和防烂根剂，可促

发新根，抑制和防止树木烂根。

2. 保护新芽

树体地上部分的萌发，对根系具有自然而有效的刺激作用，能促进根系的萌发。因此，在移植初期，特别是移植时进行重修剪的树体所萌发的芽要加以保护，让其抽枝发叶，待树体成活后再行修剪整形。同时，在树体萌芽后，要特别加强喷水、遮阴、防病防虫等养护工作，保证嫩芽、嫩梢的正常生长。

3. 保持土壤通气良好

保持土壤良好的透气性有利于根系萌发。为此，一方面要做好中耕松土工作，防止土壤板结。另一方面，要经常检查土壤通气设施（栽植时埋设的通气管或竹笼等），一旦发现堵塞或积水，要及时清理，以经常保持良好的透气性能。

（三）树体保护

1. 支撑固定

大树移植后即应支撑固定，以防地面土层湿软，大树遭风袭导致歪斜、倾倒，同时还有利于根系的生长。一般采用三角形支撑固定法，确保大树稳固。支撑点以在树体高度的2/3处为好。支架与树皮交接处可用旧鞋底或草包等做隔垫，以免磨伤树皮。细钢绳拉树应为“品”字形三方拉树，并注意系安全标识物。

2. 防治病虫

坚持以预防为主，勤检查，一旦发生病虫，要对症下药，及时防治。

3. 施肥

施肥有利于恢复生长势，大树移植初期，根系吸肥能力低，宜采用根外追肥，一般半个月左右施肥1次。宜用尿素、磷酸二氢钾等速效肥料制成浓度为0.5%～1%的肥液，选早晚或阴天进行叶面喷施，遇雨天应重喷1次。根系萌发后，可进行土壤施肥，要求薄肥勤施。

4. 剥芽除萌除梢

大树移栽后，对萌芽能力较强的树木，应定期、分次进行剥芽除萌、除嫩梢（切忌一次完成），以减少养分消耗。及时除去基部及中下部的萌芽，控制新梢在顶端30cm范围内发展呈树冠。

5. 防冻

新移植大树易受低温危害，应做好防冻保温工作。一方面，在入秋后要控制氮肥，增施磷、钾肥。另一方面，在入冬寒潮来临前，可采取覆土、涂白、地面覆盖等措施。设立风障、搭制塑料大棚等方法加以保护。

实训2 大树移植

一、目的要求

掌握大树移植的技术要求和操作技术。

二、材料与工具

待移植大树、铲刀、修枝剪、手锯、锹、镐、皮尺、草绳、拉绳、吊绳、树干护板、软木支垫、起重机、运输车辆等。

三、方法步骤

1. 确定土球直径

土球直径根据苗木的胸径确定（一般为胸径的7~10倍）。

2. 土球的挖掘

在圆圈外侧挖30~40cm宽的操作沟，深度为土球直径的2/3左右。

注意三点：一是以锹背对土球；二是遇到粗根应用手锯或修枝剪剪断，不能用锹硬劈，防止土球破碎；三是挖至土球深度的1/2~2/3处时，开始向内切根，使土球呈苹果状，底部有主根暂时不切断。

3. 包装

土球挖好后，实训人员相互配合，首先扎腰绳，腰绳的道数根据运输的距离远近来确定。近距离、土球的直径小于50cm的为3~5道，随直径的扩大而增加道数。远距离运输时，腰绳宽度应为土球高度的1/3。缠绕时，应该一道紧靠一道拉紧，并用砖块或木块敲击草绳使其嵌入土球内。腰箍打好以后，向土球底部中心掏土，直至留下土球直径的1/4~1/3土柱为止，然后打花箍，最后再切断主根。

4. 修剪树冠与拢冠

切断主根后，苗木倒下，放倒时注意安全，放倒后根据树种的特性进行修剪。落叶树种可保留树冠的外形，适当强剪；常绿针叶树种只整形，少量修剪；常绿阔叶树种可保持树形，适当摘去叶片和疏枝。然后用绳子将树冠拢起，捆扎好，便于运输。

5. 装运

根据土球大小采用人工或机械的方法进行装车，树梢向车尾方向放置。装车时注意将树木固定，以免在运输途中滚动造成土球散脱或发生危险。树干与车体接触处应用软材料垫隔，以避免损坏树木干枝。在运输过程中，要有人在车上负责观察，以解决运输途中出现的问题。

6. 卸苗定植

在栽植前首先进行场地的清理和平整，根据设计要求进行定点放线，然后根据大树规格确定挖坑的大小，栽植坑挖好后，卸苗栽植。栽植时要做到深浅适当，根土密接，分层踩实。带土球苗，放苗后应及时解开草绳，拿出或剪碎撤在坑内做肥料，在栽植时注意将表土层回填到苗木根系的周围，每填土20~30cm厚，用木棍夯实踩紧，直到与地面相平，作堰浇透水。根据树体大小，确定支柱材料和支柱形式。

四、技术要求和注意事项

1）起苗时要保持根系和土球的完整，不伤枝梢。

2）做到随起、随运、随栽。

3）栽植的深度适当，一般与原地面相平或稍深3~5cm。

4）回土时要夯实踩紧，使根土密接，促使尽快发根，提高成活率。

5）栽好后立即浇足定根水，以后根据天气情况及时浇水，大苗至少要浇3次水，第2次在栽植后的3d内，第3次在栽植后的10d内进行，注意培土扶正。

五、作业

实训结束后，每组同学交实训报告一份。

归纳总结

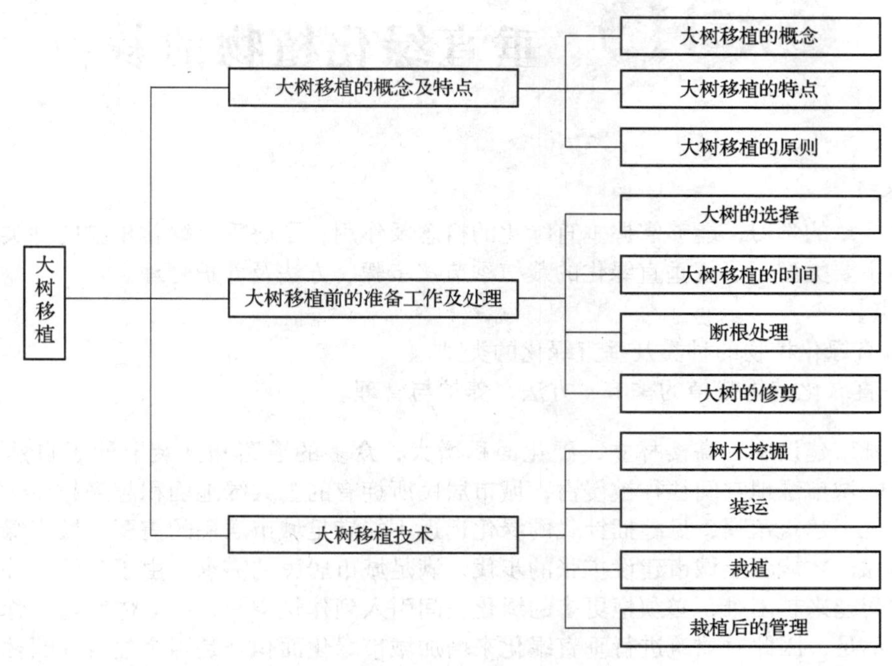

习　　题

一、名词解释（20 分）

大树移植　　回根　　打腰箍　　包干

二、填空题（10 分）

1. 从移植大树来源不同可分为______和______两类。
2. 大树移植要掌握"______、______、______"的原则。
3. 对于土球破裂或裸根树木还应采用______种植。
4. 移植前应根据设计要求______、______、______。

三、是非题（10 分）

1. 大树移植地上部分保湿方法有包干、喷湿、遮阴等。（　）
2. 大树移栽后，对荫芽能力较强的树木，应一次完成剥芽除萌、除嫩梢。（　）
3. 大树移植后促发新根的措施浇水、保护新芽、土壤保持通气良好。（　）
4. 为促移植大树增生新根，恢复生长，可根据具体情况适当使用生长素。（　）
5. 落叶乔木一般采用休眠期树冠重剪，尽量保留较小较少根系的裸根移栽法。（　）

四、简答题（60 分）

1. 如何看待现在城市绿化中大量进行大树移植的现象？（15 分）
2. 在大树移植过程中，哪些环节会出现不安全因素？如何避免？（15 分）
3. 如何提高大树移植成活率？（15 分）
4. 大树移植成活比较困难的原因是什么？（15 分）

项目5 垂直绿化植物的栽植

【学习目标】

通过本章的学习，能够掌握垂直绿化的概念及作用；了解垂直绿化植物的种类；掌握垂直绿化的主要类型；了解垂直绿化的栽植季节、步骤、方法及养护管理。

【学习要点】

1. 垂直绿化植物的种类及垂直绿化的类型。
2. 垂直绿化植物栽植的季节、方法、养护与管理。

当今城市建设中，高楼林立，硬化面积增大，众多的道路和铺装取代了自然土地和植物，有限的城市绿地空间往往被侵占，城市居民所拥有的公共绿地面积越来越少，可供绿化用地往往位于建筑角隅，见缝插针式的绿化远远不能满足城市居民的需要。城市绿化面积必须不断增加，才能跟上城市建设扩张的步伐，满足城市居民的需求。由于建筑之外水平方向上绿化空间越来越困难，必须把更多的绿化空间引入到建筑空间，以立体绿化来弥补城市绿地面积的不足，因此对建筑进行垂直绿化来增加城市绿化面积，是当今建筑和园林发展的趋势。其中对建筑屋面空间进行多方位、多层次、多功能的绿化，以联想自然、表现自然为基调，建设绿色生态建筑，符合人们的心理追求，成为未来城市建设及房屋建筑的方向。

任务1 垂直绿化植物

垂直绿化又叫立体绿化，是利用藤本植物的攀缘性绿化墙面以及凉廊、棚架、灯柱、园门、围墙、篱壁、桥涵、驳岸等垂直立面的一种绿化形式。垂直绿化可以增加建筑物等的立面艺术效果，使环境更加整洁美观、生动活泼，它具有占地面积小、见效快、覆盖范围大的特点，可有效增加城市绿地率和绿化覆盖率，减少夏季太阳辐射的影响，有效改善城市生态环境，提高城市人居环境质量。垂直绿化中的藤本植物绝大多数具有吸附、缠绕、卷须、钩刺等攀缘特性，具有很高的观赏价值，或姿态优美，或花果艳丽，或叶形奇特，或叶色秀丽，通过人工配置，在垂直立面上形成良好的植物景观，在美化环境中具有独特的作用。近十几年来，不少城市将墙面绿化列为绿化评比的标准之一。

一、垂直绿化植物的种类

（一）缠绕类

依靠自己的主茎或叶轴缠绕他物向上生长的一类藤本，如紫藤、金银花、木通、南蛇藤、铁线莲等。

（二）吸附类

依靠茎上的不定根或吸盘吸附他物攀缘生长的一类藤本，如爬山虎、凌霄、薜荔、常春

藤等。

（三）卷须类

由枝、叶、托叶的先端变态特化而成的卷须攀缘生长的一类藤本，如葡萄等。

（四）钩刺类

利用枝蔓体表向下弯曲的镰刀状逆刺（枝刺或皮刺），钩附他物向上攀缘的藤本类型，如藤本月季、云实、悬钩子等。

（五）蔓生类

不具有缠绕特性，无卷须、吸盘、吸附根等特化器官，茎长而细软，披散下垂的一类藤本，如迎春、迎夏、枸杞、木香等。

二、城市垂直绿化的主要类型

垂直绿化植物的选择与垂直立面的性质有关。城市园林垂直绿化的主要类型包括：

（一）园门造景

在园林和庭院中有各式各样的园门，如果利用藤本绿化园门，则别具情趣，可增加园门的观赏效果。适于园门造景的藤本有木香、紫藤、木通、凌霄、金银花、金樱子、蔓性蔷薇等，利用其缠绕性、吸附性或人工辅助攀附在门廊上，可进行人工造型，也可让枝条自然悬垂，盛花期则门廊上繁花似锦，使园门自然情趣浓厚，便于引导游人，也利于园门上吸附爬山虎、络石等观叶藤本，使门廊浓郁匝顶。

（二）篱垣绿化

篱垣绿化是利用藤本植物在栅栏、铁丝网、花格围墙上缠绕攀附，使篱垣由于植物的覆盖而显得亲切、和谐。还可在栅栏、花格围墙上应用带刺的藤本攀附其上，既美化了环境，又具有很好的防护功能。常用的有藤本月季、云实、金银花等，缠绕、吸附或利用人工辅助攀缘在篱垣上，或繁花满篱或枝繁叶茂、叶色秀丽。

（三）棚架绿化

棚架绿化是园林中应用最早也是最为广泛的一种垂直绿化形式。

一类是以经济效益为主，以美化和生态效益为辅的棚架绿化，在民宅院中应用广泛，深受居民喜爱，主要是选用经济价值高如葡萄、猕猴桃、五味子等，既为庭院创造了绿色的空间，遮阳纳凉，屏蔽尘埃，美化环境，同时也兼顾了经济利益。

另一类是以美化环境为主，以园林构筑形式出现的廊架绿化，廊架的形式极为丰富，包括花架、花廊、亭架、墙架、门廊、廊架组合体等。利用观赏价值较高的垂直绿化植物在廊架上形成绿色的空间，或枝繁叶茂，或花果艳丽，或芳香宜人，既为游人提供了遮阳纳凉的场所，又为城市园林增加景点。在具体应用时，应根据实际的空间环境，以及廊架的体量、造型，选择适宜的藤本植物相配植，在体量、质地和色彩上应取得对比和谐的景观。常用于廊架绿化的藤木主要有紫藤、多花紫藤、木香、金银花、藤本月季、凌霄、铁线莲、十姊妹、叶子花等。

具体应用时，应根据垂直绿化植物的习性，结合花架大小、形状、构成材料等综合因素，考虑选择适宜的垂直绿化植物种类和种植方式。如杆、绳结构的小型花架，宜配置蔓茎较细、体量较轻的种类；对于用砖、木、钢筋混凝土结构制成的大、中型花架，则宜选用寿命长、体量大的藤本种类；对夏季遮阳花架或临时性花架，则宜选用生长快、一年生草本或

冬季落叶的类型。对于卷须类、吸附类垂直绿化植物，棚架上要多设些间隔，便于攀缘；对于缠绕类、悬垂类垂直绿化植物则应考虑适宜的缠绕支撑结构，并在初期对植物加以人工的辅助和牵引。

（四）柱子绿化

常见的柱子有树干、电线杆、灯柱等，可应用具有吸附根、吸盘的藤本或缠绕类藤本攀缘其上，形成绿柱、花柱。常用的有金银花、爬山虎、凌霄、紫藤、络石、薜荔等。金银花缠绕柱子扶摇而上；爬山虎、络石、常春藤、薜荔等吸附于树干，颇富林中野趣。园林中的电线杆、灯柱上覆以藤本，可以美化柱杆，但要注意控制长势，适时修剪，避免影响供电、通讯等设施的功效。

（五）陡坡防护

常见的陡坡包括台壁、土坡等，可以用藤本植物覆盖，一方面起到绿化、美化的作用，另一方面可防止水土流失。一般选用爬山虎、葛藤、常春藤、蔓性蔷薇、扶芳藤、迎春、迎夏、络石等。在花坛的台壁、台阶两侧可吸附爬山虎、常春藤等，叶幕浓密使台壁绿意盎然，自然生动；在花台上种植迎春、枸杞等蔓生类藤本，其绿枝婆娑潇洒，尤如美妙的挂帘。于黄土坡上植以藤本，既可遮盖裸露地表，美化坡地，又具有固土的功效。

（六）山石覆盖

山石是园林中最富野趣的点景材料，若在山石上覆盖藤本植物，则使山石与周围环境较好地协调过渡，在种植时须注意避免山石的过分暴露而显得生硬，同时又不能覆盖过多，以若隐若现为佳。常用覆盖山石的藤本包括爬山虎、常春藤、扶芳藤、络石、薜荔等。

（七）驳岸绿化

在驳岸旁种植藤本植物，利用枝条、叶蔓绿化驳岸。绿化材料包括爬山虎、紫藤、蔷薇类、迎春、迎夏、常春藤、络石等。

（八）室内垂直绿化

宾馆、公寓、商用楼、购物中心和住宅等室内空间的垂直绿化，可使人们工作、学习、休闲、娱乐的室内环境更加赏心悦目，达到松弛神经、消除疲劳的目的，有利于增进人体健康。垂直绿化植物吸收二氧化碳、释放氧气的光合功能，可增加室内空气清新度；经叶片的蒸腾作用向室内空气中散发水分，可保持室内空气湿度；有些垂直绿化植物还可分泌杀菌素，减少室内空气有害细菌的密度；绿色植物还可净化空气中的一氧化碳等有毒气体，增加空气中的负离子浓度。

垂直绿化植物的应用，还可有效分隔空间，美化建筑物的内庭构件，使室内空间充满生气和活力，与室外环境有机融合。室内的植物生长环境与室外相比有较大差异，如光照强度明显低于室外，昼夜温差也比室外小，空气湿度较小等，因此在室内垂直绿化时必须首先了解室内环境条件及特点，掌握其变化规律，根据垂直绿化植物的特性加以选择，以求能保持其正常的生长并达到满意的观赏效果。室内垂直绿化的基本形式分为攀缘和悬挂，可应用推广的种类包括常春藤、络石等热带观叶类型植物。

（九）城市桥梁、高架桥、立交桥的绿化

具有吸盘或吸附根的攀缘植物如爬山虎、络石、常春藤、凌霄等可用于拱桥、石墩桥的桥墩和桥侧面的绿化，涵盖于桥洞上方，绿叶相掩，倒影成景；也可用于高架桥、立交桥立柱的绿化。

（十）墙面绿化

墙面绿化主要是利用吸附类（具有气生根或吸盘）的攀缘植物，在各类墙体包括建筑物墙面以及各种实体围墙表面的绿化。用绿色植物遮覆墙面，丰富墙面景观，增加墙面的自然气氛，对建筑外表具有良好的装饰作用。如将藤本植物用于西晒的墙体绿化，在炎热的夏季可以有效降低居室内的温度，具有良好的生态功能。

用吸附类的攀缘植物直接攀附墙面，是常见、经济、实用的墙面绿化方式，在城市垂直绿化面积中占有很大比例。由于植物之间吸附能力有很大的差异，在进行垂直绿化时选择植物要根据各种墙面的质地和植物的吸附能力来确定。墙面越粗糙对植物攀附越有利。在水泥搭毛、清水墙、马赛克、水刷石、水泥砂浆、块石、条石等墙面，多数吸附类攀缘植物均能攀附，如凌霄、美国凌霄、爬山虎、美国爬山虎、扶芳藤、络石、石血、薜荔、常春藤、洋常春藤等。石灰粉墙墙面，因石灰的附着力弱，难以承受垂直绿化植物的重量，常常会造成墙面垂直绿化植物的整体坍塌，应在石灰墙的墙面上安装网状或者条状支架；油漆后较为光滑的墙面垂直绿化时也必须安装网状或者条状支架。对于卷须类、悬垂类、缠绕类的垂直绿化植物须借支架绿化墙面。支架可采用在墙面钻孔后用膨胀螺旋栓固定的安装方式，或者预埋于墙内，或者用凿砖、打木楔、钉钉拉铅丝等方式进行安装。支架形式要考虑有利于植物的攀缘、人工缚扎牵引和养护管理。用钩钉、骑马钉等人工辅助方式也可使无吸附能力的植物茎蔓直接附壁，甚至可用于乔、灌木，但是这种方式只适用于小面积的垂直绿化，用于局部墙面的植物装饰。墙面绿化还可以在墙面的顶部设花槽、花斗，栽植蔓细长的悬垂类植物或攀缘植物（但并不利用其攀缘性）悬垂而下，如常春藤、洋常春藤、金银花、红花忍冬、木香、迎夏、迎春、云南黄馨、叶子花等，使得墙体披上绿装，尤其是在花开时节，更是锦上添花，效果颇好。

任务2 垂直绿化植物的栽植技术

一、栽植季节

（一）华南地区

1月份的平均气温较高，多在10℃以上，年降水量丰富，主要集中在春、夏季，秋、冬季较少。秋季高温干旱，但时有雷阵雨。由于春季来得早，且又逢雨季，栽植垂直绿化植物成活率很高。秋季为旱季，此时植株地上部分已停止生长，而土温适宜根系生长，且时间较长，有利于植株成活和恢复，晚秋栽植比春栽好。由于冬季土壤不冻结，也可冬栽。

（二）华中、华东长江流域地区

本地区虽四季分明，冬季不长，土壤基本不冻或最冷时仅表层有冻结；夏秋酷热干旱，春季多阴雨，初夏为梅雨季节。多数落叶垂直绿化植物可春栽（2月上旬至4月初）；早春开花的，如迎春、连翘等，为了不影响观花，可于花后栽植；萌芽晚的应于晚春见萌芽时栽植，过早易出现枯梢，但此时气温已高，应先对垂直绿化植物灌足水，待土壤处于湿润状态而又不过容重时随挖、随运、随栽，栽后灌足定根水。常绿垂直绿化植物最好选择在晚春栽植，甚至可延迟到6月上旬至7月上旬，但须带土球移栽。某些落叶垂直绿化植物，如藤本月季还可于晚秋（10月上旬至12月初）栽植，有利于根系恢复，效果比春栽好。但常绿垂

直绿化植物不宜在晚秋栽植。

（三）华北大部、西北南部地区

冬季较长，约有70～90d的冻土期，且少雪、多西北风。春季干旱多风，气温回升快，但持续时间短。7月上旬至8月下旬之间雨量集中，为高温的雨季。土地多为深厚壤土，贮水较多，自秋至春土壤含水状况较好，该区绝大多数落叶垂直绿化植物宜在3月上旬至4月下旬栽植；对于北方原产的木本垂直绿化植物，在土壤化冻后尽早栽植有利于恢复和成活。原产偏南喜温、早栽易枯梢的木本垂直绿化植物，如紫藤宜晚春栽。常绿垂直绿化植物宜晚春栽植于背风向阳处。

（四）东北大部、西北北部和华北北部

该区冬季严寒，且持续时间长，落叶垂直绿化植物在4月份土壤化冻后栽植成活率较高。极耐寒的乡土树种可于9月下旬至10月底栽植，但根部仍须注意防寒。

（五）西南地区

此区气候主要受印度季风影响，5月下旬至9月底为雨季，10月份至翌年5月中旬为旱季，且蒸发量大，海拔高，光照强，日温差大。由于春旱严重，有灌溉条件的落叶垂直绿化植物可于2月上旬至3月上旬尽早栽植；常绿垂直绿化植物应选择在6～9月份的雨季栽植。

二、栽植方法

（一）选苗

在绿化设计中应根据垂直立面的性质和成景的速度，科学合理地选择一定规格的苗木。由于多数垂直绿化植物生长较快，因此用苗比一般的绿化苗龄小，如爬山虎类一年生苗即可定植。用于棚架绿化的垂直绿化苗木宜选大苗，便于牵引。

（二）挖穴

穴的规格因植物种类和地区而异。穴径一般应比根幅或土球大20～30cm，深与穴径相等或略深。垂直绿化植物绝大多数为深根性，因此所挖的穴应略深些。蔓生性木本垂直绿化植物穴深应为45～60cm，一般垂直绿化植物的穴深应为50～70cm，其中高大垂直绿化植物结合果实生产，穴深应为80～100cm。如果树穴的下层为较实壤土，应添加枯枝落叶或腐叶土，有利于透气；若土壤水位高，穴内应添加沙层。如在建筑区遇有灰渣多的地段，还应适当加大穴径和深度，并客土栽植。

（三）修剪栽植苗

垂直绿化植物植株的特点是根系发达，冠覆盖面积大而茎蔓较细，起苗时容易损伤较多根系，为了避免栽植后水分代谢不平衡造成死亡，对栽植苗要适当重剪，苗龄不大的落叶垂直绿化植物约留3～5个芽，对主蔓应重剪；苗龄较大，垂直绿化植物的冠，主、侧蔓均留数芽，进行重剪和疏剪；常绿垂直绿化植物以疏剪为主，适当短截，栽植时视根系损伤情况再行复剪。

（四）起苗与包装

落叶木本垂直绿化植物多数采用裸根起苗，且一般多用苗龄不大的植株，起苗范围略大即可。植株大的木本蔓生类或呈灌木状的垂直绿化植物，应先找好植冠，在冠幅的1/3处挖掘。其他垂直绿化植物由于自然冠幅大小难以确定，在干蔓正上方的，可以植冠较密处为准的1/3处或凭经验起苗，其中直根性和具肉质根的落叶或常绿木本垂直绿化植物应带土球移

植。在沙壤地所起的小于50cm的小苗土球，以浸湿蒲包包装为好；如果是江南的黏土球，用稻草包扎即可。

（五）假植与运输

起出待运的木本垂直绿化植物应就地假植。裸根木本垂直绿化植物如在半天内的近距离运输，只盖帆布即可；若运程超过半天，装车后应先盖湿草帘再盖帆布；若运程为1～7d，应先蘸泥浆，按一定苗量加入湿苔藓等用革袋包装后装运，途中最好能给苗株喷水，运到后如苗根较干，应先浸水，以不超过24h为宜，未能及时种植的，应用湿润土假植。

（六）定植

除吸附类作垂直立面或作地被的垂直绿化植物外，其他垂直绿化植物的栽植方法和一般的园林树木一样，要做到“三埋二踩一提苗”。栽后的第一次定根水一定要浇透，若在干旱季节栽植，应每隔3～4d连浇3次水，待土表稍干后中耕保墒。在多雨地区，栽时浇1次水即可，等稍干后把堰土培于根际，使呈内高四周稍低状以防积水。在干旱地区，可于雨季前铲除土堰，将土培于穴内；秋季栽植的入冬将堰土呈月牙形培于垂直绿化植物的主风方向，以利于越冬防寒。

三、垂直绿化植物的养护与管理

（一）垂直绿化植物的施肥

1. 施肥特点

垂直绿化植物的基本施肥方法与一般园林树木相同，但要注意其特点。

垂直绿化植物生长发育的一个最显著特点是生长快。表现在年生长期长，年生长量大或年内有多次生长，根系发达而深广或块根茎等贮藏养分多，因此要求施肥量大、次数多。对多年生木本垂直绿化植物，秋季施肥提高营养贮存更为重要，但应以钾肥为主，相应少施氮肥，防止徒长而影响抗寒能力。此外木本垂直绿化植物类型、种类、品种多样，功能要求不同，既有多年生宿根，又有类似灌木、乔木；栽培目的有观叶、观花、观果或遮阳等，要求不同；各地区因气候、土壤条件多样，施肥要求也不同。

2. 施肥时期

垂直绿化植物的施肥时期应依据栽培植物最需时期、最佳吸收期、不同物候期、肥料的性质以及气象等条件来确定施肥时期。

（1）早春或晚秋施有机肥作基肥　木本垂直绿化植物育苗以堆肥、厩肥作基肥，大多在整地前翻入土中；饼肥、粪干等多于播前或移栽前整地施入。多年生垂直绿化植物和木本垂直绿化植物宜用有机肥作基肥，除育苗和移栽时穴内施肥外，还需每年或隔数年结合扩穴施入基肥。尤其是北方宜秋季施基肥，此时气温下降，地上部分多趋于停长，而土温适根恢复，正值根系生长小高峰，当年吸收的，经光合作用，有利于积累有机养分，提高营养贮存，为翌年生长开花打基础；而且基肥分解期长，晚分解的翌春可利用，夏秋雨季后施肥引起二次生长不利越冬。具体时间因地区、植物种类而异。对木本垂直绿化植物而言，应于当地秋季扩穴断根，既有利于恢复，又不会引起地上部分继续生长。北方宜早，南方宜迟。对生长停止晚的宜迟，冬季土壤不冻结地区也可冬施。

（2）按植物物候追肥

1）花前追肥：以促生长为主，一二年生的多在“蹲苗”的同时或之后进行追肥，多年生的在萌芽开花之前追肥，以氮肥为主。

2）花后追肥：以促坐果为主，除追施氮肥外，另配以磷、钾、钙及微肥。

3）果实膨大肥：也是木本垂直绿化植物花芽分化肥，应施以磷、钾为主的复合肥。

4）采后恢复肥：对多年生草本和木本垂直绿化植物，为提高其养分的贮存，采果后应追肥，以“无机促有机”，提高贮养水平以有利于翌年的生长。

3. 垂直绿化植物的叶面施肥

叶面喷肥简单易行，用肥量少，见效快，可满足植物对养分的急需，并可避免某些肥料元素在土中发生化学和生物的固定作用，尤其适合缺水季节和山地风景区采用。但喷叶施肥局限性大，不能代替根系施肥。向叶面喷施的肥主要通过叶片上的气孔和角质层进入叶片，而后运送到各处。一般喷后15min至2h即可被叶片吸收利用，但吸收强度与叶龄、肥料成分、溶液浓度等有关。一般应先作小型试验，然后再大面积喷施，以免浓度过高引起伤害。此外植物体内含水状况、喷后外界的气温、湿度、风速、溶液浓缩的快慢都影响着喷施效果。一般应在上午10时前和下午16时后喷施，干旱季节最好在傍晚或清晨喷施，以免溶液浓缩过快难以吸收或浓度变高引起伤害。为能使溶液附着并展布均匀，应加喷施展布剂，也可加用中性的洗衣粉等洗涤剂。此外，还应喷整合的铁、锰、锌、铜剂，其优点是不易中毒，并可适当提高喷施浓度以加强效果。

（二）垂直绿化植物的水分管理

1. 垂直绿化植物的灌水

（1）垂直绿化植物的需水时期

1）苗期：应适当控水，有利根系的发育及壮苗。在光照较弱的保护地育苗，控水可防徒长。

2）抽蔓展叶旺盛期：此时需水最多，为需水临界期，对枝蔓的生长量有很大影响，这一时期一般在夏初。有些垂直绿化植物一年内有多次生长高峰，应注意充分供水。

3）开花期：需水较多而且比较严格。水分过少，影响花瓣的舒展和授粉受精；水分过多，会引起落花。

4）果实膨大期：含水多的瓜果类垂直绿化植物，在果实快速膨大期需水较多；后期供水可增加产量，但会引起品质降低，硬度小、着色差。

5）越冬前期：多年生藤本在越冬前应浇水，使其在整个冬季保持良好的水分状况。在冬季土壤冻结的地方冬前灌冻水可防过冷空气侵入冻坏根系，有利于防寒越冬。

（2）垂直绿化植物的灌水方法　灌水的方法大致有地面灌溉、喷灌、滴灌、地下灌溉等，由于垂直绿化植物根系较深，需水量比其他植物多，尤其在干旱的早春和冬季，要灌足水，待稍干后覆土或中耕保墒。滴灌和喷灌在育苗和园林中有较大推广前途。

2. 垂直绿化植物的排水

水淹比干旱对垂直绿化植物的危害更大。水涝3~5d即能使垂直绿化植物死亡。植物的耐水性与根系的需氧性关系密切，需氧性高的植物怕涝，水涝会使植物因缺氧而死亡。尤其在闷热多雨季节，大雨之后存积的涝水，遇烈日一晒，水温剧升，使垂直绿化植物更易缺氧死亡。因此，雨停后要尽快排水。地下水位过高的地方，因缺氧会给垂直绿化植物带来危害，因此应在栽前采取降低水位等防范措施。

归纳总结

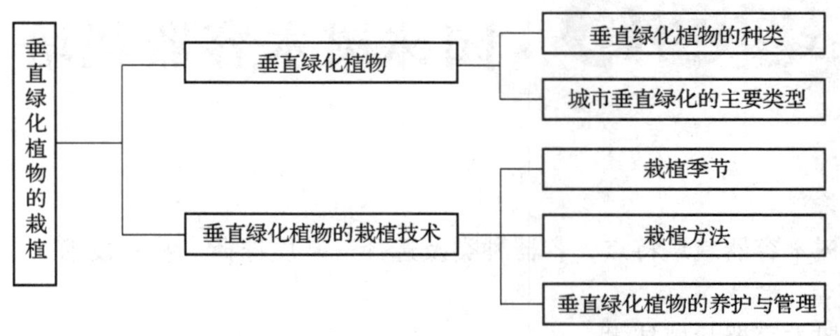

习　　题

一、名词解释（20分）

垂直绿化　　缩剪　　抹芽　　环剥

二、填空题（10分）

1. 灌水的方法大致有______、______、______、______等类。

2. 常绿垂直绿化植物以______为主，适当______，栽植时视____损伤情况再行复剪。

3. 垂直绿化植物的栽植方法和一般的园林树木一样，要做到“______”。

4. 垂直绿化植物的施肥时期应依据栽培植物______、______、肥料的性质以及气象等条件来确定施肥时期。

三、是非题（10分）

1. 棚架绿化是园林中应用最早也是最为广泛的一种垂直绿化形式。（　）

2. 通常干旱比水淹对垂直绿化植物的危害更大。（　）

3. 叶面喷肥简单易行，用肥量少，见效快，可满足植物对养分的急需，并可避免某些肥料元素在土中发生化学和生物的固定作用。（　）

4. 多年生藤本在越冬前应浇水，使其在整个冬季保持有良好的水分状况。（　）

5. 对多年生草本和木本垂直绿化植物，为提高其养分的贮存，采果后应追肥，以“有机促无机”，提高贮养水平以有利于翌年的生长。（　）

四、简答题（60分）

1. 简述垂直绿化的概念及作用。（15分）

2. 垂直绿化植物的种类有哪些？（15分）

3. 垂直绿化的主要类型有哪些？（15分）

4. 垂直绿化植物怎样进行养护管理？（15分）

项目6 园林树木容器栽培

【学习目标】

了解园林树木容器栽培特点，容器种类及选择，基质选择，栽植技术。

【学习要点】

重点掌握树木容器栽植技术。

任务1　容器栽培概述

容器也称为营养器。利用各种容器装入培养基质栽培树木，称为容器栽培。容器栽培是在20世纪70年代发展起来的一种新的栽培技术，在国内外广泛应用于园林植物的栽培上，大大提高苗木质量和成活率。

在商业区的步行街、商场门前、停车场等地方，可提供的植树地面空间有限。为了增加此类区域绿地的覆盖率，营造绿色室外空间，通常使用各类容器来栽植树木。

可移动性与临时性是容器栽植的最大特点。在自然环境不适合树木栽植、空间狭小无法栽植或需要临时性栽植等情况下，可采用容器栽植进行环境绿化布置，如图6-1所示；或为了满足节假日等喜庆活动的需要，大量使用容器栽植的观赏树木来美化街景、绿地，营造与烘托节日的氛围。许多城市的商业步行街，一般都采用容器栽植的方式来为街景增添绿色。如上海南京路商业街原本没有树木栽植，改造成步行街后，为了构筑以树木为主体的室外景观并为行人提供庇荫环境，在道路全部为硬质铺装的条件下，采用摆放各式容器栽植树木的方法进行生态环境补缺。

由于容器栽植可采用保护地设施培育，受气候或地理环境的限制较小，可供选择的树种比自然立地条件下栽植的多。在北方，利用容器栽植技术，更可在春、夏、秋三季将原本不能露地栽植的热带、亚热带树种呈现室外，扩展观赏树木的应用范畴。

任务2　容器种类与选择

一、容器的种类

栽培容器其种类很多，国内外提供树木栽植的容器、材质各异，常用的有陶、瓷、木、塑料等。

（一）素烧盆

素烧盆又称为瓦盆，用黏土烧制而成，包括红盆和灰盆两种。素烧盆质地粗糙，排水良

好，有利于空气流通，适合园林植物生长。其价格低廉，用途广泛，形状多为圆形，规格齐全。

（二）陶盆

陶盆用陶土烧制，分为紫沙、红沙、青沙等。陶盆透气性好，但易碎，不宜经常搬动；形状包括圆形、方形、多角形等。它古朴清雅，外形美观，但通气排水性比素烧盆差，适合室内装饰用。根据烧制温度的高低不同，陶盆又分为无釉低温陶盆、中温陶盆、硬质陶盆。不同硬度的陶盆，通气排水性有差异，一般质地越硬，通气排水性越差。

（三）瓷盆

瓷盆多为上釉盆，常有彩色绘画，外形美观，适合室内装饰用。但上釉后，水分、空气流通不良，对树体生长不利；因此，一般不作盆栽用，常用作栽培容器的套盆。

（四）木盆（桶）

木盆多用材质坚硬、不易腐烂的红松、槲、栗、杉木、柏木等木材做成，外部刷上油漆，内部涂环烷酸铜防腐。木盆（桶）多为圆形，也有方形，两侧有把手，上大下小，盆底没有排水孔，盆下应有短脚，否则需要垫砖石或木头，以免盆底直接接触地面而腐烂。木盆（桶）多用于木本园林植物的栽培。

（五）塑料容器

塑料容器质轻而坚固耐用，可制成各种形状，且色彩多样，是目前流行的容器。但通气透水性差，夏天受太阳光直射时壁面温度高，浇水后盆中积水时间较长，土壤易过湿，不利于树体根系的生长，因此栽培植物时要使用疏松的基质。苗圃常用聚酯软质塑料容器，使用方便，成本低。软质塑料容器有钵和袋两种，塑料营养袋的规格全面，内径从6cm至80cm，在生产上均有使用。在一些地区如广东，将长至一定规格的苗床苗或野生树木挖起，假植于大型的塑料营养袋，这种苗的价格比相同规格的苗床苗高20%～30%。此外，生产上也有使用大型的硬质塑料容器栽植或假植苗木，因为这种容器底部不黏合，筒状，起苗时先用锹从容器底部截断苗根，然后将容器侧面的栓抽出，便可取下容器。此类容器可反复使用多次。

（六）玻璃容器

玻璃纤维强化灰泥盆是最新采用的一种栽植容器，坚固耐用性同强化塑料盆，易于运输，但面壁厚，透气性不良。

（七）铁容器

铁容器用铁皮制成，一般无底，筒状，主要用于培育大规格的苗木。出苗时，用锹从容器底部截断根系后，将大苗连同容器一起吊装上车，栽植时拧开螺丝即可取下容器。

（八）水养盆

水养盆专用于水生花卉盆栽。盆底无排水孔，盆面阔大而浅，如莲花盆。球根植物水养盆多为陶制或瓷制的浅盆，如水仙盆。

（九）兰盆

兰盆专用于兰花及附生藻类的栽培。其盆壁有各种形状的孔洞，便于空气流通，常用木条或柳条制成各种式样的兰筐。

另外，在铺装地面上砌制的各种栽植槽，包括砖砌、混凝土浇筑、钢制等。也可理解为容器栽植的一种特殊类型，不过它固定于地面，不能移动。

二、容器的选择

选择容器时，要注意容器规格的大小、材质以及植物的形态和特性。

容器的规格要合适，过大或过小都不利于植物的生长。盆栽植物的根在盆中伸展时，如触及盆壁则沿盆壁生长。若盆径过大，植物根的生长发育不良，侧根少，植株长势弱；反之，盆径过小，所装基质少，供水供肥力低，植株长势也弱。在确定容器规格时，要考虑植物的形态、特性及栽培时间的长短。一般说，栽植比较高大的、根系发达的或需要栽培时间较长的植物，容器的规格宜大些，反之宜小。栽培侧根少、主根发达的植物，容器的口径可适当小些，高度应大些；反之，容器的口径应大些，高度可适当小些。

容器的保水性、通气性与容器的材质关系极大。盆土的湿度也受材质的影响。容器的材质不同，对日常管理的要求也不同。如无釉陶盆，盆土水分蒸发快，易干燥，应加强水分管理，而塑料容器盆土中的水分只从盆口的表面蒸发，保水性好，但要防止盆土过湿，因此，选择容器时要留意材质问题。

栽培容器已不再是盛装植物和基质的一种简单的容器，它们还成为时尚主题的一项重要内容。经过设计师的精心挑选，可用于营造优美的景观，彰显个性。栽培容器的装饰作用正在被设计师充分利用着。丰富的材质、造型及组合方式，缤纷的色彩，使栽培容器的装饰性显著增强。如模仿石头、蘑菇、木炭颜色的色彩更自然的产品；如看上去很陈旧的青铜容器，散发出古色古香韵味的金属质地产品；同时怀旧主题也开始在栽培容器中流行起来，比如陈旧的陶瓦柱形种植钵、乡土气息浓郁的地中海土罐等；手工产品也越来越受到关注。

任务3　容器栽培基质

容器栽培与地栽植物相比，有许多不利因素。如容器栽植的植物，水分蒸发量大，必须经常浇水，但频繁的浇水又会造成土壤结构破坏，养分流失。为了确保养分的充足供应，必须勤追肥，但是经常施肥又会影响基质的透气性，使根系呼吸受到影响，所以，容器栽培对土壤、水、肥、气、热的要求比地栽植物更高一些。容器的空间有限，要求栽植用土质地疏松，富含有机质，一般的农田或山地土壤不适宜直接用作盆栽土壤，生产上通常把几种材料混合起来以改良盆栽土壤的性质。这种改良后的土壤称为基质或培养土。

一、容器栽培对基质的要求

1）性质优良：有良好的物理、化学性质，保水保肥力强；质地疏松，通气透水性好；酸碱度适宜或易于调节。

2）清洁卫生：无有毒物质，不带草籽、病菌和虫卵。

3）价格合适：所用材料能就地取材或价格便宜。

二、基质种类

容器栽植需要经常搬动容器，应选用疏松肥沃、容重较轻的基质为佳。配制容器栽培基质的常见材料有堆肥土、腐叶土、草皮土、松针土、沼泽土、泥炭土、河沙、腐木屑、蛭石、珍珠岩、煤渣、园土、黄心土、塘泥、陶粒等，材料的特性及制备方法见表6-1。各地

在配制基质时，本着就地取材、价格低、有利于植物生长的原则选用材料。

表6-1　常见材料的特性及制备方法

种　类	特　性	制　备	注意事项
堆肥土	含较丰富的腐殖质和矿物质，pH4.6～7.4；原料易得，但制备时间长	用植物残落枝叶、青草、干枯植物或有机废物与园土分层堆积3年，每年翻动两次再进行堆积，经充分发酵腐熟而成	①制备时，堆积疏松，保持潮湿 ②使用前需过筛消毒
腐叶土	土质疏松，营养丰富，腐殖质含量高，pH4.6～5.2，为最广泛使用的培养土，适用于栽培多种花卉	用阔叶树的落叶，厩肥或人粪尿与园土层层堆积，经2～3次制成	堆积时应提供有利于发酵的条件；存贮时间不宜超过4年
草皮土	土质疏松，营养丰富，腐殖质含量较少，pH6.5～8，适于栽培玫瑰、石竹、菊花等花卉	草地或牧场上层5～8 cm表层土壤，经1年腐熟而成	取土深度可以变化，但不易过深
松针土	强酸性土壤，pH3.5～4.0，腐殖质含量高，适于栽培酸性土植物，如杜鹃花	用松、柏等针叶树落叶或苔藓类植物堆积腐熟，经过1年，翻动2～3次	可用松林自然形成的落叶层腐熟或直接用腐殖质层
沼泽土	黑色，丰富腐殖质呈强酸性反应，pH3.5～4.0；草炭土一般为微酸性，用于栽培喜酸性土花卉及针叶树等	取沼泽土上层10cm深土壤，直接作栽培土壤或用水草腐烂而成的草炭土代用	北方常用草炭土或沼泽土
泥炭土	有两种：①褐泥炭，黄至褐色，富含腐殖质，pH6.0～6.5，具防腐作用，宜加河沙后作扦插床用土；②黑泥炭，矿物质含量丰富，有机质含量较少，pH6.5～7.4	取自山林泥炭藓长期生长经炭化的土壤	北方不多得，常购买
河沙或沙土	养分含量很低，但通气透水性好，pH在7.0左右	取自河床或沙地	—
腐木屑	有机含量最高，持肥、持水性好，可取自于木材加工厂的废用料	由锯末或碎木屑熟化而成	熟化期长，常加人粪尿熟化
蛭石、珍珠岩	无营养含量，保肥、保水性好，卫生洁净	—	防止用过度老化的蛭石或珍珠岩
煤渣	煤渣含矿质、通透性好、卫生洁净	—	多用于排水层
园土	一般为菜园、花园中的地表土，土质疏松，养分丰富	经冬季冻融后，再经粉碎、过筛而成	带病菌较多，用时要消毒
黄心土	黄色，砖红色或赤红色，一般呈微酸性，土质较黏，保水保肥力较强，腐殖质含量低，营养贫乏，无病菌、虫卵、草籽	取自山地离地表70cm以下的土层	用时常要拌入有机肥和沙、腐木屑、珍珠岩等
塘泥	含有机质多，营养丰富，一般呈微碱性或中性，排水良好	取自池塘，干燥后粉碎、过筛	有些塘泥较黏，用时常要拌沙、腐木屑、珍珠岩等
陶粒	颗粒状，大小均匀；具适宜的持水量和阳离子代换量；能有效改善土壤的通气条件；无病菌、虫卵、草籽；无养分	由黏土煅烧而成	—

（一）有机基质

常见的有机基质有木屑、稻壳、泥炭、草炭、腐熟堆肥等。锯末的成本低、重量轻，便于使用，以中等细度的锯末或适量比例的刨花细锯末混用，水分扩散均匀，效果较好。在粉碎的木屑中加入氮肥，经过腐熟后使用效果更佳。但松柏类锯末富含油脂，不宜使用；侧柏类锯末含有毒素物质，更要忌用。泥炭由半分解的水生植物或沼泽地植被组成，由于其来源、分解状况及矿物含量、pH值不同，可分为泥炭藓、芦苇苔草、泥炭腐殖质三种。其中泥炭藓持水量高于本身干重的10倍，pH3.8～4.5，并含有氮（约1%～2%），适于作为基质使用。

（二）无机基质

常用的无机基质包括珍珠岩、蛭石、沸石等。蛭石为云母类矿物，在炉中加热至1000℃后，膨胀形成多孔的海绵状小片，无毒无异味，呈中性反应，具有良好的缓冲性能；持水力强，透气性差，适于栽培茶花、杜鹃等喜湿树种。珍珠岩属于硅质矿物，由熔岩流形成。矿石在炉中加热至760℃，成为海绵状小颗粒，容重为80～130kg/m^3，pH5.0～7.0，无缓冲作用，无阳离子交换性，不含矿质养分；颗粒结构坚固，通气性较好，但保水力差，水分蒸发快，特适合木兰类等肉质根树种的栽培，可单独使用，或与沙、园土混合使用。沸石的阳离子交换量（CEC）大，保肥能力强。

（三）有机基质与无机基质混合应用

草炭、泥炭等有机基质的养分含量多，但保水性差；无机基质蛭石、珍珠岩等有良好的保水性与透气性。一般情况下，栽植基质多采用富含有机质的草炭、泥炭与轻质保水的珍珠岩、蛭石按一定比例混合，二者优势互补，相得益彰。

三、容器基质的配制

首先确定配方，由于植物生长习性不同，很难定出统一的配方，一般园林植物容器栽培基质的配制比例见表6-2，然后按配方准备好各种材料，将材料按比例混合均匀，最后根据情况对基质进行消毒和调节酸碱度。若所用材料不带病菌则可不消毒。

表6-2　一般园林植物容器栽培基质的配制比例

应用范围	腐叶土或草炭/份	针叶土或兰花泥/份	山园土/份	河沙/份	过磷酸钙或骨粉/份	有机肥/份
播种或分株	4		6			
草本定植或木本育苗	3		5.5		0.5	1
宿根草木或木本定植	3		5		0.5	1.5
宿根草本或木本换盆	2.5		5		0.5	2
球根及肉质类花卉	4		4	0.5	0.5	1
喜酸性土壤的花卉		4	4	0.5	0.5	1

基质用量大时，过多强调基质的肥力不实际，有些地区用黄心土（山泥）拌一定比例的河沙（或锯末、珍珠岩）和有机肥（如食用菌培植土、腐熟鸡粪、泥炭土等）作基质。在大型容器中假植大苗时，生产上多数使用苗圃土壤或山泥、园土等，如图6-2、图6-3所示。

任务4 栽培技术

一、栽植前准备

（一）容器栽培基质的消毒

为了保证容器栽培植物的健壮生长，必须对盆栽基质进行消毒。消毒的方法分为化学消毒和物理消毒两大类。

1. 化学消毒

（1）氯化苦药液消毒　氯化苦是一种高效的剧毒熏蒸剂。它既能杀菌，又能杀虫。消毒时将基质一层层堆放，每层20～30cm，每堆一层均匀地撒布氯化苦50mL/m^2，最高堆3～4层，堆好后再用塑料薄膜严密覆盖。在气温20℃以上保持10 d，然后揭去薄膜，并且将基质翻动多次，使氯化苦充分散尽，否则会对花卉造成危害。

（2）福尔马林液消毒　在基质上喷、拌40%的福尔马林溶液，每立方米拌入400～500mL药液，然后用塑料薄膜严密覆盖，密闭24h后揭去薄膜，待药物挥发散尽后使用。

2. 物理消毒

（1）高温节省消毒　把基质放在水泥地坪上，再用塑料薄膜覆盖，将高温蒸汽通入进行消毒。多数病原微生物在60℃时经30min死亡，如在80℃时只需10min就死亡。故一般基质在95～100℃下消毒10min即可完成。

（2）日光消毒　就将基质摊晒在烈日下，利用太阳的热量将病原微生物杀死。

（二）栽培植物选择

栽培植物的选择要考虑下列因素：

1. 从应用方面看

植株须外形优美，株高相对适中，能与容器相协调，同时能适应多种场合的装饰应用。

2. 从植物习性看

植株须抗性和适应性强，对温度、光照和水分等环境条件要求不特别严格。

3. 从养护要求看

容器栽培的树木应选择对养护要求较低，管理措施较为简单的植物种类。

（三）选择容器

容器栽植的树木应按照不同的生长发育时期来选择不同规格的容器，根据树木生长状况及时选用合适的容器。当树木长成后，若不希望树木迅速生长，需要限制其生长时，则可采用同样大小容器进行换盆。

二、上盆、排盆

（一）上盆

上盆是指将繁殖的种苗或购买来的苗木栽植到容器以继续培育的操作程序。

1. 选盆

按苗木的大小选用合适规格的容器，既要避免大容器栽小苗，又要避免小容器栽大苗。

选盆时要注意栽培用盆和上市用盆的差异。栽培用盆要选用通气性的盆，如素烧盆、陶盆、木盆等；上市用盆选用美观的瓷盆、塑料盆、紫沙盆等。

2. 装盆

先用碎盆片、窗纱等将盆底的排水孔盖上，然后在盆底部装入一层碎瓦片、沙砾、煤渣等作排水层，再填入一层基质。植苗时，用左手持苗，放于盆口中央深浅适当的位置，右手在苗四周填基质，自盆边向中心压实基质。若定植较大的裸根苗，则在栽前修剪长根和病腐根，并适当修剪枝叶。植株不宜栽得过深，基质也不宜填得过满，一般以土面离盆口1.5cm为宜。栽植球根花卉时，先按上述方法盖好排水孔、填入排水层和基质，基质填至土面离盆口1.5cm左右，然后用手开穴，将球根植入穴中，压实，植入深度以能见到顶尖部位为宜，最后浇透水。

对于小型塑料袋（钵），一般不在底部垫排水层，直接装填基质，待将装好基质的容器摆满苗床后，再在袋（钵）中央的基质挖浅穴或用木棒引孔栽苗；对于大型容器，如软质塑料袋、硬质塑料筒、铁筒等，主要用于假植大苗，在生产上一般不垫排水层，栽时先在容器底部填入一层土壤，然后放苗入容器，再边填土边用木棒捣实，填土至土面离容器口1.5~2.0cm，如图6-4、图6-5所示。

3. 浇水

苗木栽好后立即用喷壶浇水，水需浇足，一般连续浇两次，见到水从排水孔流出为止。

（二）排盆（袋）

在植物上盆（袋）后，要及时摆放好容器，喜光植物应摆放于阳光充足处，在上盆（袋）的初期须搭棚遮阳，待植物恢复生长后再逐渐撤棚；中性、阴性植物应分别摆放于半阴和庇荫处或搭棚长期遮阳。容器的摆放须整齐，密度须合理，并且便于管理。

在低温季节，可将容器摆放于保护地内。保护地内各部位的光照条件不同，喜光植物应摆放于光线充足的前、中部，尽量靠近透光屋面，但须与透光屋面保持一定距离，防止灼伤或冻伤植物的顶部或花蕾。耐阴或中性植物应置于保护地后部或半阴处。一般矮株摆放在前，高株摆放在后，以防相互遮光。保护地内各部位温度不一致，门窗处温度较低，近热源处较高。喜温植物应置于热源近处，较耐寒的植物可置于近门或侧窗位。休眠植株可摆放在光、温条件较差处，密度可加大，待植株萌芽后再移至光、温条件较好的部位。对促花或控花的植物，依需要选择室内光、热条件不同的部位。翌春，温度回升且稳定后，可将保护地内容器栽培的植物移至露地培育。

三、栽后管理

（一）浇水

室外摆放的容器栽植树木易失水干旱，根据树体的生长需要适期给水，是容器栽植养护技术的关键。由于容器内的培养条件较固定，可根据基质水分的蒸发量推算出补水需求。如一株胸径5cm的银杏，栽植于长1.5m、高1m的容器中，春夏平均蒸发量约为160L/d，一次浇水后保持在容器土壤中的有效水为427L，每3天须浇足水一次。可采用在土壤中埋设湿度感应器，通过测量土壤含水量，以确定精确灌溉量。水分管理一般采用浇灌、喷灌、滴灌的方法，以滴灌设施最为经济、科学，并可实现计算机控制、自动管理。

（二）施肥

容器栽植中的基质及所含养分有限，无法满足树体生长的需要，施肥是容器栽植的重要措施。容器栽植最有效的施肥方法是结合灌溉进行施肥，将树体生长所需的营养元素溶于水中，根据树木生长阶段和季节特征确定施肥量。叶面施肥，也是一种简单易行、用肥量小、发挥作用快的施肥方法。

（三）防倒伏

容器栽植树木的难度，除了体现在水分、养分供应方面，还体现在由于庞大树冠而影响其稳定性，易发生风倒。树木的树形、叶片、枝密度及绿叶期等特性均影响树冠受风面积，一般枝叶繁茂的常绿乔木更易被大风吹倒。适度修剪可减少树木的受风面，风从枝叶空隙中穿过，可降低风倒的发生率。在大风或多风的季节，将容器固定于地面，是增加其稳定性的最稳妥的措施。

（四）修剪

容器栽植的树木，根系生长发育有限，合理修剪可控制竞争枝、直立枝、徒长枝生长，从而控制树形和体量，保持一定的根冠比例，均衡生长；合理修剪尚可控制新梢的生长方向和长势，均衡树势，如图6-6所示。

四、乔木的容器栽植设计

各种形状的乔木容器在城市商业区经常可见，如图6-7所示，若采用滴灌措施，可将连接着水管的滴头直接埋在土壤中，水管与供水系统相连，供水量可实现微机控制。在容器底部铺有排水层，主要由碎瓦等粗粒材料组成，底部中间开有排水孔。容器壁由两层组成，一层为外壁，另一层为隔热层。隔热层对于外壁较薄的容器尤为重要，可有效减缓阳光直射时壁温升高对树木根系造成的伤害。

实训3　基质的配制

一、目的要求

根据树木习性和材料的性质配制基质。

二、材料用具

园土、腐叶土、山泥、河沙、草木灰、骨粉、木屑、苔藓等基质材料，有机肥、化学药剂、铁锹等。

三、实训内容

1. 识别各种原材料

2. 根据植物种类配制不同植物所需要的基质。

四、考核与作业

配置选材是否得当，配置比例是否合理，土壤消毒操作是否恰当，是否会根据树木习性调节土壤酸碱度。

用配制的基质栽植树木。

归纳总结

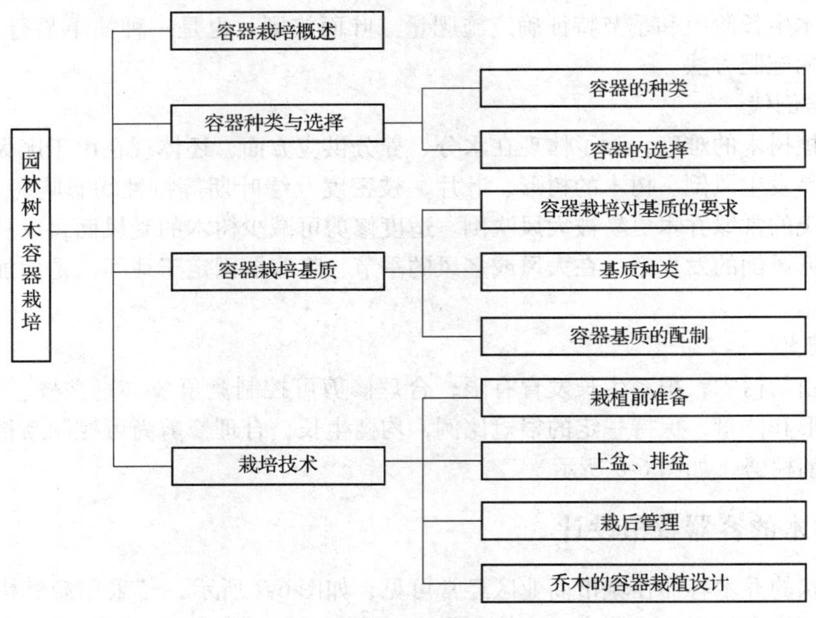

习　题

一、名词解释（20 分）

容器栽培　　上盆　　排盆　　基质

二、填空题（10 分）

1. 容器栽培的应用特点：______、______。
2. 容器栽培对基质的要求分为______、______、______等类型。
3. 基质化学消毒包括______和______两种。
4. 选择容器栽培植物要考虑的因素包括______、______和______。

三、简答题（70 分）

1. 容器栽培植物选择的影响因素有哪些？（15 分）
2. 举例说明上盆的操作过程。（15 分）
3. 配制基质常用的材料及特点是什么？（15 分）
4. 容器栽培如何选择容器？（15 分）
5. 上盆如何管理？（10 分）

项目7 特殊环境的树木栽植

【学习目标】

了解园林树木栽植特殊环境（铺装地面、干旱地、盐碱地、屋顶花园）的特点、植物选择及栽植技术措施。

【学习要点】

重点掌握园林树木在特殊环境（铺装地面、干旱地、盐碱地、屋顶花园）的栽植技术。

任务1 铺装地面树木栽植

城市绿化建设中常需要在具有铺装地面的环境中植树，如人行道、广场、停车场、屋顶等。这些环境在建筑施工时一般很少考虑之后的树木种植问题，因此在树木栽植和养护时，常发生有关土壤排、灌、通气、施肥等方面的矛盾，需作特殊处理。

一、铺装地面的环境特点

（一）树盘土壤面积小

在有铺装的地面进行树木栽植，大多情况下种植穴的表面积都比较小，土壤与外界的交流受到制约。如城市行道树在栽植时容留的树盘土壤表面积一般仅1～2m^2，甚至覆盖材料一直铺设到树干基部，树盘范围内的土壤表面积极少。

（二）生长环境条件恶劣

栽植在铺装地面上的树木，除根际土壤被压实、透气性差，导致土壤水分、营养物质与外界的交换受阻外，还会受到强烈的地面热量辐射和水分蒸发的影响，其生境比一般立地条件下恶劣。在一些城市，夏季中午的铺装地表温度可高达50℃以上，不但土壤微生物被致死，树干基部也可能受到高温的伤害。而近年来我国许多城市建设的各类大型城市广场，常采用大理石作大面积铺装，更加重了地表高温对树木生长带来的危害。

（三）易受机械性伤害

由于铺装地面大多为人群活动密集的区域，树木生长容易受到人为的干扰和难以避免的损伤，如刻伤树皮、钉挂杂物，在树干基部堆放有害、有碍物质，以及市政施工时对树体造成的各类机械性伤害等。

二、铺装地面的树木栽植技术

（一）树种选择

由于铺装立地的特殊环境，应选择根系发达，具有耐干旱、耐贫瘠特性，根系发达，树体耐高温与阳光暴晒不易发生灼伤的树种。

（二）土壤处理

适当更换栽植穴的土壤，改善土壤的通透性和土壤肥力，更换土壤的深度为 50 ~ 100cm，并在栽植后加强水肥管理。

（三）树盘处理

树盘处理应保证栽植在铺装地面的树木有一定的根系土壤体积。据美国波士顿的调查资料，在有铺装地面栽植的树木，根系至少应有 $3m^3$ 的土壤，且增加树木基部的土壤表面积要比增加栽植土壤的深度更为有利。铺装地面切忌一直延伸到树干基部，否则随着树木的加粗生长，地面铺装物会嵌入树干体内，树木根系的生长也会抬升地面，造成铺装面破裂不平。

树盘地面可栽植花草，覆盖树皮、木片、碎石等，一方面提升景观效果，另一方面起到保墒、减少扬尘的作用；也可采用铁盖、水泥板覆盖，但其表面必须有通气孔，盖板最好不直接接触土表。如是水泥、沥青等表面没有缝隙的整体铺装表面，应在树盘内设置通气管道以改善土壤的通气性。通气管道一般采用 PVC 管，直径 10 ~ 12cm，管长 60 ~ 100cm，管壁钻孔，通常安置在种植穴的四角。

能否保证树木有充足的水分供应，是在铺装表面栽培树木的主要问题之一。人行道的树木往往缺乏水分，因此栽植时要注意种植穴、树木的规格与人行道坡度之间的关系，应使树木树冠的落水线落入种植穴内的土壤中，或从铺装断开的接头处渗入，使持续降水时多余的水分可以越过土壤表面流走。

任务 2　干旱地树木栽植

一、干旱地的环境特点

干旱的立地环境不仅因水分较少构成对树木生长的胁迫，同时干旱还致使土壤环境发生变化。

1. 干旱地的气候特点

干旱地的形成是温度、降雨和蒸发状况相互影响的结果，即因为降雨量、土壤含水量和地面的水量同径流、蒸发和植物蒸腾消耗的水量之间不能平衡所致。我国西部的一些城市位于干旱气候地区。其他城市中的一些干旱立地环境，可能不是由于大气候条件所致，而是由于城市下垫面结构的特殊性使降水不能渗入土壤，大多以地表径流的形式流失造成的，即使位于湿润区域也同样出现干旱的特点。

（1）干旱带来高温　干旱对树木的影响主要是高温和太阳辐射所带来的植物生理上的热逆境，与高蒸发、蒸腾带来的水分逆境，造成树木不适应而死亡。

（2）干旱地带降水少而且没有规律　干旱地区的降水一般不超过 500mm，而且常常集中在一年中的某段时间。乡土植物对这种极不稳定的水分条件有较强的适应性，多数园林树木则需要全年灌溉。

（3）干旱地区常有大风与强风　大风增强蒸腾与蒸发作用，并破坏土壤结构。

2. 干旱地的土壤特点

由于蒸发最大时超过降雨量，一般地面水很少能通过土壤渗漏，由于缺水抑制了化学性侵蚀，其表现的特点主要有：

（1）土壤次生盐渍化　当土壤水分蒸发量大于降水量时，不断丧失的水分使得表层土壤干燥，地下水通过毛细管的上升运动到达土表，在不断补充因蒸发而损失的水分的同时，盐碱伴随着毛管水上升，并在地表积聚，盐分含量在地表或土层某一特定部位增高，导致土壤次生盐渍化发生。

（2）土壤贫瘠　由于迅速的氧化作用使土壤有机质的含量严重下降。

（3）土壤生物减少　干旱条件导致土壤生物种类（细菌、线虫、蚁类、蚯蚓等）数量的减少，生物酶的分泌也随之减少，土壤有机质的分解受阻，影响树体养分的吸收。

（4）土壤温度升高　干旱造成土壤热容量减小，温差变幅加大；同时，因土壤的潜热交换减少，土壤温度升高，均不利于树木根系的生长。

二、干旱地的树木栽植技术

1. 树种选择

如果在不能确保灌溉条件的情况下应选择耐旱的树种，耐旱树种主要表现为具有发达根系，叶片较小，叶片表面常有保护蒸发的角质、蜡质层。可供选择的耐旱树种很多，如旱柳、毛白杨、夹竹桃、华盛顿棕榈、合欢、胡枝子、锦鸡儿、紫穗槐、胡颓子、白栎、石楠、构树、小檗、火棘、黄连木、胡杨、绣线菊、木半夏、臭椿、木芙蓉、雪松、枫香等。

2. 栽植时间

干旱地的树木栽植应以春季为主，一般在3月中旬至4月下旬，这一时期土壤比较湿润，土壤的水分蒸发和树体的蒸腾作用也较低，树木根系再生能力旺盛，愈合发根快，种植后有利于树木的成活生长。但在春旱严重的地区，宜在雨季栽植。

3. 栽植技术

（1）泥浆堆土　将表土回填树穴后，浇水搅拌成泥浆；再挖坑种植，并使根系舒展；然后用泥浆培稳树木，以树干为中心培出半径为50cm、高50cm的土堆。因泥浆能增强水和土的亲和力，减少重力水的损失，可较长时间保持根系的土壤水分。堆土还可减少树穴土壤水分的蒸发，减小树干在空气中的暴露面积，降低树干的水分蒸腾。

（2）埋设聚合物　聚合物包括颗粒状的聚丙烯酰胺和聚丙烯醇物质，能吸收是自重100倍以上的水分，具极好的保水作用。干旱地栽植时，将其埋于树木根部，能较持久地释放所吸收的水分供树木生长。高吸收性树脂聚合物为淡黄色粉末，不溶于水，吸水膨胀后成无色透明凝胶，可将其与土壤按一定比例拌和使用；也可将其与水配成凝胶后，灌入土壤使用，有助于提高土壤保水能力。

（3）开集水沟　旱地栽植树木，可在地面挖集水沟蓄积雨水，有助于缓解旱情。

（4）容器隔离　采用塑料袋容器（10～300L）将树体与干旱的立地环境隔离，创造适合树木生长的小环境。袋中填入腐殖土、肥料、珍珠岩，再加上能大量吸收和保存水分的聚合物，与水搅拌后成冻胶状，可供根系吸收3～5个月。若能使用可降解塑料制品，则对树木生长更为有利。

任务3　盐碱地树木栽植

一、盐碱地的环境特点

盐碱土是地球上分布广泛的一种土壤类型，约占陆地总面积的25%。我国从滨海到内陆，从低地到高原都有分布。盐碱土是盐土与碱土的合称，盐土分为：滨海盐土、草甸盐土、沼泽盐土，主要含氯化物、硫酸盐；碱土分为草甸碱土、草原碱土、龟裂碱土，主要含有碳酸钠、碳酸氢钠。

盐碱土壤中的盐分主要为 Na^+ 和 Cl^-。在微酸性至中性条件下 Cl^- 为土壤吸附，而当土壤 pH >7.0 时吸附可以忽略，因此 Cl^- 在盐碱土中的移动性较大。Cl^- 和 Na^+ 为强淋溶元素，在土壤中的主要移动方式是扩散与淋失，二者都与水分有密切关系。在雨季降水大于蒸发，土壤呈现淋溶脱盐特征，盐分顺着雨水由地表向土壤深层转移部分盐分被地表径流带走；而在旱季，降水小于蒸发，底层土壤的盐分随毛细管移至地表，表现为积盐过程。在荒裸的土地上，土壤表面水分蒸发量大，土壤盐分剖面变化幅度大，土壤积盐速度快，因此要尽量防止土壤的裸露，尤其在干旱季节，土壤覆盖有助于防止盐化发生。

我国沿海城市中的盐碱土主要是滨海盐土，成土母质为沙黏不定的滨海沉积物，不仅土壤表层积盐达到1%～3%，在1m深的土层中平均含盐量也可达到0.5%～2%，盐分组成与海水一致，氯化物占极大比例。其盐分来源主要为：

（一）地下水

滨海地区地下水的矿化度多在10～30g/L之间，离海越近矿化度越高，且以氯化物为主。地下水对土壤盐渍化发生和发展的影响，主要是通过地下水位和地下水质实现的。当地下水位超过临界水位时，极易通过毛细管上升造成地表积盐，尤其在多风的旱季。如我国华南滨海地区存在明显的旱季，许多城市又往往缺水，土壤水分的强烈蒸发容易导致土壤次生盐渍化；另外，部分地区由于超采地下水造成地面沉降和海岸地下水层中淡水水位下降，也是造成土壤次生盐渍化的原因之一。

（二）大气沉降

滨海地区受海风的影响，大量小粒径含盐水珠由海面上空向大陆飘移，成为滨海盐渍地表盐分的来源之一。盐分沉降速率与风速、离海距离、海拔高度及微地形有关。在近海陆地，一年内海风可以给土壤输送 $10kg/hm^2$ 的氯盐；离海较远的地区，每年也可从海水中得到 $1kg/hm^2$ 的氯盐。

（三）人类活动

人类在生产或生活中排放的含氯废水或废气，通过水流或降雨进入土壤，也会导致盐渍化的发生。农业生产中施用的含氯化肥，在农田土壤中残留或通过农业污水进入水系，进而污染其他立地的土壤。北方城市在冬季使用融雪盐，会造成土壤含氯量增加，严重危害园林树木。另外，一些经营海产品的餐馆及集贸市场附近，土壤盐渍化的程度较高，周边园林树木受盐害的情况经常可见。一些滨海城市常用滩涂淤泥来改造地形，也会造成局部土壤含盐量增高。

（四）海水倒灌

潮汐后在海水浸淹过的地方留下的大量盐分，是滨海低洼处土壤次生盐渍化的主要原因之一。另外，在夏秋季节，我国东南沿海常有台风登陆，此时若遇大潮，在台风和海潮双重因素的作用下，海水入浸的辐度和强度加大；海浪冲击堤岸时激起的水沫在强劲的海风吹刮下，可影响距海岸带较远的范围。此外，在缺乏挡潮闸的内河入海口，也存在因海水涨潮入侵，促使土壤盐渍化发生的现象。

二、盐碱地对树木的影响

（一）引发生理干旱

由于盐碱土中积盐过多，土壤溶液的渗透压远高于正常值，导致树木根系吸收养分、水分非常困难，甚至会出现水分从根细胞外渗的情况，破坏了树体内正常的水分代谢，造成生理干旱，树体萎蔫、生长停止甚至全株死亡。一般情况下，土壤表层含盐量超过0.6%时，大多数树种已不能正常生长；土壤中可溶性含盐量超过1.0%时，只有一些特殊耐盐树种才能生长。

（二）危害树体组织

在土壤pH居高的情况下，OH^-对树体产生直接毒害。这是由于树体内积聚的过多盐分，使蛋白质合成受到严重阻碍，从而导致含氮的中间代谢产物积累，造成树体组织的细胞中毒；另外盐碱的腐蚀作用也能使树木组织直接受到破坏。

（三）滞缓营养吸收

过多的盐分使土壤物理性状恶化、肥力减低，树体摄入营养元素减慢，利用转化率也减弱。而Na^+的大量存在使树体对钾、磷和其他营养元素（主要是微量元素）的吸收减少，磷的转移受抑，严重影响树体的营养状况。

（四）影响气孔开闭

在高浓度盐分作用下，叶片气孔保卫细胞内的淀粉形成受阻，气孔不能关闭，树木容易因水分过度蒸腾而干枯死亡。

三、盐碱地树木选择及栽植技术

（一）盐碱地栽植的主要树木种类选择

1. 树种的耐盐性

耐盐树种能够适应盐碱生态环境的形态和生理特性，能在其他树种不能生长的盐渍土中正常生长。这类树种一般体小质硬，叶片小而少，蒸腾面积小；叶面气孔下陷，表皮细胞外壁厚，常附生绒毛，可减少水分蒸腾；叶肉中栅栏组织发达，细胞间隙小，有利于提高光合作用的效率。有些耐盐树种，其细胞渗透压可在392.26×104Pa以上，能建立阻止盐分进入的屏障；通过茎、叶的分泌腺把进入树体内的盐分排出，如柽柳、红树等；阻止进入体内的养分进一步的扩散和输送，从而避免或减轻盐分的伤害作用，保证其正常的生理活动。有的树种体内含有较多的可溶性有机酸和糖类，从而增大细胞渗透压提高从土壤中吸收水分的能力，如胡颓子等。

树种耐盐性的高低是相对的，以树体生长的气候和栽培条件为基础，树种、土壤和环境因素的相互关系均对树木的抗盐性产生影响，因此反映树木内在生物学特性的绝对耐盐力是

难以确定的。不同的树木种类或品种，其耐盐性有很大的差别，而同一树种的树体处于不同的发育阶段，或生长在不同的土壤与气候环境条件下，其耐盐性也不相同。一般来说，种子萌发及幼苗期的耐盐性最差，其次是生殖生长期，而其他发育阶段对盐胁迫的敏感性相对较弱。

另外，温度、相对湿度及降水等气候因素对树木耐盐性也产生较大的影响。一般来说，在恶劣的气候条件下（炎热、干燥、大风），树体盐害症状加重。由于土壤湿度影响土壤中盐分的转移、吸收，影响树木体内生化过程及水分蒸腾，在炎热干燥气候条件下生长的树体，大多比在湿冷条件下生长的树体对盐分更为敏感；而较高的空气湿度使得蒸腾降低，能缓解由于盐度而引起的水分失调的影响。故提高土壤湿度和空气湿度均有助于提高树体的耐盐性，特别是对盐分敏感的树种更有效果。

2. 常见的主要耐盐树种

一般树木的耐盐力为0.1%～0.2%，耐盐力较强的树种为0.4%～0.5%，耐盐力强的树种可达0.6%～1.0%。可用于滨海盐碱地栽植的树种有，黑松：能抗含盐海风和海雾，是唯一能在盐碱地用作园林绿化的松类树种，尤适于丘陵地栽植。北美圆柏：可在0.3%～0.5%含盐的土壤生长，为代替桧柏等在盐碱地栽培的优良柏类树种。胡杨：能在含盐量1%的盐碱地生长。新疆杨：在含盐量0.3%的盐土上生长良好，是荒漠盐土上的主要绿化树种。柽柳：能在含盐量0.5%的盐碱地上生长，叶可分泌盐分，有降低土壤含盐量的效能，为重盐碱地的园林绿化骨干树种。火炬树：原产于北美，为林缘生长的灌木或小乔木，浅根且萌根力强，是盐碱地栽植的主要园林树种。紫穗槐：适应性广，能抗严寒、耐干旱，在含盐量1%的盐碱地也能生长，根部能固氮根瘤菌，落叶中含有大量的酸性物质能中和土壤的碱性，改善土壤的理化性质，也可增加土壤腐殖质，为盐碱地绿化的先锋树种。沙枣：具根瘤，对风沙、盐碱、低温、干旱、瘠薄等有抗性；对硫酸盐的抗性强，在盐量1.5%以上时尚能生长；对氯化物的抗性较弱，盐量0.6%以下时才适于生长；而在硫酸盐氯化物盐土上，则盐量超过0.4%就不适于生长。沙棘：可在pH值为9.0的重碱性土以及含盐量达1.1%的盐碱地上生长。枸杞：特别耐盐碱，为内陆重盐碱地的优良绿化材料。白蜡：根系发达，萌蘖性强，在含盐量为0.2%～0.3%的盐土生长良好，具耐水湿能力强，是极好的滩涂盐碱地栽植树种。苦楝：一年生苗忍受含盐量0.6%，在含盐量0.4%左右的土壤上造林良好。合欢：对硫酸盐的抗性强，耐盐量可达1.5%以上，适宜于含盐量0.5%的轻盐碱上栽植，根部具根瘤，被誉为耐盐碱栽植的宝树。但耐氯化盐能力弱，超过0.4%则不适生长。

另外如国槐、垂柳、刺槐、侧柏、龙柏等都具有一定的耐盐能力，单叶蔓荆、小叶女贞、石榴、月季、木槿等均是耐盐碱土栽植的优良树种。

（二）盐碱地树木栽植技术

我国很多地区均有较大面积的盐碱地，对发展绿化种植有一定困难。实践证明，选择耐盐树种，遵循生态平衡的原理，根据植物形体和特性，依照天然群落的结构特征，从木本盐生植被区、海滩沙生盐被区、盐生植被区和沉水植物群落中进行耐盐渍性树种选择，采用引进与乡土树种相结合的办法，根据树种的高矮、冠形、根系深浅、抗盐程度、喜光耐阴等不同特性重新组合，构成和谐有序、稳定壮观且能长期共存的复层混交的立体人工群落，可以取得较为满意的结果。此外，地形设计是盐碱地园林树木栽植的重要措施，其指导原则是挖

池堆山、扩大水面、抬高局部地形。土山堆积需埋设排盐暗沟，其出口注入水池，经过灌溉和雨水淋洗，可大大降低土壤的含盐量，再根据树种的抗盐性能选择安排，将抗盐能力强的树种栽植在较低处，抗盐能力较弱的树种则栽植在排盐良好的土山上或地势较高处。水体在盐碱地造园中起着重大作用，它不仅能丰富景观、增加灵气，其最大功能还是可用于排盐改壤。目前主要采用技术有：

1. 施用土壤改良剂

施用土壤改良剂可达到直接在盐碱土栽植树木的目的，如施用石膏可中和土壤中的碱，适用于小面积盐碱地改良，施用量为 3 ~ $4t/hm^2$。

2. 防盐碱隔离层

对盐碱度高的土壤，可采用防盐碱隔离层来控制地下水位上升，阻止地表土壤返盐，在栽植区形成相对的局部少盐或无盐环境。具体方法为：在地表挖 1.2m 左右的坑，将坑的四周用塑料薄膜封闭，底部铺 20cm 石渣或炉渣，在石渣上铺 10cm 草肥，形成隔离盐碱，适合树木生长的小环境。

3. 埋设渗水管

铺设渗水管可控制高矿化度的地下水位上升，防止土壤急剧返盐。某园林绿化研究所采用渣石、水泥制成内径为 20cm，长为 100cm 的渗水管，埋设在距树体 30 ~ 100cm 处，设有一定坡降并高于排水沟；距树体 5 ~ 10m 处建一收水井，集中收水外排，第一年可使土壤脱盐 48.5%。采用此法栽植白蜡、垂柳、国槐、合欢等，树体生长良好。

4. 暗管排水

暗管排水的深度和间距可以不受土地利用率的制约，有效排水深度稳定，适用于重盐碱地区。单层暗管埋深 2m，间距 50cm；双层暗管第一层埋深 0.6m，第二层埋深 1.5m，上下两层在空间上形成交错布置，在上层与下层交会处垂直插入管道。使上层的积水由下层排出，下管排水流入集水管。

5. 抬高地面

某园林绿化研究所在含盐量为 0.62% 的地段，换土并抬高地面 20cm 栽种油松、侧柏、龙爪槐、合欢、碧桃、红叶李等树种，成活率达到 72% ~ 88%。

6. 躲避盐碱栽植

土壤中的盐碱成分因季节而变化，春季干旱、风大，土壤返盐重；秋季土壤经夏季雨淋盐分下移，部分盐分被排出土体，定植后，树木经秋、冬缓苗易成活，故为盐碱地树木栽植的最适季节。

7. 生物技术改土

生物技术改土主要指通过合理的换茬种植，减少土壤的含盐量。如对盐渍土可采用种稻洗盐、种耐盐绿肥翻压改土的措施，仅用 1 ~ 2 年的时间，降低土壤含盐量 40% ~ 50%。

8. 施用盐碱改良肥

盐碱改良肥内含钠离子吸附剂、多种酸化物及有机酸，是一种有机——无机型特种园艺肥料，pH 值为 5.0，利用酸碱中和、盐类转化、置换吸附原理，既能降低土壤 pH 值，又能改良土壤结构，提高土壤肥力，可有效用于各类盐碱土改良。

任务4 屋顶花园树木栽植

一、屋顶花园的环境特点

（一）屋顶花园的作用

屋顶花园是营造在建筑物顶层的绿化形式，构筑屋顶花园已有很久的历史，国外的一些城市甚至在屋顶营造小树林，主要目的是为了充分利用空间，尽量在“水泥森林”中增加绿色与绿量。在我国，许多现代化城市，特别是大城市，屋顶花园的营造已十分普遍，所发挥的景观与生态作用十分显著。

1. 改善城市生态环境

充分利用空间，增加城市绿量，改善城市区生态环境。

2. 丰富城市景观

屋顶花园的存在柔化了生硬的建筑物外形轮廓，植物的季相美赋予建筑物动态的时空变化，丰富了城市风貌。

3. 改善建筑物顶层的物理性能

屋顶花园构成屋面的隔离层，夏天可使屋面免受阳光直接暴晒烘烤，显著降低其温度；冬季可发挥较好的隔热层作用，降低屋面热量的散失。因此节省顶层室内降温与采暖的能源消耗。

（二）屋顶花园的环境特点

屋顶花园是在完全人工化的环境中栽植树木，采用客土、人工灌溉系统为树木提供必要的生长条件。在屋顶营造花园由于受到载荷的限制，不可能有很深的土壤，因此，屋顶花园的环境特点主要表现在土层薄、营养物质少、缺少水分；同时屋顶风大，阳光直射强烈，夏季温度较高，冬季寒冷，昼夜温差变化大。

二、屋顶花园栽植树种选择及栽植技术

（一）屋顶花园栽植的树种选择

1. 树种类型

屋顶花园的特殊环境对树种的选择有严格的限制，一般要求树体有抵抗极端气候的能力；能忍受干燥、潮湿积水；适应上层浅薄、少肥的土壤；栽植容易，耐修剪，生长缓慢。根系生长、钻透性强的树种不宜选用，生长快、树体高大的乔木慎用。距离地面越高的屋顶，树种选择受限制越多。

常用的乔木包括罗汉松、龙爪槐、紫薇、女贞等；灌木包括红叶李、桂花、山茶、紫荆、含笑等；藤木包括紫藤、蔷薇、地锦、常春藤、络石等；地被包括菲白竹、箬竹、黄馨、铺地柏等。

2. 栽植类型

（1）地毯式　地毯式栽植适宜于承受力比较小的屋顶，以地被、草坪或其他低矮灌木为主进行造园，构成垫状结构。土壤厚度为 15 ~ 20cm，选用抗旱、抗寒力强的攀缘或低矮植物，如地锦、常春藤、紫藤、凌霄、金银花、红叶小檗、蔷薇、狭叶十大功劳、迎春、黄

馨等。

（2）群落式　群落式栽植适宜于承载力较高（一般不小于400kg/m²）的压顶，土壤厚度要求30～50cm。可选用生长缓慢或耐修剪的小乔木、灌木、地被等搭配构成立体栽植的群落，如罗汉松、红枫、紫荆、石榴、箬竹、桃叶珊瑚、杜鹃等。

（3）庭院式　庭院式栽植适宜于承载力大于500kg/m²的屋顶，可仿建露地庭院式绿地，除了立体植物群落配置外，还可配置浅水池、假山、小品等建筑景观，但应注意承重力点的查看，一般多沿周边设置，安全性较好。

无论哪一种屋顶花园，树种栽植时要注意搭配。特别是群落式屋顶花园，由于屋顶载荷的限制，乔木特别是大乔木数不能太多；小乔木和灌木树种的选择范围较大，搭配时注意树木的色彩、姿态和季相变化；藤本类以观花、观果、常绿树种为主。

（二）屋顶花园的树木栽植技术

1. 底面处理

排水系统设在防水层上，可与屋顶雨水管道相结合。将过多的水排出以减少防水层的负担。

（1）架空式种植床　在离屋面10cm处设混凝土板承载种植土层。混凝土板须有排水孔，排水可充分利用原来的排水层，顺着屋面坡度排出，绿化效果欠佳。

（2）直铺式种植　在屋面板上直接铺设排水层和种植土层，排水层可由碎石、粗砂、陶粒组成，其厚度应能形成足够的水位差，使土层中过多的水能流向屋面排水口。花坛设有独立的排水孔，并与整个排水系统相连。日常养护时，注意及时清除杂物、落叶，特别要防止主落水管被堵塞。

2. 防水处理

（1）刚性防水层　在钢筋混凝土结构层上用普通硅酸盐水泥砂浆掺5%防水剂抹面，造价低，但怕震动；耐水、耐热性差，暴晒后易开裂。

（2）柔性防水层　用油、毡等防水材料分层粘贴而成，通常为三油二毡或二油一毡，使用寿命短、耐热性差。

（3）涂膜防水层　用聚氨酯等油性化工涂料涂刷成一定厚度的防水膜，高温下易老化。

3. 防腐处理

为防止灌溉水肥对防水层可能产生的腐蚀作用，需作技术处理，提高屋面的防水性能。主要的方法有：

1）先铺一层防水层，由两层玻璃布和五层氯丁防水胶（二布五胶）组成；然后在上面铺设4cm厚的细石混凝土，内配钢筋。

2）在原防水层上加抹一层2cm厚的火山灰硅酸盐水泥砂浆。

3）用水泥砂浆平整修补屋面，再敷设硅橡胶防水涂膜。适用于大面积屋顶防水处理。

4. 灌溉系统设置

屋顶花园种植，灌溉系统的设置必不可少，如采用水管灌溉，一般100m²设一个。但最好采用喷灌或滴灌形式补充水分，安全而便捷。

5. 基质要求

屋顶花园树木栽植的基质除了要满足提供水分、养分的一般要求外，应尽量采用轻质材料，以减少屋面载荷。常用基质有田园土、泥炭、草炭、木屑等。轻质人工土壤的自重轻，多采用土壤改良剂以促进形成团粒结构、保水性及通气性良好、易排水。

归纳总结

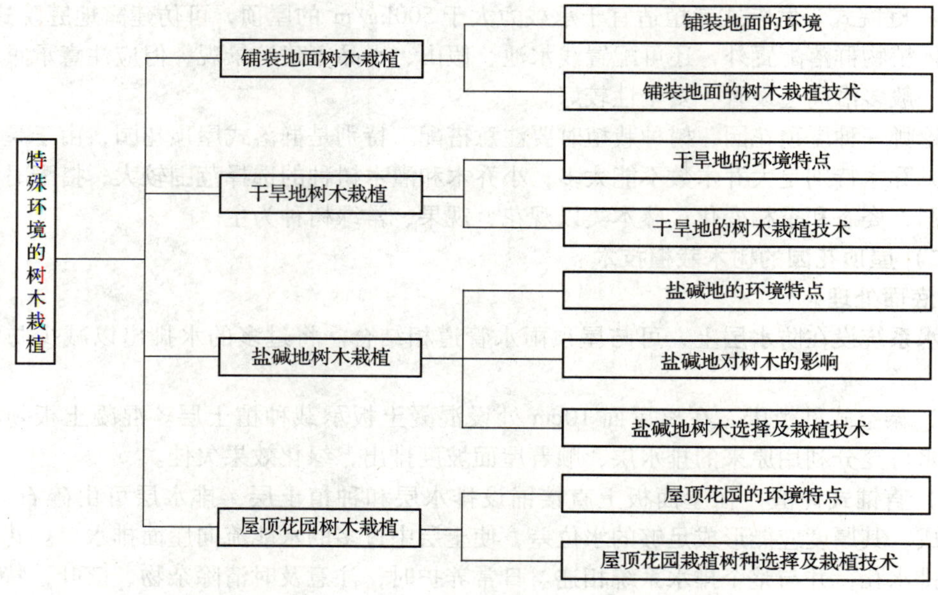

习　　题

一、填空题（28 分）

1. 铺装地面的环境特点为______、______、______、______。
2. 干旱地土壤特点为______、______、______、______。
3. 盐碱地的盐分来源为______、______、______和______。
4. 屋顶花园绿地栽植类型为______、______和______。

二、简答题（72 分）

1. 铺装地面树木如何进行栽植？（16 分）
2. 干旱地树木栽植技术措施有哪些？（18 分）
3. 盐碱地树木栽植采取哪些措施？（18 分）
4. 屋顶花园树木栽植技术是什么？（20 分）

项目8　园林树木的整形修剪

【学习目标】

了解园林树木整形修剪的意义和原则、修剪时期，整形修剪技术及各种不同树木的修剪。

【学习要点】

重点掌握园林树木整形修剪技术及特殊树形的修剪。

任务1　园林树木整形修剪概述

一、整形修剪的概念

修剪是对植株的某些器官，如茎、枝、叶、花、果、芽、根等进行剪截或删除的措施。整形是通过对树木施行一定的修剪措施来形成栽培所需要的树体结构形态，表达树体自然生长所难以完成的不同栽培功能。整形是通过一定的修剪手段来完成的，而修剪又是在一定的整形基础上，根据某种目的要求而实施的，去除树体的部分枝、叶等器官，达到调节树势、更新造型的目的。因此，整形与修剪是紧密相关、不可截然分开的完整栽培技术，是统一于栽培目的之中的有效管护措施，修剪整形能调节树势，创造和保持合理树冠结构，形成优美的树姿，甚至可以构成有一定特色的园景，还可以解决城市街道绿化中地上、地下电缆及管道与树木之间的矛盾，能使具有生产作用的观赏树种保持丰产、优质。

二、整形修剪的目的

（一）调控树体结构

整形修剪可使树体的各层主枝在主干上分布有序、错落有致、主从关系明确，枝干各占一定空间，形成合理的树冠结构，满足特殊的栽培要求。

1. 控制与调整树体结构，避免安全隐患

修剪是减少树木对居民或财产构成危险的重要措施之一，如通过修剪增加树冠的通透性，增强树木的抗风能力；及时修剪去除枯枝、死枝，避免折断坠落造成伤害；修剪以控制树冠枝的密度和高度，保持树体与周边高架线路之间的安全距离，避免因枝干伸展而损坏设施。对城市行道树来说，修剪的另一个作用是避免树冠可能阻挡视线，减少行车交通事故。

2. 控制树体生长，增强景观效果

园林树木以不同的配置形式栽植在特定的环境中，并与周围的空间相互协调，构成各类园林景观。栽培管护中，需要通过不断的适度修剪来控制与调整树木的树冠结构，形体尺度，以保持原有的设计效果。

3. 调节枝干方向，创造树木的艺术造型

通过整形修剪来改变树木的干形、冠形，创造出具有更高观赏价值的树木姿态。如在自然式园林中，追求“骨干肌曲、苍劲如画”的境界。

（二）调控开花结实

修剪打破了树木原有的营养生长与生殖生长之间的平衡，调节树体内的营养分配，协调树体的营养生长和生殖生长，促进开花结实。正确地运用修剪可使树体养分集中，新梢生长充实，控制成年树木的花芽或果枝；及时有效地修剪，既促进大部分短枝和辅养枝成为花果枝，达到花开满树的效果，又可避免花、果过多而造成的大小年现象。

（三）调控通风透光

当自然生长的树冠过度郁闭时，内膛枝得不到足够的光照，致使枝条下部光秃形成天棚型的叶幕，开花部位也随之外移呈表面化；同时树冠内部相对湿度较大，极易诱发病虫害。通过适当修剪，可使树冠通透性能加强、相对湿度降低、光合作用增强，从而提高树体的整体抗逆能力，减少病虫害的发生。

（四）平衡树势

1. 提高移栽树的成活率

树木移栽特别是大树移植过程中丧失了大量的根系，直径为10cm的出圃苗木，移栽过程中可能失去95%的吸收根系，因此必须对树冠进行适度修剪以减少蒸腾量，缓解根部吸水功能下降的矛盾，提高树木移栽的成活率。

2. 促使衰老树的更新复壮

树体进入衰老阶段后，树冠出现秃裸，生长势减弱，花果量明显减少，采用适度的修剪措施可刺激枝干皮层内的隐芽萌发，诱发形成健壮的新枝，达到恢复树势、更新复壮的目的。

三、整形修剪的作用

（一）调控生长

树木地上部分的大小与生长势如何，决定于根系的状况及从土壤中吸收水分、养分的多少。通过修剪可以剪去地上不需要的部分，使养分、水分集中供应，促使局部生长；修剪过重，则对整体又有削弱作用。具体是促还是仰，因修剪的方法、轻重、时期、树龄、剪口芽的质量而异。因而可以通过修剪来恢复或调节均衡树势，既可促使衰弱部分强壮，也可使过于旺盛的部分长势变弱，对潜芽寿长的衰老树或古树，适当重剪，结合施肥浇水，促潜芽萌发，可以更新复壮。

（二）培养树形

行道树上有架空线，下有人流、车辆交通，则需要整修成适合的树形，或因艺术上的需要将树形整修成规则或不规则的特种形体。工厂区设施复杂，常与树木发生矛盾。例如上有架空线，下有管道、电缆等，有些树枝触挂电线，要靠修剪来解决。

（三）通风透光好，病虫害少

整形修剪可以使主枝和侧枝分布合理，小枝多而不密。一方面树膛内通风透光，有利于光合作用，树势生长强健；另一方面通风透光，能减少病虫害的潜藏危害。修剪时剪去病虫

枝，可以避免病虫传播蔓延，减少伤害。通过修剪可以剪去生长位置不当的密生枝、徒长枝及带有病虫的枝条，以保证树冠内部通风透光，也可避免相互摩擦而造成的损伤。

（四）促进开花结果

对于观花、观果或结合花果生产的树种，可以通过修剪，调节营养生长与花芽分化，促使提高开花结果，克服花果大小年。只有合理修剪才能调节结果枝和发育枝的比例，平衡生长和结果的关系，消灭“大小年”现象或减轻“大小年”的幅度，获得稳定的花果产品或提高观赏效果。

（五）理论与实践相结合

园林树木整形修剪受树木自身和周围环境等多种因素的制约，是一项理论与实践结合性很强的工作。通过整形修剪使主枝开张角度合理，分布均匀，主次分明，层次清楚，形成牢固的骨架，能承受结实的重量和大风造成的自然灾害。整形修剪的原则是“符合自然规律”，适应树木的自然树形及其分枝习性。

四、整形修剪的原则

（一）服从树木景观配置要求

不同的景观配置要求不同的整形修剪方式。如国槐作行道树时一般修剪成杯状，作庭荫树时则采用自然式整形；桧柏作孤植树应尽量保持自然型，作绿篱则一般作强度修剪促使形成规则式树型；榆叶梅栽植在草坪上宜采用丛状扁圆形，在路边采用有主干的圆头形。

（二）遵循树木生长发育习性

树种间生长发育习性不同，要求采用相应的整形修剪方式。如桂花、榆叶梅、毛樱桃等，顶端生长势不太强但发枝力强，易形成丛状树冠，可整形成圆球形、半球形等形状；对于香樟、广玉兰、榉树等大型乔木树种，则主要采用自然式冠型；对于桃、梅、杏等喜光树种，为避免内膛秃裸、花果外移，通常需采用自然开心形的整形修剪方式。

1. 发枝能力

整形修剪的强度与频度，不仅取决于树木栽培的目的，更取决于树木萌芽发枝能力和愈伤能力的强弱。如对悬铃木、大叶黄杨、女贞、圆柏等具有很强萌芽发枝能力的树种，可多次修剪；而对青桐、桂花、玉兰等萌芽发枝力较弱的树种，则应少修剪或只作轻度修剪。

2. 分枝特性

对于具有主轴分枝的树种，修剪时要注意控制侧枝，剪除竞争枝，促进主枝的发育，如钻天杨、毛白杨、银杏等树冠呈尖塔形或圆锥形的乔木，顶端生长势强，具有明显的主干，适合采用保留中央领导干的整形方式。而具有合轴分枝的树种，易形成几个势力相当的侧枝，呈现多叉树干，如为培养主干可摘除其他侧枝的顶芽来削弱其顶端优势，或将顶枝短截，剪口留壮芽，同时疏去剪口下3～4个侧枝，促其加速生长。具有假二叉分枝的树种，由于树干顶梢在生长后期不能形成顶芽，下面的对生侧芽优势均衡，影响主干的形成，可采用抹除一个芽的方法来培养主干。对于具有多歧分枝的树种，可采用抹芽法或用短截主枝方法重新培养中心主枝。

修剪中应充分了解各类分枝的特性，注意各类分枝之间的平衡。如强主枝具有较多的新梢，叶面积则具有较强的合成有机养分的能力，进而促使其生长更加粗壮；反之，弱主枝则因新梢少、营养条件差而生长愈渐衰弱。欲借修剪来平衡各枝间的生长势，应掌握强主枝强剪、弱主枝弱剪的原则。

侧枝是构成树冠、形成叶幕、开花结实的基础，其生长过强或过弱均不易形成花芽，应分别掌握修剪的强度。如对强侧枝弱剪，目的是促使侧芽萌发，增加分枝，缓和生长势，促进花芽的形成，而花果的生长发育又进一步抑制侧枝的生长。对弱侧枝强剪，可使养分高度集中，并借顶端优势的刺激而抽生强壮的枝条，获得促进侧枝生长的效果。

3. 花芽的着生部位、花芽性质和开花习作

不同树种的花芽着生部位有异，有的着生于枝条的中下部，有的着生于枝梢顶部；花芽性质，有的是纯花芽，有的是混合芽；开花习性，有的是先花后叶，有的是先叶后花。所有这些性状特点，在花、果木整形修剪时，都需要充分的考虑。

春季开花的树木，花芽着生在一年生枝的顶端或叶腋，其分化过程通常在上一年的夏、秋进行，修剪应推迟至早春气温回升，花芽即将萌动时进行。夏秋开花的种类，花芽在当年抽生的新梢上形成，在一年生枝基部保留 3~4 个饱满芽短截，剪后可萌发出茁壮的枝条，虽然花枝可能会少些，但由于营养集中能开出较大的花朵。对于当年开两次花的树木，可在第一次开花后将残花剪除，同时加强肥水管理，促使二次开花。

对玉兰、厚朴、木绣球等具顶生花芽的树种，除非为了更新枝势，否则不能在休眠期或者在花前进行短截；对榆叶梅、桃花、樱花等具腋生花芽的树种，可视具体情况在花前短截；而连翘、桃等具腋生纯花芽的树种，剪口芽不能是花芽，否则开花后会留下一段枯枝，影响树体生长；对于观果树木，幼果附近必须有一定数量的叶片作为有机营养的供体，否则花后不能坐果，落果严重。

4. 树龄及生长发育时期

幼树修剪，为了促成其尽快形成良好的树体结构，应对各级骨干枝的延长枝以重短截为主，促进营养生长；为提早开花，对于骨干枝以外的其他枝条应以轻短截为主，促进花芽分化。成年期树木，正处于成熟生长阶段，整形修剪的目的在于调节生长与开花结果的矛盾，保持健壮完美的树形，稳定丰花硕果的状态，延缓衰老阶段的到来。衰老期树木，其生长势衰弱，生长量逐年减小，树冠处于向心生长更新阶段，修剪时应主要以重短截为主，以激发更新复壮活力、恢复生长势，但修剪强度应控制得当，对萌蘖枝、徒长枝的合理有效利用，具有重要意义。

（三）根据栽培的生态环境条件

树木在生长过程中总是不断地协调自身各部分的生长平衡，以适应外部生态环境的变化。孤植树，光照条件良好，因而树冠丰满，冠高比大；密生的树木，主要从上方接受光照，因侧旁遮阳而发生自然整枝，树冠变得较窄，冠高比小。因此，需要针对树木的光照条件及生长空间，通过修剪来调整有效叶片的数量，控制大小适当的树冠，培养出良好的冠形与干形。如果生长空间较大，在不影响周围配置的情况下，可开张枝干角度，最大限度地扩大树冠；如果生长空间较小，则应当通过修剪抑制树木的体量，以防止过分拥挤，降低观赏效果。对于生长在一些逆境条件，如土壤瘠薄、盐碱地、干旱立地、风口地段等的树木，应采用低干矮冠的整形修剪方式，还应适当疏剪枝条，保持良好的透风结构。

即使相同的树种，因配置不同或生长的立地环境不同，也应该采用不同的整形修剪方式。如在北京，对榆叶梅一般有三种不同的整形修剪方式：梅桩形，适合配置在建筑、山石旁；主干圆头形，适合配置在常绿树丛前面和园路两旁；丛状扁圆形，适宜种植在坡形绿地

或草坪上。桃花如栽在湖边应剪成悬崖式；种植在大门的两旁应整形修剪成桩景式；配置在草坪上则以自然开心形为宜。

任务2 园林树木整形修剪的时期

园林树木的整形修剪，从理论上讲一年四季均可进行，只要实际运用中处理得当、掌握得法，都可以取得比较满意的结果。但正常养护管理中的整形修剪，主要分两个时期集中进行。

一、冬季修剪

冬季修剪（休眠期修剪）是大多落叶树种的修剪时期，宜在树体落叶休眠到春季萌芽开始前进行。这一时期树木生理活动缓慢，枝叶营养大部分回归主干、根部，修剪造成的营养损失最少，伤口不易感染，对树木生长影响较小。修剪的具体时间，要根据当地冬季的具体温度特点而定，如在冬季严寒的北方地区，修剪后伤口易受冻害，故以早春修剪为宜，一般在春季树液流动前约2个月的时间内进行；而一些需保护越冬的花灌木，应在秋季落叶后立即重剪，然后埋土或包裹树干防寒。

对于一些有伤流现象的树种，如葡萄，应在春季伤流开始前修剪。伤流是树木体内的养分与水分在树木伤口处外流的现象，流失过多会造成树势衰弱，甚至枝条枯死。有的树种伤流出现较早，如核桃，在落叶后的11月中旬开始发生，最佳修剪时期应在果实采收之后至叶片变黄之前，且能对混合芽的分化有促进作用，但如果为了栽植或更新复壮的需要，修剪也可在栽植前或早春进行。

二、夏季修剪

夏季修剪（生长期修剪）可在春季萌芽后至秋季落叶后的整个生长季内进行，此期修剪的主要目的是改善树冠的通风、透光性能，一般采用轻剪，以免因剪除大量的枝叶而对树木造成不良的影响。对发枝力强的树种，应疏除冬剪截口附近的过量新梢，以免干扰树形；嫁接后的树木，应加强抹芽、除蘖等修剪措施，保护接穗的健壮生长。对于夏季开花的树种，应在花后及时修剪，避免养分消耗，并促进翌年开花；一年内多次抽梢开花的树木，如花后及时剪去花枝，可促使新梢的抽发，再现花期。观叶、赏形的树木，夏剪可随时去除扰乱树形的枝条；绿篱在生长期修剪，可保持树形的整齐美观。常绿树种的修剪，因冬季修剪伤口易受冻害且不易愈合，故宜在春季气温开始上升，枝叶开始萌发后进行。根据常绿树种在一年中的生长规律，可采取不同的修剪时间及强度。

任务3 园林树木整形修剪技术

一、园林树木的修剪方法

园林树木的各种树形，是通过各种修剪方法，改变树冠内枝条的数量、位置、姿势和营养物质的分配，促控结合，均衡发展，逐渐形成的。修剪的方法主要有短剪、疏剪、伤、变、放、摘心、剪梢、除芽、除萌、摘叶、摘蕾、摘果、断根等。

(一) 短剪

短剪是指对一年生枝条的剪截处理。枝条短剪后，养分相对集中，可刺激剪口下侧芽的萌发，增加枝条数量，促进营养生长或开花结果。短剪程度对产生的修剪效果有显著影响。短剪主要分为轻短剪、中短剪、重短剪、极重短剪、回缩、截干，如图 8-1、图 8-2 所示。

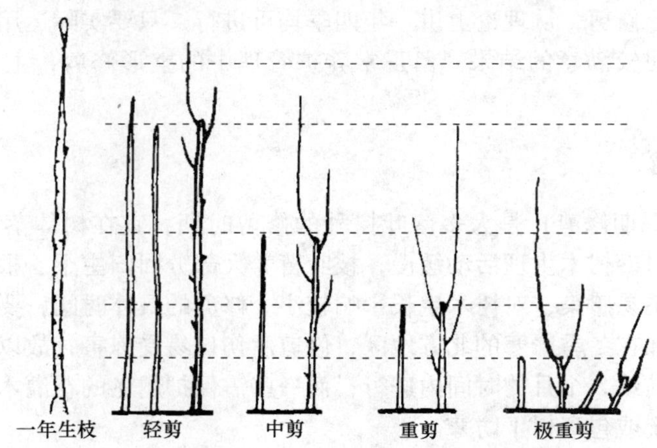

图 8-1 枝条短剪类型示意图

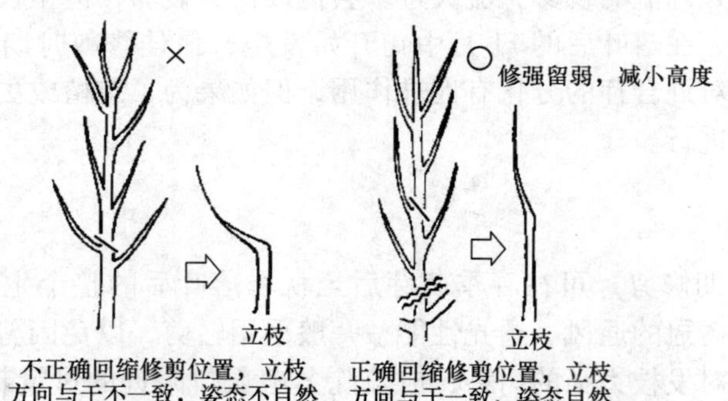

图 8-2 回缩

1. 轻短剪

轻剪枝条的顶梢（剪去枝条全长的 1/5 ~ 1/4），主要用于花果类树木强壮枝的修剪。去掉枝条顶梢后刺激其下部多数半饱满芽的萌发，分散了枝条的养分，促进产生大量的中短枝，这些短枝一般容易形成花芽。

2. 中短剪

剪到枝条中部或中上部饱满芽处（剪去枝条全长的 1/3 ~ 1/2）。由于剪口芽强健壮实，养分相对集中，刺激其多发强旺的营养枝。中短剪主要用于某些弱枝复壮以及骨干枝和延长枝的培养。

3. 重短剪

剪到枝下部半饱满芽处，由于剪掉了枝条的大部分（剪去枝条全长的 2/3 ~ 3/4），刺激作用大，一般萌发强旺的营养枝。重短剪主要用于弱树、老树和老弱枝的复壮更新。

4. 极重短剪

在春梢基部留 2 ~ 3 个芽，其余全部剪去。由于剪口芽在基部，质量较差，一般萌发中短营养枝，个别也能萌发旺枝。极重短剪主要用于竞争枝的处理。

5. 回缩、截干

（1）回缩　回缩又称为缩剪，指对多年生枝条（枝组）进行短截的修剪方式。在树木生长势减弱、部分枝条开始下垂、树冠中下部出现光秃现象时采用此法，多用于衰老枝的复壮和结果枝的更新，促使剪口下方的枝条旺盛生长或刺激休眠芽萌发徒长枝，达到更新复壮的目的。

（2）截干　对主干或粗大的主枝、骨干枝等进行的回缩措施称为截干。截干可有效调节树体水分吸收和蒸腾平衡间的矛盾，提高移栽成活率，多见于大树移栽。此外，可利用逼发隐芽的效果，进行壮树的树冠结构改造和老树的更新复壮。

（二）疏剪

疏剪是指将枝条自分生处（枝条基部）剪掉的修剪方法。疏剪可促进枝条分布均匀，减少树冠内部的分枝数量，加大空间，使枝条分布趋向合理，改善树冠内膛的通风透光，增强树体的同化功能，减少病虫害的发生，并促进树冠内膛枝条的营养生长或开花结果。疏剪的主要对象是弱枝、病虫害枝、枯枝及影响树木造型的交叉枝、干扰枝、萌蘖枝等各类枝条。特别是树冠内部萌生的直立性徒长枝，芽小、节间长、粗壮、含水分多、组织不充实，宜及早疏剪以免影响树形；但如果有生长空间，可改造成枝组，用于树冠结构的更新、转换和老树复壮。

疏剪对全树的总生长量有削弱作用，但能促进树体局部的生长。疏剪对局部的刺激作用与短剪有所不同，它对同侧剪口以下的枝条有增强作用，而对同侧剪口以上的枝条则有削弱作用。应注意的是，疏枝会在母枝上形成伤口，影响养分的输送，疏剪的枝条越多，伤口间距越接近，其削弱作用越明显。对全树生长的削弱程度与疏剪强度及被疏剪枝条的强弱有关，疏强留弱或疏剪枝条过多，会对树木的生长产生较大的削弱作用；疏剪多年生的枝条，对树木生长的削弱作用较大，一般宜分期进行。

疏剪强度是指被疏剪枝条占全树枝条的比例，剪去全树 10% 的枝条为轻疏，强度达 10% ~20% 时为中疏，疏剪 20% 以上枝条时则为重疏。实际应用时，疏剪强度依树种、长势和树龄等具体情况而定，一般情况下，萌芽率强、成枝力弱的或萌芽力、成枝力都弱的树种应少疏枝，如马尾松、油松、雪松等，而萌芽率、成枝力都强的树种，可多疏枝；幼树宜轻疏，以促进树冠迅速扩大；进入生长期与开花盛期的成年树应适当中疏，以调节营养生长与生殖生长的平衡，防止开花、结果的大小年现象发生；衰老期的树木发枝力弱，为保持足够的枝条组成树冠，应尽量少疏；花灌木类，轻疏能促进花芽的形成，有利于提早开花。

（三）伤

用各种方法损伤枝条的韧皮部和木质部，以达到削弱枝条的生长势、缓和树势的方法称为伤。伤枝多在生长期内进行，对局部影响较大，对整个树木的生长影响较小，是整形修剪的辅助措施之一，主要的方法有：

1. 环状剥皮（环剥）

用刀在枝干或枝条基部的适当部位，环状剥去一定宽度的树皮，可以在一段时间内阻止枝梢碳水化合物向下输送，有利于环状剥皮上方枝条营养物质的积累和花芽分化，适用于发育盛期开花结果量少的枝条。实施时应注意：

剥皮宽度要根据枝条的粗细和树种的愈伤能力而定，一般以1个月内环剥伤口能愈合为限，约为枝条直径的1/10左右（2~10mm），过宽的伤口不易愈合，过窄的伤口愈合过早而不能达到目的。环剥深度以达到木质部为宜，过深会伤及木质部造成环剥枝梢折断或死亡，过浅则韧皮部残留，环剥效果不明显。实施环剥的枝条上方需留有足够的枝叶量，以供正常光合作用之需。

环剥是在生长季应用的临时性修剪措施，多在花芽分化期、落花落果期和果实膨大期进行，在冬剪时要将环剥以上的部分逐渐剪除。环剥也可用于主枝，但须根据树体的生长状况慎重决定，一般用于树势强旺、花果稀少的青壮树。伤流过旺、易流胶的树种不宜应用环剥。

2. 刻伤

用刀在芽（或枝）的上（或下）方横切（或纵切）而深及木质部的方法称为刻伤。刻伤常在休眠期结合其他修剪方法施用。主要方法有：

（1）目伤　在芽或枝的上方进行刻伤，伤口形状似眼睛，伤及木质部以阻止水分和矿质养分继续向上输送，达到在理想的部位萌芽抽枝的目的；反之，在芽或枝的下方进行刻伤时，可使该芽或该枝生长势减弱，但因有机营养物质的积累，有利于花芽的形成。

（2）纵伤　纵伤是指在枝干上用刀纵切而深达木质部的方法，目的是为了减小树皮的机械束缚力，促进枝条的加粗生长。纵伤宜在春季树木开始生长前进行，实施时应选树皮硬化部分，小枝可进行一条纵伤，粗枝可纵伤数条。

（3）横伤　横伤是指对树干或粗大主枝横切数刀的刻伤方法，其作用是阻滞有机养分的向下输送，促使枝条充实，有利于花芽分化达到促进开花、结实的目的。作用机理近似环剥，但强度较低。

3. 折裂

为了防止枝条生长过旺，或为了曲折枝条使之形成各种苍劲的艺术造型，常在早春芽略萌动时，对枝条施行折裂处理。较粗放的方法是用手将枝折裂，但对珍贵的树木进行艺术造型处理时，应先用刀斜向切入，深及枝条直径的1/2~2/3，然后小心地将枝弯折，并利用木质部折裂处的斜面相互顶住，如图8-3所示。精细管理的会在切口处涂泥以免蒸腾水分过多。

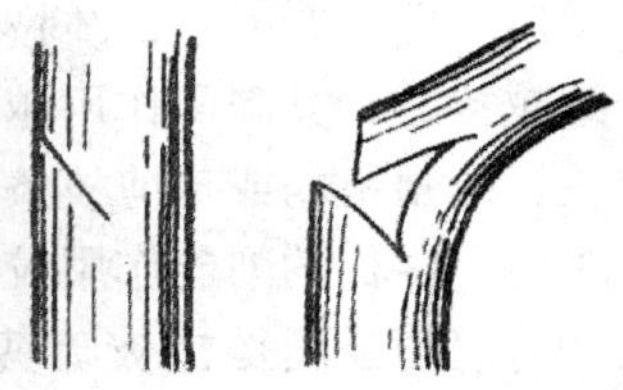
图8-3　折裂

4. 扭梢和折梢

在生长期内将生长过旺的枝条，特别是着生在枝背上的徒长枝，扭转弯曲而未伤折的称为扭梢；折伤而未断离者则称为折梢。扭梢和折梢均是部分损伤传导组织以阻碍水分、养分向生长点输送，削弱枝条长势以利于短花枝的形成。

（四）变

改变枝条生长方向，缓和枝条生长势的方法称为变，如图8-4所示。如曲枝、拉枝、抬枝等，其目的是改变枝的生长方向和角度，以调节顶端优势，并可改变树冠结构，通常结合生长季的修剪进行，对枝梢施行屈曲、缚扎或扶立支撑等技术措施。直立诱引可增强生长势；水平诱引具有中等强度的抑制作用，使组织充实易形成花芽；向下屈曲诱引

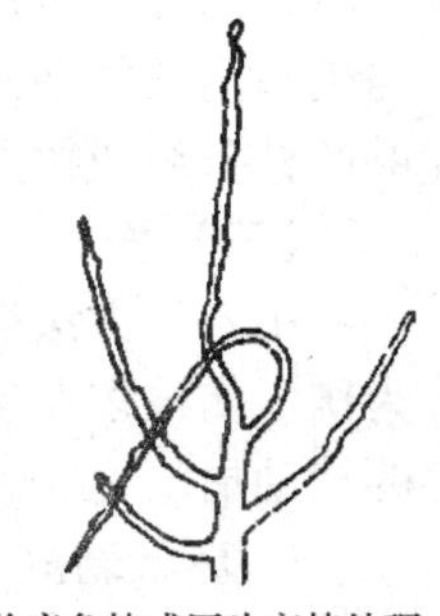
将竞争枝或原头弯枝处理

图8-4　变

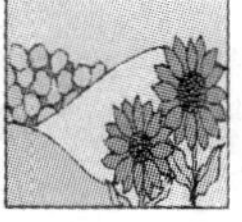

则有较强的抑制作用，但枝条背上部易萌发强健新梢，须及时去除，以免适得其反。

1. 拉枝与拿枝

1）拉枝是指用绳子把枝条角度拉大，或用木棍支开；或用重物下坠枝条。拉枝的时期以春季树液流动以后为宜，此时枝条较柔软，开张角度易到位而不伤枝。

2）拿枝是指对一年生枝从基部起逐步向下弯曲，伤及木质部又不折断，做到枝条自然呈水平状态或先端略向下。拿枝的时期以春夏之交、枝梢半木质化时为好，此时容易操作，开张角度、削弱旺枝生长的效果最佳，还有利于花芽分化和较快地形成结果枝组。对树冠内的直立枝、旺长枝、斜生枝，可以用拿枝的方法改造成有用的枝条。

2. 圈枝与别枝

1）圈枝是把1个长枝圈起来或把2个枝条相互圈起来，促进花芽形成。圈枝不能太多，更不能重叠，避免影响树冠内光照。

2）别枝与圈枝类似，只不过弯曲别到其他枝下，促使被别起来的枝下部出长枝，中上部出短枝，对徒长枝、直立枝可以用此法改造，变无用枝为有用枝。别枝应注意适量，并及时放开或缩短修剪。

（五）放

不剪营养枝称为放，也称为长放或甩放，利用单枝生长趋势逐年减弱的特点，对部分长势中等的枝条长放不剪，保留大量的枝叶，以积累更多的营养物质，从而促进花芽的形成，使旺枝或幼树提早开花、结果。

（六）其他

1. 摘心

在生长季节，随新梢伸长，随时剪去其嫩梢顶尖的技术措施称为摘心。具体进行的时间依树种、目的要求而异。通常在梢长至适当长度时，摘去先端4～8cm，可使摘心处1～2个腋芽受到刺激发生二次枝，根据需要二次枝还可再进行摘心。

2. 剪梢

在生长季节，由于某些树木新梢未及时摘心，使枝条生长过旺，伸展过长，已木质化。为调节观赏树木主、侧枝的平衡关系以及调整观花观果树木营养生长和生殖生长的关系，采取剪掉一段已木质化的新梢先端，即为剪梢。

3. 除芽

为培养通直的主干，或防止主枝顶端竞争枝的发生，在修剪时将无用或有碍于骨干枝生长的芽除去，即为除芽。

4. 除萌

榆叶梅、月季等易生根蘖的园林树木，生长季期间需要随时除去萌蘖，以免扰乱树形，并可减少树体养分的无效消耗。嫁接繁殖树，则须及时去除树上的萌蘖，防止干扰树形，影响接穗树冠的正常生长。剪除最好在木质化前进行，也可用手掰掉。

5. 摘叶

摘叶的主要作用是改善树冠内的通风透光条件，提高观果树木的观赏性，防止枝叶过密，减少病虫害，同时起到催花的作用。如丁香、连翘、榆叶梅等花灌木，在8月中旬摘去一半叶片，9月初再将剩下的叶片全部摘除，加强肥水管理的条件下，可促使其在国庆节期间的二次开花。对红枫的夏季摘叶措施，可诱发红叶再生，增强景观效果。

6. 摘蕾

摘蕾实质为早期进行的疏花、疏果措施，可有效调节花果量，提高存留花果的质量。如杂种香水月季，通常在花前摘除侧蕾，使主蕾得到充足养分，开出美观而肥硕的花朵；聚花月季，往往要摘除侧蕾或过密的小蕾，使花期集中，花朵大而整齐，增强观赏效果。

7. 摘果

为使枝条生长充实、避免养分过多消耗，常将幼果摘除。例如月季、紫薇等，为使其连续开花，必须随时剪除果实。对于以采收果实为目的的观果树木，为使果实肥大、提高品质或避免出现“大小年”的现象常摘除适量果实。

8. 断根

在移栽大树或山林实生树时，为提高成活率，常在移栽前1~2年进行断根，以回缩根系，刺激发生新的须根，有利于移植。进入衰老期的树木，结合施肥在一定范围内切断树木根系的断根措施，有促发新根、更新复壮的作用。

二、园林树木的整形方式

整形工作通常是结合修剪进行的，除特殊情况外，整形的时期与修剪的时期是统一的。园林绿地中的树木负担着多种功能任务，所以整形的形式各有不同，但概括起来可以分为以下三类。

(一) 自然式整形

在园林绿地中，以自然式整形最为普遍，施行起来最省工，而且最易获得良好的观赏效果。

自然式整形的基本方法是利用各种修剪技术，按照树种本身的自然生长特性，对树冠的形状作辅助性的调整和促进，使之早日形成自然树形。对于被各种因子扰乱生长平衡、破坏树形的徒长枝、冗枝、内膛枝、并生枝以及枯枝、病虫枝等，均应加以抑制或剪除，注意维护树冠的匀称完整。

自然式整形符合树种本身的生长发育习性，常有促进树木生长良好、发育健壮的效果，能充分发挥该树种的树形特点，提高观赏价值。

(二) 人工式整形

为了满足园林绿化中某些特殊的目的，有时可用较多的人力物力将树木整剪成各种规则的几何形体或非规则的形体，如鸟、兽、城堡等。

人工式整形与树种本身的生长发育特性相违背，不利于树木的生长发育，而且如果长期不剪，其形体效果易被破坏，在具体应用时应该全面考虑。

(三) 自然与人工混合式整形

这是由于对园林绿化的某种要求，对自然树形加以或多或少的人工改造而形成的形式。常见的有以下几种：

1. 杯状形

树形无中心主干，仅有一段高度的树干，自树干上部分生3个主枝，均匀向四周排开，3个主枝各自分生2个枝而成6个枝，再以6枝各分生2枝即成12枝，即所谓“三股、六杈、十二枝”的树形。这种几何状的规整分枝不仅整齐美观，而且冠内不允许有直立枝、内向枝的存在，一经出现必须剪除。此种树形在城市行道树中较为常见。

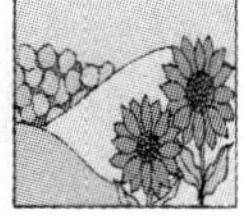

2. 开心形

开心形是将上一方法改良的一种形式，适用于轴性弱、枝条开展的树种。整形的方法也是不留中央领导干而留多数主枝配列四方，分枝较低。在主枝上每年留有主枝延长枝，并于侧方留有副主枝处于主枝间的空隙处。整个树冠呈扁圆形，可在观花小乔木及苹果、桃等喜光果树上应用。

3. 多领导干形

留2~4个中央领导干，在其上分层配列侧生主枝，形成匀称的树冠。本形适用于生长较旺盛的种类，可形成优美的树冠，提早开花的时期，延长小枝寿命，宜用于观花乔木、庭荫树的整形。

4. 中央领导干形

留一强大的中央领导干，在其上配列疏散的主枝。该形式是对自然树形加工较少的形式之一。本形式适用于轴性强的树种，能形成高大的树冠，宜用于庭荫树、独赏树及松柏类乔木的整形。

5. 圆球形

该形具一段极短的主干，在主干上分生多数主枝，主枝分生侧枝，各级主侧枝均相互错落排开，利于通风透光，叶幕层较厚，园林中广泛应用，如黄杨、小叶女贞、球形龙柏等常修剪成圆球形。

6. 灌丛形

主干不明显，每丛自基部留主枝10个，其中保留1~3年生主枝3~4个，每年剪掉3~4个老主枝，更新复壮。

7. 棚架形

棚架形主要应用于园林绿地中的蔓生植物。凡是有卷须或具有缠绕特性的植物均可自行依支架攀缘生长，如葡萄、紫藤等；不具备这些特性的藤蔓植物，如木香、爬蔓月季等则靠人工搭架引缚，便于它们延长扩展，可形成一定遮阴面积，形状由架形而定。

总括以上所述的三类整形方式，在园林绿地中以自然式应用最多，既省人力、物力又易成功。其次为自然与人工混合式整形，它比较费工，也须适当配合其他栽培技术措施。关于人工式整形，一般来说，由于很费人工，须具有较熟练的技术水平的人员才能修整，因此常在园林局部或有特殊美化要求处应用。

三、园林树木的修剪技术

（一）剪口和剪口芽处理

1. 平剪口

剪口的斜切面与芽的方向相反，其上端略高于芽5cm，以免剪口芽因为剪口水分蒸发而失水枯萎。斜切面位于芽端上方，下端与芽的腰部相齐，这样的剪口面积小，容易愈合，有利于芽体的生长发育。

剪口在侧芽的上方呈近似水平状态，在侧芽的对面作缓倾斜面，其上端略高于芽5cm。位于侧芽顶尖上方，优点是剪口小、易愈合，是观赏树木小枝修剪中较合理的方法。

2. 留桩平剪口

剪口在侧芽上方呈近似水平状态，剪口至侧芽有一段残桩。优点是不影响剪口侧芽的萌发和伸展。缺点是剪口很难愈合，第二年冬剪时，应剪去残桩，如图 8-5 所示。

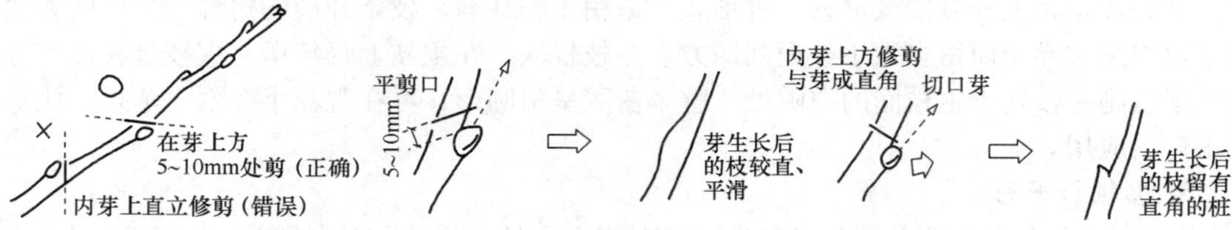

图 8-5　剪口处芽的处理

3. 大斜剪口

剪口倾斜过急，伤口过大，水分蒸发多，剪口芽的养分供应受阻，故能抑制剪口芽生长，促进下面一个芽的生长，如图 8-6 所示。

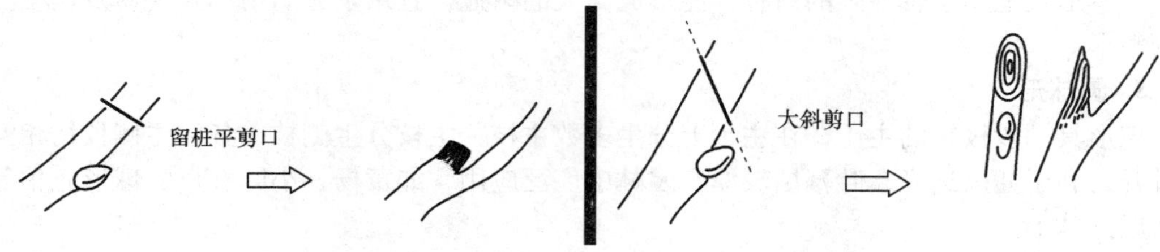

图 8-6　剪口方向示意

4. 大侧枝剪口

切口采取平面反而容易凹进树干，影响愈合，故使切口稍凸成馒头状，比较利于愈合。

剪口太靠近芽的修剪易造成芽的枯死，剪口太远离芽的修剪易造成枯桩，如图 8-7 所示。

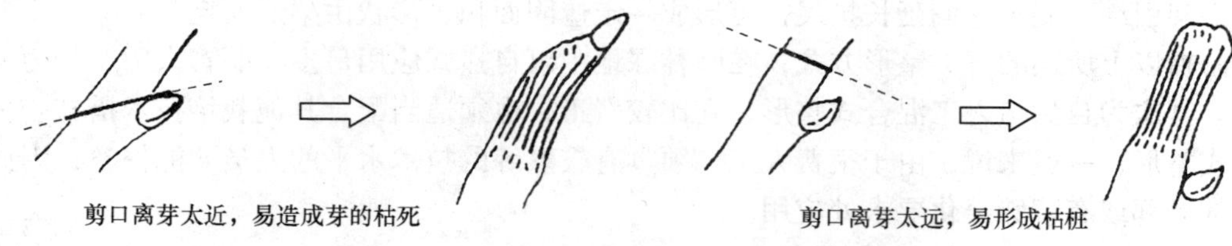

图 8-7　剪口与芽距离的关系

剪口芽对修剪整形有一定影响，在树桩盆景修剪时更应慎重。修剪时，要根据修剪的目的选择剪口芽的方向和强弱。剪口芽向外侧，修剪后可使树冠扩张；剪口芽向内侧，修剪后所萌发的枝条可用于填补树冠内腔；选择弱芽为剪口芽，可控制枝条的生长，反之，则可促进枝条的生长，如图 8-8 所示。

（二）大枝锯除法

整形修剪中，在移栽大树、恢复树势、防风雪危害以及处理病虫枝时，经常需要对一些大型的骨干枝进行锯截，操作时应格外注意锯口位置以及锯截步骤。

1. 锯口位置

选择准确的锯口位置及操作方法是大枝修剪作业最为重要的环节，因其不仅影响锯口的

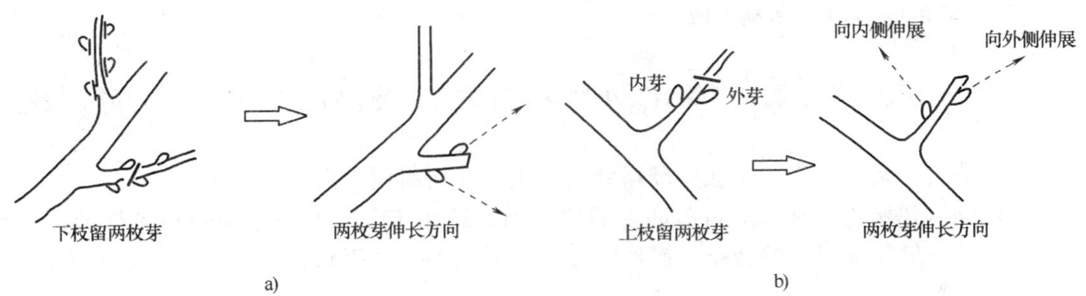

图 8-8 上下枝留芽的生长方向

大小及愈合过程，更会影响树木修剪后的生长，错误的修剪技术会造成过大的伤口，愈合缓慢，创口长期暴露、腐烂易导致病虫害寄生，进而影响整株树木的健康。美国的树艺学家建议采用称为自然目标修剪的方法，锯口既不能紧贴树干，也不应留一段较长的枝桩，正确的位置是贴近树干但不超过侧枝基部的树皮隆脊部分与枝基部的环痕。该法的主要优点是保留了枝基部环痕内的保护带，如果发生病菌感染，可使其局限在被截环痕组织内而不会向深处进一步扩大。

2. 锯截步骤

对直径在 10cm 以下的大枝进行剪截时，为了避免大枝断裂时撕裂树皮，应采用三步锯截法。首先在距截口 10～15cm 处锯掉枝干的大部分，然后将留下的残桩在截口处自上而下稍倾斜削正。若疏除直径在 10cm 以上的大枝时，应首先在距截口 25cm 处由下至上锯一伤口，深达枝干直径的 1/3～1/2；然后在距第一锯口的外侧 5cm 自上而下锯截，此时侧枝可被折断；最后在留下的侧枝桩上的正确位置截断。用利刀将截口修整光滑，并涂保护剂或用塑料布包扎。这种锯法，俗称“三锯法”。

（三）剪口保护

短剪与疏剪的剪口面积不大时，可以任其自然愈合。面积过大的剪口或对珍贵的植物、盆景、大树等修剪所形成的剪口，易因雨淋及病菌侵入而导致剪口腐烂，需要加以保护。通常使用的保护方法是在修剪后用锋利的刀削平伤口，用硫酸铜溶液消毒，再涂保护剂，以防伤口腐烂，促进伤口愈合。常用的保护剂有以下三种：

1. 豆油铜素剂

由豆油、硫酸铜和熟石灰按 1∶1∶1 的比例配成。配制方法是：先将硫酸铜、熟石灰研成粉末，然后煮沸豆油，再将硫酸铜和熟石灰加入油中搅拌，冷却后即可使用。

2. 保护蜡

由松香、黄蜡、动物油按 5∶3∶1 的比例配成。配制方法是：先用温火加热动物油，然后加入松香和黄蜡，不断搅拌至全部溶化，熄火冷凝即可。取出装在塑料袋内密封备用，由于保护蜡冷却后会凝固，使用时先加热令其溶解，再涂抹在植物的伤口。

3. 液体保护剂

用松香、酒精、动物油和松节油按 10∶6∶2∶1 的比例配成。配制方法是：先把松香和动物油一起放入锅内加温，待熔化后立即停火，稍冷却后再倒入酒精和松节油，搅拌均匀，冷却后即可使用。

（四）常用的修剪工具及机械

1. 剪刀

剪刀主要包括桑剪、圆口弹簧剪、小型直口弹簧剪、大平剪、高枝剪、残枝剪、长把修枝剪。

（1）桑剪　桑剪适用于木质坚硬粗壮的枝条，在切粗枝时应稍加回转。

（2）圆口弹簧剪　圆口弹簧剪即普通修枝剪，适用于花木和观果树种枝条修剪，一般用于剪截直径在3cm以下的枝条。操作时，用右手握剪，左手将粗枝向剪刀小片方向猛推，即可剪掉枝条。

（3）小型直口弹簧剪　小型直口弹簧剪适用于夏季摘心、折枝及树桩盆景小枝的修剪。

（4）大平剪　大平剪又称为绿篱剪、长刃剪，适用于绿篱、球形树和造型树木的修剪，它的条形刀片很长，刀面较薄，易形成平整的修剪面，但只能用来平剪嫩梢。

（5）高枝剪　高枝剪装有一根能够伸缩的铝合金长柄，使用时可根据修剪的高度要求来调整。

（6）残枝剪　刀刃在外侧，可从枝条基部平整而完全地剪除残枝。使用时，刀间的螺丝钉不要旋拧太紧或太松，否则影响工作。

（7）长把修枝剪　剪刀呈月牙形，没有弹簧，手柄很长，能轻快的修剪直径在1cm以内的树枝，适用于高灌木丛的修剪。

2. 锯

锯适用于粗枝或树干的剪截，常用工具有手锯、单面修枝锯、双面修枝锯、高枝锯和电动锯等。

（1）手锯　手锯适用于花木、果木、幼树枝条的修剪。

（2）单面修枝锯　单面修枝锯适用于截面树冠内中等粗度的枝条，弓形的单面细齿手锯锯片很窄，可以伸入到树丛当中去锯截，使用起来非常方便灵活。

（3）双面修枝锯　双面修枝锯适用于锯除粗大的枝干，其锯片两侧都有锯齿，一边是细齿，另一边是由深浅两层锯齿组成的粗齿。在锯除枯死的大枝时用粗齿，锯截活枝时用细齿，另外锯把上有一个很大的椭圆形孔洞，可以用双手握住来增加锯的拉力。

（4）高枝锯　高枝锯适用于修剪树冠上部的大枝。

（5）电动锯　电动锯适用于对大枝的快速锯截。

（五）修剪程序及需注意的问题

1. 制订修剪方案

作业前应对计划修剪树木的树冠、树势、主侧枝的生长状况、平衡关系等进行详细的观察分析，根据修剪目的及要求，制订具体的修剪及保护方案。对重要景观中的树木、古树、珍贵的观赏树木，修剪前需咨询专家的意见，或在专家的直接指导下进行。

2. 修剪程序

修剪程序概括地说就是“一知、二看、三剪、四检查、五处理”。

一知：修剪人员必须掌握操作规程、技术规程、安全操作及特殊要求，因此工作前应接受培训，获得上岗证书后方可独立工作。

二看：修剪前应对植物仔细观察，因树制宜，合理修剪，即根据植物的生长习性、枝芽的发育特点、植株的生长情况及冠形特点进行修剪。

三剪：根据修剪方案，对要修剪的枝条、部位及修剪方式进行标记，对植物按要求或规定进行修剪。然后按先剪下部，后剪上部；先剪内膛枝，后剪外围枝；由粗剪到细剪的顺序进行。一般从疏剪入手，把枯枝、密生枝、重叠枝等不需要的枝条剪去，再对留下的枝条进行短剪。回缩修剪时，应按修剪大枝、中枝、小枝的次序进行。

四检查：修剪完成后，检查修剪是否合理，有无漏剪与错剪，以便修正或重剪。

五处理：对剪口及剪下的枝叶进行处理。

3. 修剪注意事项

安全作业包括两个方面：一方面是对作业人员安全防范，所有的作业人员都必须配备安全保护装备；另一方面是对作业树木下面或周围行人与设施的保护，在作业区边界应设置醒目的标记，避免落枝伤害行人。

1）修剪时使用的工具应当锋利，修剪病枝的工具，要用硫酸铜消毒后才能修剪其他枝条，以免交叉感染。修剪下的病枝及时收集烧毁。上树机械或折梯在使用前应检查各个部件是否灵活，有无松动，防止发生事故。

2）修剪时不能撕裂树皮、折枝断枝，以免影响植物生长。大剪口应按规范进行处理和保护。

3）上树操作必须系好安全带、安全绳，穿胶底鞋，手锯一定要拴绳，套在手腕上，以保证安全。作业时严禁嬉笑打闹，要思想集中，以免剪错。刮五级以上大风时，不宜在高大树木上修剪。

4）在高压线附近作业时，应特别注意安全，避免触电，必要时应请供电部门配合。

5）在修剪行道树时，必须有专人维护现场，树上树下要互相联系配合，以防锯落大枝砸伤行人或损坏车辆。

4. 清理作业现场

及时清理、运走修剪下来的枝条同样十分重要，一方面保证环境整洁，另一方面确保安全。

任务4　各类园林树木的整形修剪

一、行道树的修剪

行道树是指在道路两旁整齐列植的树木，每条道路上树种相同。城市中，在干道两侧栽植的行道树，主要的作用是美化市容，改善城区的小气候，夏季增湿降温、滞尘和遮阴。行道树要求枝条伸展，树冠开阔，枝叶浓密。冠形依栽植地点的架空线路及交通状况决定。在架空线路多的主干道上及一般干道上，采用规则形树冠，修剪整形成杯状形、开心形等立体几何形状。在无机动车辆通行的道路或狭窄的巷道内，可采用自然式树冠。

行道树一般使用树体高大的乔木树种，主干高要求在2.5～6m之间，行道树上方有架空线路通过的干道，其主干的分枝点高度，应在架空线路的下方，为了车辆行人的交通方便，分枝点不得低于2～2.5m。城郊公路及街道、巷道的行道树，主干高可达4～6m或更高。定植后的行道树要每年修剪扩大树冠，调整枝条的伸出方向，增加遮阴保湿效果，同时也应考虑到建筑物的使用与采光。

（一）杯状形行道树的修剪与整形

杯状形行道树具有典型的三叉六股十二枝的冠形，主干高为2.5～4m。整形工作是在定植后的5～6年内完成的。以法桐为例，春季定植时，在树干2.5～4m处截干，萌发后选3～5个方向不同、分布均匀与主干成45°夹角的枝条作主枝，其余分期剥芽或疏枝，冬季对主枝留80～100cm短剪，剪口芽留在侧面，并处于同一平面上，使其匀称生长；第二年夏季再剥芽疏枝，幼年法桐顶端优势较强，在主枝呈斜上生长时，其侧芽和背下芽易抽生直立向上生长的枝条，为抑制剪口处侧芽或下芽转为直立生长，抹芽时可暂时保留直立主枝，促使剪口芽侧向斜上方生长；第三年冬季于主枝两侧发生的侧枝中，选1～2个作延长枝，并在80～100cm处再短剪，剪口芽仍留在枝条侧面，疏除之前暂时保留的直立枝、交叉枝等，如此反复修剪，经3～5年后即可形成杯状形树冠。

骨架构成后，树冠扩大很快，疏去密生枝、直立枝，促发侧生枝，内膛枝可适当保留，增加遮阴效果。上方有架空线路时，勿使枝干与线路触及，按规定保持一定距离，一般距电话线0.5m，距高压线1m以上。近建筑物一侧的行道树，为防止枝条扫瓦、堵门、堵窗，影响室内采光和安全，应随时对过长枝条行短剪修剪。

生长期内要经常进行抹芽，抹芽时不扯伤树皮，不留残枝。冬季修剪时把交叉枝、并生枝、下垂枝、枯枝、伤残枝及背上直立枝等截除。

（二）开心形行道树的修剪与整形

多用于无中央主轴或顶芽能自剪的树种，树冠自然展开。定植时，将主干留3m或者截干，春季发芽后，选留3～5个位于不同方向、分布均匀的侧枝进行短剪，促进枝条生长成主枝，其余全部抹去。生长季注意将主枝上的芽抹去，只留3～5个方向合适、分布均匀的侧枝。来年萌发后选留侧枝，共留6～10个侧枝，使其向四方斜生，并进行短剪，促发次级侧枝，使冠形丰满、匀称。

（三）自然式冠形行道树的修剪与整形

在不妨碍交通和其他公用设施的情况下，树木有任意生长的条件时，行道树多采用自然式冠形，如塔形、卵圆形、扁圆形等。

1. 有中央领导枝的行道树

例如杨树、水杉、侧柏、金钱松、雪松、枫杨等。分枝点的高度按树种特性及树木规格而定，栽培中要保护顶芽向上生长。郊区多用高大树木，分枝点在4～6m以上。主干顶端如受损伤，应选择一直立向上生长的枝条或在壮芽处短剪，并把下部的侧芽抹去，抽出直立枝条代替，避免形成多头现象。

阔叶类树种不耐重抹头或重截，应以冬季疏剪为主，如毛白杨。修剪时应保持冠与树干的适当比例，一般树冠高占3/5，树干（分枝点以下）高占2/5。在快车道旁的分枝点高至少应为2.8m。注意最下方的三大主枝要错开上下位置，方向匀称，角度适宜。要及时剪掉三大主枝上最基部贴近树干的侧枝，并选留好三大主枝以上的其他各主枝，使其呈螺旋形向上排列。例如银杏，每年枝条短剪，下层枝应比上层枝留得长，萌生后形成圆锥状树冠。成形后，仅对枯病枝、过密枝疏剪，一般修剪量不大。

2. 无中央领导枝的行道树

选用主干性不强的树种，如旱柳、榆树等，分枝点高度一般为2～3m，留5～6个主枝，各层主枝间距短，使其自然长成卵圆形或扁圆形的树冠。每年主要修剪对象是密生枝、枯死

枝、病虫枝和伤残枝等。

行道树定干时，同一条干道上分枝点高度应一致，使树列整齐划一，不可高低错落，影响美观与管理。

二、庭荫树的修剪

对庭荫树的枝下高度无固定要求，若依据人在树下自由活动为限，在2.0～3.0m较为适宜；若树势强旺、树冠庞大，则以3.0～4.0m为好，能更好地发挥遮阳作用。一般认为，以遮阳为目的的庭荫树，冠高比在2/3以上为宜，整形方式多采用自然形。如要培养健康、挺拔的树木姿态，在条件许可的情况下，每1～2年将过密枝、伤残枝、病枯枝及扰乱树形的枝条疏除一次，并对老、弱枝进行短截。需特殊整形的庭荫树可根据配置要求或环境条件进行修剪，以显现更佳的使用效果。

三、灌木、小乔木的修剪

首先要观察植株生长的周围环境、光照条件、植物种类、长势强弱及其在园林中所起的作用，做到心中有数，然后再进行修剪与整形。

（一）依树势修剪与整形

幼树生长旺盛，以整形为主，宜轻剪。严格控制直立枝，斜生枝的上位芽在冬剪时应剥掉，防止生长直立枝。用疏剪方法剪去一切病虫枝、干枯枝、人为破坏枝、徒长枝等。对丛生花灌木的直立枝，选择生长健壮的加以轻摘心，促其早开花。

壮年树应充分利用立体空间，促使多开花。在休眠期修剪时，对秋梢以下适当部位进行短剪，同时逐年选留部分根蘖，疏掉部分老枝，以保证枝条不断更新，保持丰满株形。

老弱树木以更新复壮为主，采用重短剪的方法，使营养集中于少数腋芽，萌发壮枝，及时疏删细弱枝、病虫枝、枯死枝。

（二）依时期修剪与整形

落叶花灌木依修剪时期可分冬季修剪（休眠期修剪）和夏季修剪（花后修剪）。冬季修剪一般在休眠期进行。夏季修剪在花落后进行，目的是抑制营养生长，增加全株光照，促进花芽分化，保证来年开花。夏季修剪宜早不宜迟，这样有利于控制徒长枝的生长，若修剪时间稍晚，直立徒长枝便已经形成。如果空间条件允许，可用摘心法使生出二次枝，增加开花枝的数量。

（三）根据树木生长习性和开花习性进行修剪与整形

1. 春季开花，花芽（或混合芽）着生在二年生枝条上的花灌木

如连翘、榆叶梅、碧桃、迎春、牡丹等灌木是在前一年的夏季高温时进行花芽分化，经过冬季低温阶段于第二年春季开花，因此，应在花残后叶芽开始膨大尚未萌发时进行修剪。修剪的部位依植物种类及纯花芽或混合芽的不同而有所不同。连翘、榆叶梅、碧桃、迎春等可在开花枝条基部留2～4个饱满芽进行短剪；牡丹则仅将残花剪除即可。

2. 夏、秋季开花，花芽（或混合芽）着生在当年生枝条上的花灌木

如紫薇、木槿、珍珠梅等是在当年萌发枝上形成花芽，因此应在休眠期进行修剪。将二年生枝基部留2～3个饱满芽或一对对生的芽进行重剪，剪后可萌发出一些茁壮的枝条，花枝会减少，但由于营养集中会产生较大的花朵。对有些灌木如希望当年开两次花的，可在花后将残花及其下方的 2～3 芽剪除，刺激二次枝条的发生，适当增加肥水则可二次开花。

3. 花芽（或混合芽）着生在多年生枝上的花灌木

如紫荆、贴梗海棠等，虽然花芽大部分着生在二年生枝上，但当营养条件适合时，多年生的老干也可分化花芽。对于这类进入开花年龄的灌木植株，修剪量应较小，在早春可将枝条先端枯干部分剪除，在生长季节为防止当年生枝条过旺而影响花芽分化，可进行摘心，使营养集中于多年生枝干上。

4. 花芽（或混合芽）着生在开花短枝上的花灌木

如西府海棠等，这类灌木早期生长势较强，每年自基部发生多数萌芽，自主枝上发生大量直立枝，当植株进入开花年龄时，多数枝条形成开花短枝，在短枝上连年开花，这类灌木一般不大进行修剪，可在花后剪除残花，夏季生长旺时，对生长枝进行适当摘心，抑制其生长，对过多的直立枝、徒长枝进行疏剪。

5. 一年多次抽梢，多次开花的花灌木

如月季，可在休眠期对当年生枝条进行短剪或回缩强枝，同时剪除交叉枝、病虫枝、并生枝、弱枝及内膛过密枝。寒冷地区可进行强剪，必要时进行埋土防寒。生长期可多次修剪，可于花后在新梢饱满芽处短剪（通常在花梗下方第 2 芽到第 3 芽处）。剪口芽很快萌发抽梢，形成花蕾开花，花谢后再剪，如此重复。

四、绿篱的修剪

绿篱是萌芽力与成枝力强、耐修剪的树种，呈密集的带状栽植，起防范、美化、组织交通和分隔功能区的作用。适宜作绿篱的植物很多，如女贞、大叶黄杨、锦熟黄杨、桧柏、侧柏、石楠、冬青、火棘、野蔷薇等。

绿篱的高度依其防范对象而定，有绿墙（高度在 160cm 以上）、高篱（高度在 120～160cm），中篱（高度在 50～120cm）和矮篱（高度在 50cm 以下）。修剪绿篱，既为了整齐美观，增添园景，也为使篱体生长茂盛，长久不衰。对高度不同的绿篱，采用不同的整形方式，一般有下列 2 种。

（一）自然式

绿墙、高篱和花篱采用自然式较多。适当地控制高度，疏剪病虫枝、干枯枝，任枝条生长，使其枝叶相接紧密成片状提高阻隔的效果。用于防范的枸骨、火棘等绿篱和玫瑰、蔷薇、木香等花篱，也以自然式修剪为主，开花后略加修剪使之继续开花，冬季修去干枯枝、病虫枝。对蔷薇等萌发力强的树种，盛花后进行重剪，新枝粗壮，篱体高大美观。

（二）整形式

中篱和矮篱常用于草地、花坛镶边，或组织人流的走向。这类绿篱低矮，为了美观和丰富园景，多采用几何图案式的修剪整形，如矩形、梯形、倒梯形、篱面波浪形等。绿篱种植后剪去高度的 1/3～1/2，修去平侧枝，统一高度和侧面，促使下部侧芽萌发生成枝条，形成紧枝密叶的矮墙，显示立体美。绿篱每年修剪 2～4 次，不断发生新枝，更新和替换老枝。整形绿篱修剪时，顶面与侧面兼顾，不应只修顶面不修侧面，这样会造成顶部枝条旺长，侧枝斜出生长。从篱体横断面看，以矩形和基大上小的梯形较好，下面和侧面枝叶采光充足，通风良好，生长茂盛，不易产生枯枝和空秃现象。

组字、图式绿篱，一般用长方形整形方式，要求边缘棱角分明，界限清楚，篱带宽窄一

致，每年修剪次数应比一般镶边、防范的绿篱较多。枝条的替换、更新时间应短，不能出现空秃，以保持文字和图案的清晰。对用植物修制成的鸟兽、牌楼、亭阁等立体造型，为保持其形象逼真，不能任由枝条随意生长而破坏造型，应每年多次修剪。

五、特殊树形的整形修剪

特殊树形的整形也是植物修剪整形的一种形式。常见的形式有动物形状和其他物体形状两大类。适于进行特殊造型的植物必须枝叶茂盛，叶片细小，萌芽力和成枝力强，自然整枝能力强，枝干易弯曲造型，如罗汉松、圆柏、六月雪、金雀花、水蜡树等。

对植物特殊的修剪整形，首先要具有一定的雕塑基本知识，能对造型对象的结构、比例有较好的掌握。其次，这种整形应从基部做起，循序渐进，非一日之功，忌急于求成。最后，灵活并恰当运用多种修剪方法。

（一）图案式绿篱的修剪整形

组字或图案式绿篱，采用矩形的整形方式，要求篱体边缘棱角分明，界限清楚，篱带宽窄一致，每年修剪的次数比一般镶边、防护的绿篱较多，枝条的替换、更新时间较短，不应出现空秃，需要始终保持文字和图案的清晰可辨。

用于组字或图案的植物，应矮小、萌枝力强、极耐修剪，目前常用的是瓜子黄杨。可依文字和图形的大小，采用单行、双行或多行式定植。

（二）绿篱拱门制作与修剪

绿篱拱门设置在用绿篱围成的闭锁空间处，为了便于游人进入，常在绿篱的适当位置断开，制作一个绿色的拱门，与绿篱联为一体。制作方法是：在断开的绿篱两侧各种1株枝条柔软的小乔木，两树之间保持较小间距，然后将树梢向内弯曲并绑扎起来，也可用藤本植物制作。绿色拱门必须经常修剪，防止新梢横生下垂，影响游人通行。反复修剪，始终保持较窄的厚度，使拱门内膛通风透光好，不易产生空秃。

（三）造型植物的修剪整形

用各种侧枝茂盛、枝条柔软、叶片细小且极耐修剪的植物，通过扭曲、盘扎、修剪等手段，将植物整成亭台、牌楼、鸟兽等各种主体造型，用以点缀和丰富园景。

造型植物的修剪整形，首先应培养主枝和大枝构成骨架，然后将细小的侧枝进行牵引和绑扎，使它们紧密抱合生长，按仿造的物体形状进行细致的修剪，直至形成各种绿色雕塑的雏形。在以后的培养过程中不能让枝条随意生长，以免扰乱造型，每年要进行多次修剪，对“物体”表面进行反复短剪，以促发大量的密集侧枝，最终使得造型丰满逼真。在造型培育中，决不允许缺棵和空秃现象，一旦空秃难以挽救。

实训4　园林树木整形修剪

一、目的要求

掌握不同树种、树形的修剪时期、修剪方法，熟练使用修剪工具。

二、材料与用具

各种类型的园林树木、绿篱、剪枝剪、高枝剪、修剪锯、修剪梯、绿篱剪、绿篱修剪机等。

三、实训内容

1. 修剪步骤

在决定修剪树木之前，要仔细检查树体是否安全。树木的安全隐患包括树根、树干等方面的问题，忽视这些问题可能导致修剪的失败，甚至造成修剪人受伤或致死。

概括地说，苗木整形修剪的程序为“一知、二看、三剪、四检查、五处理”。

“一知”即修剪人员必须熟知树体整形修剪技术、修剪操作规程与一些特别要求。修剪人员只有熟知了树体整形修剪技术，规范了操作规程，才可避免因修剪的错误而可能带来的损失。

“二看”即对树体实施整形修剪前，需对植株仔细察看，最好能根据植株的生长习性与特点，结合树体生长具体情况、植株功能与周围环境实施修剪，即常说“因树制宜，合理修剪”。

“三剪”即对植株按规定要求进行整形修剪。树体修剪原则是：由上而下、由外而内、由粗剪而细剪。

“四检查”即对树体实施修剪后，对植株及植株内部各枝条的处理是否合理、有无漏剪或错剪等进行检查。如发现修剪有不合理之处，应及时修正或重剪。

“五处理”对剪口与剪下的枝叶、花果等进行处理。修剪后，需及时对造成的伤口进行剪平、涂防腐剂或包扎等处理；对剪下的枝叶、花果等应及时收集起来，进行焚烧、堆沤等集中处理。

2. 修剪注意事项

安全作业包括两个方面：一方面是对作业人员安全的防范，所有的作业人员都必须配备安全保护装备；另一方面是对作业树木下面或周围行人与设施的保护，在作业区边界应设置醒目的标记，避免落枝伤害行人。

1）修剪时使用的工具应当锋利，修剪病枝的工具，要用硫酸铜消毒后才能修剪其他枝条，以免交叉感染。修剪下的病枝及时收集烧毁。上树机械或折梯在使用前应检查各个部件是否灵活，有无松动，防止发生事故。

2）修剪时不能撕裂树皮、折枝断枝，以免影响植物生长。大剪口应按规范进行处理和保护。

3）上树操作必须系好安全带、安全绳，穿胶底鞋，手锯一定要拴绳套在手腕上，以保安全。作业时严禁嬉笑打闹，要思想集中，以免错剪。刮五级以上大风时，不宜在高大树木上修剪。

4）在高压线附近作业时，应特别注意安全，避免触电，必要时应请供电部门配合。

5）在行道树修剪时，必须专人维护现场，树上、树下要互相联系配合，以防锯落大枝砸伤行人或损坏车辆。

3. 清理作业现场

及时清理、运走修剪下来的枝条同样十分重要，一方面保证环境整洁，另一方面也是为了确保安全。

四、作业

选择当地1、2种树木类型，制订定型修剪方案，熟练掌握相应树木的修剪方法和技术。

归纳总结

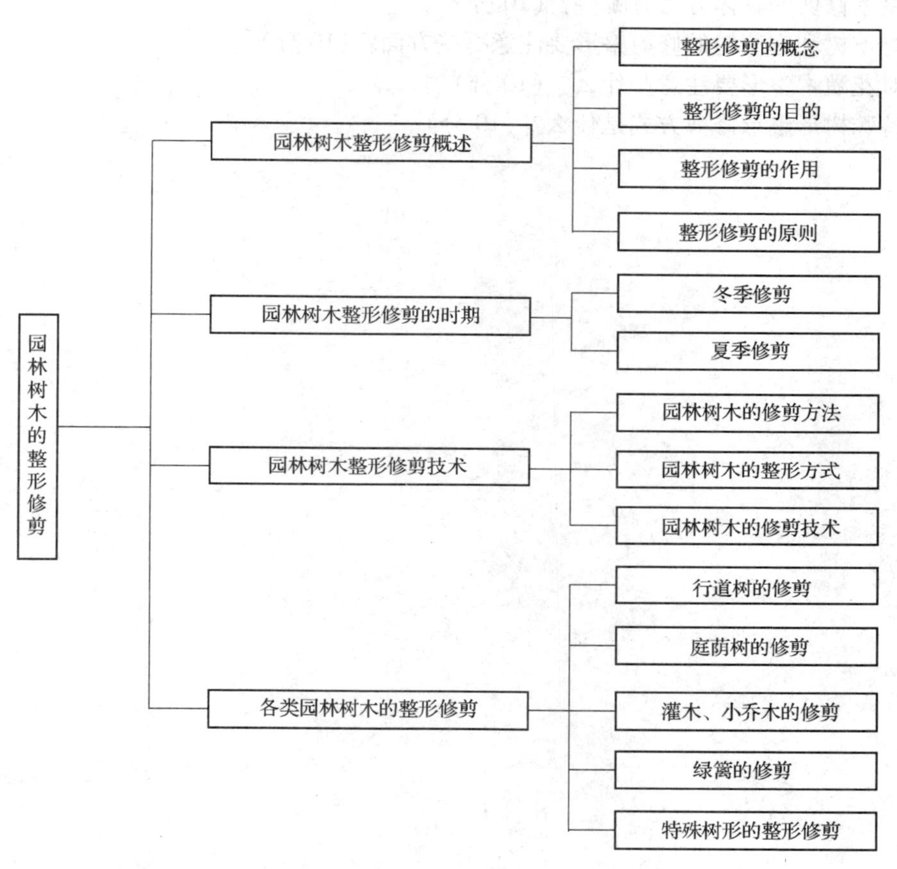

习　　题

一、名词解释（20 分）

整形　　修剪　短剪　　疏剪　　伤　　变　　放

二、填空题（20 分）

1. 短截依据修剪长度与发枝情况不同，可分为______、______、______、______四种类型。

2. 整形的方式主要有______、______、______等类型。

3. 园林树木整形修剪的时期分为______和______。

4. 藤木类的整形方式包括______、______、______、______和______。

5. 行道树的整形修剪方式包括______、______、______。

6. 常用的剪口保护剂有______、______、______。

三、简答题（60 分）

1. 对绿篱修剪整形应注意些什么？（10 分）
2. 园林树木如何进行冬季修剪？（10 分）
3. 夏季修剪的具体方法有哪些？（10 分）
4. 行道树和庭荫树的修剪整形要注意哪些方面？（10 分）
5. 对花灌木整形要注意些什么？（10 分）
6. 特殊树形整形修剪方式是什么？（10 分）

项目9 园林树木的土、肥、水管理

【学习目标】

通过本章的学习，使学生能够了解进行水分、土壤和营养管理的目的及意义；识记肥的类型及施肥方法；掌握怎样进行园林树木的土壤、水分及营养管理。

【学习要点】

1. 土壤的改良及管理技术。
2. 园林树木的施肥原则、方法。
3. 园林树木的需水特性。
4. 园林树木的灌排水技术。

“水是命，肥是劲”是在农业生产中水、肥对作物生长影响的形象化概括，园林树木作为多年生长的植物，其土壤管理是否良好，水、肥管理是否符合树木生长特性，直接影响树木的生长和发育。管理良好，能使树木枝繁叶茂，寿命延长，观赏价值提高；反之，则严重影响树木的生长。园林树木土壤、水分和肥料管理的根本任务是创造优越的条件，满足树木生长所需的水、气、肥、温的需求，达到其绿化、美化的目的，并能经久不衰。园林树木土、水、肥管理的关键是从土壤管理入手，通过整地、松土、除草、施肥、灌水及排水等措施，改善土壤的理化性质，促进树木的生长发育。

任务1 园林树木的土壤管理

土壤是园林树木生长的基础，是园林树木生命活动所需水分、养分的源泉。根固才能枝荣，根深才能叶茂，土壤的状况直接关系着树木根系的生长，进而影响园林树木的优良。园林树木的土壤管理是通过多种综合措施来提高土壤肥力，改善土壤结构和理化性质，来保证园林树木生长所需养分、水分的有效供给，促其茁壮生长，提高观赏性。

一、土壤改良

园林绿地土壤改良是通过物理、化学和生物等措施来改善土壤结构和性质，提高土壤肥力的方法。其主要有深翻熟化、中耕通气、客土改良、培土、施肥改良、调节土壤 pH 值改良、使用土壤疏松剂改良、植物改良、动物改良等方法。

（一）物理改良

物理改良是指通过物理方法，改善土壤的质地和结构，为树木生长营造良好的环境。主要的措施有深翻熟化、中耕通气、客土改良、培土等。大多数城市园林绿地的土壤，因受各种不良因素的影响，物理性能较差，水、气矛盾突出，土壤性质向恶化方向发展，主要表现

为土壤板结、黏重、耕性差、通气透水不良，严重妨碍微生物活动和树木根系的伸展，影响树木的生长，因此需要对土壤进行改良。

1. 深翻熟化

深翻就是对园林树木根区范围内的土壤进行深度翻垦，主要目的是加快土壤的熟化，使"死土"变"活土"，"活土"变"细土"，"细土"变"肥土"。这是因为深翻能增加土壤孔隙度，改善理化性状，促进微生物的活动，加速土壤熟化，使难溶性物质转化为可溶性养分，提高了土壤肥力。从而为树木根系向纵深伸展创造了有利条件，增强了树木的抵抗力，使树体健壮，新梢长，叶色浓，花色艳。

（1）深翻时期　深翻时期包括园林树木栽植前的深翻与栽植后的深翻。前者是在栽植树木前，配合园林地形改造、杂物清除等工作，对栽植场地进行全面或局部的深翻，并曝晒土壤，打碎土块，填施有机肥，为树木后期生长奠定基础；后者是在树木生长过程中进行的土壤深翻。

实践证明，园林树木土壤一年四季均可深翻，根据土壤条件、气候条件以及园林树木的类型适时深翻才会收到良好效果。就一般情况而言，深翻主要在秋末和早春两个时期进行。

1）秋末深翻。此时树木地上部分基本停止生长，养分开始回流转入积累，同化产物的消耗减少，如果结合施基肥进行深翻更有利于受损根系的恢复生长，甚至还能刺激长出部分新根，对树木来年的生长十分有益。同时，秋耕可松土保墒，有利于雪水的下渗，也可减少来年土壤病虫害的发生。一般秋耕后比未秋耕的土壤含水量要高3%～7%；如果秋耕后大量灌水，可使土壤下沉，根系与土壤进一步密接，更有助于根系生长。

2）旱春深翻。应在土壤解冻后及时进行，此时树木地上部分尚处于休眠状态，根系则刚开始活动，生长较为缓慢，伤根容易愈合和再生。从土壤养分季节变化规律看，春季土壤解冻后土壤水分开始向上移动，土质疏松，省工省力，但此时土壤水分蒸发量较大，易导致树木干旱缺水。因此在春季干旱多风地区，春翻后须及时灌水，或采取措施覆盖根系，耕后耙平、镇压，春翻深度也比秋耕浅。

（2）深翻次数与深度　土壤深翻的效果能保持多年，因此没有必要每年都进行深翻。但深翻作用持续时间的长短与土壤特性有关，一般情况下，黏土、低洼地深翻后容易恢复紧实，因而保持年限较短，可每1～2年深翻耕一次；而地下水位低、排水良好、疏松透气的砂壤土保持较长时间，一般可每4～5年深翻耕一次。从理论上讲，深翻深度以略深于园林树木主要根系垂直分布层为宜，这样有利于引导根系向纵深生长，扩大吸收范围，提高抗逆性，但具体的深翻深度与土壤结构、土壤质地以及树种特性等有关。如土层浅、下部为半风化岩石，或土质容重、浅层有砾石层和融土夹层、地下水位较低的土壤以及对深根性树种，深翻深度宜较深些，可达50～70cm，相反可适当浅些。

（3）深翻方式　园林树木土壤深翻方式主要有树盘深翻和行间深翻两种。树盘深翻是在树冠垂直投影线附近挖取环状深翻沟，以利于树木根系向外扩展，适用于园林草坪中的孤植树和株间距大的树木。行间深翻则是在两排树木的行中间挖取长条形深翻沟，用一条深翻沟达到对两行树木同时深翻的目的，这种方式多适用于呈行状种植的树木。

此外，还有全面深翻、隔行深翻等形式。各种深翻均应结合施肥和灌溉，可将上层肥沃土壤与腐熟有机肥拌匀填入深翻沟的底部，以改良根层附近的土壤结构，为根系生长创造有利条件，同时将生土放在上面可促使生土迅速熟化。

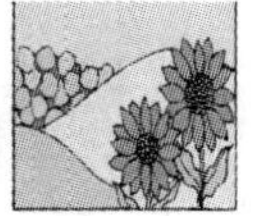

2. 中耕通气

中耕不但可以切断土壤表层的毛细管，减少土壤水分蒸发，改良土壤通气状况，促进土壤微生物活动，还有利于难溶性养分的分解，提高土壤肥力；而且，通过中耕能尽快恢复土壤的疏松度，改进通气和水分状态，使土壤水、气关系趋于协调，因而生产上有“地湿锄干，地干锄湿”之说。此外，早春进行中耕，还能提高土壤温度，使树木的根系尽快开始生长，并及早进入吸收功能状态，以满足地上部分对水分、营养的需求。当然，中耕也是清除杂草的有效办法，减少杂草对水分、养分的竞争，使树木生长的地面环境更清洁美观，同时还能阻止病虫害的滋生和蔓延。

中耕是一项经常性工作。中耕次数应根据当地的气候条件、树种特性以及杂草生长状况而定。一般每年的中耕次数要达到2~3次，土壤中耕大多在生长季节进行，在以除草为主要目的的时候，选择杂草出苗期和结实期中耕效果较好，这样能消灭大量杂草，减少除草次数。具体时间应选择在土壤既不过于干燥，又不过于湿润时进行。

一般说来，大苗中耕深度为6~9cm，小苗中耕深度为2~3cm，过深伤根，过浅起不到中耕的作用。中耕时，要尽量做到不伤或少伤树根，不碰破树皮，不折断树枝。

3. 客土改良

客土改良即在栽植园林树木时对栽植地实行局部换土的土壤改良方式。通常是在土壤完全不适宜园林树木生长的情况下进行。如在岩石裸露、人工爆破坑栽植或土壤十分粘重，土壤过酸、过碱以及土壤已被工业废水、建筑垃圾及其他废弃物严重污染等情况下，或选定的树种需要一定酸度的土壤，而本地土质不合要求时，就应全部或部分换土以获得适合的栽培条件。如在建筑垃圾较多的城市中栽植栀子、杜鹃、山茶、八仙花等酸性土植物时，应将局部地区的土壤全部换成酸性土，或加大种植坑，放入山泥、泥炭土、腐叶土等，并混拌有机肥料，以符合酸性树种的需求。

4. 培土

培土是在园林树木生长过程中，根据需要在树木生长地添加部分土壤基质，来增加土层厚度、保护根系、补充营养、改良土壤结构的措施。这种方法，在我国南北各地普遍采用。例如，在我国南方高温多雨的地区，降雨量大、强度高，对土壤淋洗流失严重，生长在坡地的树木根系大量裸露，树木既缺水又缺肥，生长势差甚至可能导致树木整株倒伏或死亡，这时就需要及时培土。

培土时期，北方寒冷地区一般在晚秋初冬，可起到保温防冻、积雪保墒的作用。培土厚度要适宜，过薄起不到培土作用，过厚对树木生长发育不利，一般为5~7cm。同时，应根据土质确定培土基质类型，如黏重的土质应培含砂质较多的疏松肥土甚至河砂；含砂质较多的土壤可培塘泥、河泥等较熟重的肥土以及腐殖土。

（二）化学改良

化学改良即通过使用化学物质增加土壤肥力，调节土壤酸碱度和改善土壤质地。其主要有施肥改良、调节土壤pH值改良和使用土壤疏松剂改良等方法。

1. 施肥改良

一方面，有机肥所含营养全面，既含有大量元素，又含有植物生长所需的微量元素，能有效地满足树木生长的需要；另一方面，有机肥能增加土壤的腐殖质，提高土壤保水保肥能力，改良黏土的结构，增加土壤的空隙度，缓冲土壤的酸碱度，从而改善土壤的水、肥、气、热状况。生产上常用的有机肥料有厩肥、堆肥、禽肥、饼肥、人粪尿、土杂肥、绿肥以及城市中的垃圾等，但这些有机肥均须经过腐熟发酵才可使用。

2. 调节土壤 pH 值改良

土壤 pH 值主要影响土壤养分的转化与有效性、土壤微生物的活动和土壤的理化性质等，因此与园林树木的生长发育密切相关。如在土壤中磷的有效性明显受酸碱性的影响，土壤 pH 值超过 7.5 或低于 6 时，磷酸和钙或铁、铝形成迟效态，使有效性降低；钙、镁和钾在酸性土壤中易代换也易淋失；钙、镁在强碱性土壤中溶解度低，有效性降低；硼、锰、铜等微量元素，在碱性土壤中有效性大大降低；而钼在强酸性土壤中与游离铁、铝生成的沉淀，降低有效性。大多数园林树木适宜中性至微酸性的土壤，过酸过碱都会对树木生长造成不良影响，而我国南方因湿润多雨、土壤呈酸性，北方因干旱少雨、土壤呈碱性。因此，必须对土壤的 pH 值进行调节。

（1）对酸性土的调节　土壤 pH 值偏低，不符合树木生长，必须对其进行碱化处理，使土壤 pH 值有所提高，符合一些碱性树种生长的需要。土壤碱化的常用方法是向土壤中施加石灰、草木灰等碱性物质，但以石灰的应用较为普遍。调节土壤酸度的石灰是农业上用的“农业石灰”，即石灰石粉（碳酸钙粉）。使用时，石灰石粉越细越好，这样可增加土壤内的离子交换强度，以达到调节土壤的目的。市面上销售的石灰石粉有几十到几千目的细粉，目数越大，见效越快，价格也越贵，生产上一般用 300 ~ 450 目的细粉较适宜。

（2）对碱性土的调节　土壤 pH 值过高，不符合树木生长，需要对其进行酸化处理，使 pH 值有所降低，符合微酸性园林树种的生长需要。目前，土壤酸化主要是通过施肥转化，产生酸性物质，降低土壤 pH 值。据试验，每亩地施用 30kg 硫黄粉，可使土壤 pH 值从 8 降到 6.5 左右；硫黄粉的酸化效果较持久，但见效缓慢。

3. 使用土壤疏松剂改良

土壤疏松剂是一种能够打破土壤板结、疏松土壤、提高土壤透气性、促进土壤微生物活性、增强土壤肥水渗透力的生物化学制剂，适用于改良各类型土壤和盐碱地。疏松土壤深度可达地表以下 80 ~ 120cm，可真正实现“免深耕”，免去了人工翻耕的辛苦和机械翻耕的高成本，同时可提高肥料利用率 50% 以上，保水节肥，环保高效。

土壤疏松剂的作用原理是：不同类型的土壤都含有一定量的胶体物质，带有很强的负电荷，吸引土壤和水中带正电荷的氢离子，从而使氢氧化合物的水滞留，阻止水分渗透到土壤深层。长期侵蚀沉积，加上多年来化肥的大量使用，导致土壤中硝酸盐浓度提高，这就造成了土壤不同程度的板结硬化。“免深耕”土壤调理剂中所含有的生物活性物质，是一种多价阴离子活性剂，通过水分激活它的有效成分而直接作用于土壤，把被土壤吸附的氢离子游离出来，增加土壤阳离子交换量，使土壤形成更多的空隙，改善土壤的团粒结构，增加土壤的透气性和肥水渗透能力，从而达到疏松土壤的目的。“免深耕”土壤调理剂，对不同类型的土壤都有调理作用。

对于黑土、砂壤土和各种免耕、少耕的土地，每年应选择在春、夏、秋季节，每亩用 200g 兑水 100kg 喷施地表 1 ~ 2 次；黄壤、红壤、棕壤等黏性大、土块硬、板结严重、水肥分布不均、耕作层较浅的土壤，每年应选择在春、夏、秋季节，每亩用 300 ~ 400g 兑水 100kg 喷施地表 2 次。

使用时应注意的是，土壤疏松剂一定要在土壤充分湿润的前提下使用。因为水是它的活

性载体，没有水就不能激活它，也就不能发挥它的改土作用。喷施后，也应经常保持土壤湿润，这样使其有效成分常在活跃状态，加快疏松土壤的速度。当然，如果天旱无水，也不必担心药剂失效，因为它是一种生物化学制剂，土壤里一旦有水就被激活，并开始对板结土壤发挥疏松作用。

目前，我国大量使用的疏松剂以有机类型为主，如泥炭、锯末粉、谷糠、腐叶土、腐殖土、家畜厩肥等，这些材料来源广泛，价格便宜，效果较好，但一定要使用经过发酵腐熟的材料，并与土壤混合均匀。

（三）生物改良

1. 植物改良

在城市园林中，植物改良是指通过有计划地种植地被植物来达到改良土壤的目的。地被植物在园林绿地中的应用，一方面能增加土壤可给态养分与有机质含量，改善土壤结构，降低蒸发，控制杂草丛生，减少水、土、肥流失与土温的日变幅，有利于园林树木根系生长；另一方面，在增加绿化量的同时避免地表裸露，防止尘土飞扬，丰富园林景观。因此，用地被植物覆盖地面，是一项行之有效的生物改良土壤措施。

在城市园林中对以改良土壤为主要目的、结合增加园林景观效果需要的地被植物的要求适应性强，有一定的耐阴、耐践踏能力，根系有一定的固氮力，枯枝落叶易于腐熟分解，覆盖面大，繁殖容易，有一定的观赏价值。常用的种类有五加、胡枝子、金银花、常春藤、地锦、络石、扶芳藤、三叶草、马蹄金等，各地可根据实际情况灵活选用。

在实践中要注意处理好种间关系，应根据习性互补的原则选用物种，否则可能对园林树木的生长造成负面影响。一些多年生深根性地被植物，如紫花苜蓿等，消耗水分、养分较多，对园林树木影响较大。除非做好肥水管理。否则不宜长期选种，或当其植株和根系生长量大时，可及时翻耕，以达到培肥的目的；另外，紫花苜蓿的根系分泌物皂角苷对蔷薇科植物根系生长不利，需特别注意。此外，国外的研究表明，在土壤结构差的粉砂、黏重土壤中种植禾本科地被植物改土效果尤其明显。

2. 动物改良

在自然土壤中，常常有大量的昆虫、原生动物、线虫、环虫、软体动物、节肢动物、细菌、真菌、放线菌等生存，它们对土壤改良具有积极意义。例如土壤中的蚯蚓，对土壤混合、团粒结构的形成及土壤通气状况的改善都有很大益处。一些微生物，它们数量大、繁殖快、活动性强，能促进岩石风化和养分释放，加快动植物残体的分解，有助于土壤的形成和营养物质的转化。所以，利用有益动物也不失为一种改良土壤的好办法。

利用动物改良土壤，可以从以下两方面入手。一方面，加强土壤中现有有益动物种类的保护，对土壤施肥、农药使用、土壤与水体污染等进行严格控制，为动物创造一个良好的生存环境；另一方面，推广使用根瘤菌、固氮菌、磷细菌等生物肥料，这些生物肥料含有多种微生物，它们生命活动的分泌物与代谢产物，既能直接给园林树木提供某些营养元素、激素类物质、各种酶等，促进树木根系的生长，又能改善土壤的理化性能。

二、土壤管理

（一）松土除草

土壤是苗木生长发育的场所，必须在育苗前进行深翻，使土壤颗粒均匀。在苗木生长发

育阶段及时松土，破坏板结的表土层，改善通气条件，切断毛细管，减少水分蒸发。盐渍地松土还可以阻止土壤返盐。幼苗出土期的松土除草，一般选在灌溉或雨后进行，松土深度应小于覆土厚度。有覆盖物遮阴的播种区或覆盖浅、发芽快的小粒种子，在幼苗出土前一般不松土除草。苗木生长初期根系较浅，松土不宜太深，苗木速生期可以增加深度。松土与除草一般结合进行，除草的原则是“除早、除小、除尽”。南方地区气候温暖湿润，杂草生长快，间隔两周左右除一次。

（二）土壤消毒

在育苗前，一般要用杀菌剂进行土壤消毒，以防止土传性病害的蔓延及虫害的发生。尤其对于保护地育苗及基质育苗，由于湿度大，病菌繁殖快，要注意喷布甲基托布津或多菌灵进行消毒。

（三）除草剂的使用

为了抑制杂草的生长，减轻劳动负担，苗床可以使用除草剂进行除草。除草剂分为有机除草剂和无机除草剂两大类，生产中多用前者。化学除草剂通过接触杂草或被杂草吸收后破坏杂草生理代谢，从而引起杂草死亡。利用除草剂的选择性来除草保苗，在使用方法上可以土施或地面喷施。施用时必须根据苗木种类、苗龄、杂草种类及发生情况、苗圃地环境条件等因素，选择除草剂种类，确定使用量及用药时间。一般情况下，气温越高，植物的生命活动越旺盛，除草剂的杀草效果越好。当气温低于15℃时药效较慢，约需15d后才出现灭草高峰；当气温高于25℃时，药效快，用药量可以相应减少。土壤干燥时，苗木生长缓慢，组织老化，抗药性强，可适当增加药量，反之，则减少用药量。除草剂在出苗前或结合深翻进行使用最安全且效果好。此时苗木尚未出土，抗性强，杂草分布于表土，刚萌动，易被杀死。一般选择在无风的晴天施药，在早晨叶面露水干后，或傍晚露水出现以前进行，并注意用药均匀，避免与苗木茎叶直接接触。喷药时，喷头要低，风大时不宜喷施，以免产生药害。

任务2　园林树木的施肥

营养是园林树木生长的物质基础，树木的营养管理实际上是进行园林树木的合理施肥。施肥是改善树木营养状况，提高土壤肥力的积极措施。俗话说，“地凭肥养，苗凭肥长”。园林树木和所有绿色植物一样，在生长过程中，需要多种营养元素，并不断从周围环境，特别是土壤中摄取各种营养成分。与草本植物相比，园林树木多为根深、体大的木本植物，生长期和寿命长，生长发育需要的养分数量很大；再加上树木长期生长于一地，根系不断从土壤中选择性吸收某些元素，常使土壤环境恶化，造成某些营养元素贫乏；此外，城市园林绿地土壤人流践踏严重，土壤密实度大，密封度高，水气矛盾突出，使得土壤养分的有效性大大降低；同时，城市园林绿地中的枯枝落叶常被彻底清除，营养物质被带离绿地，极易造成养分的枯竭。因此，只有正确的施肥，才能确保园林树木健康生长，增强树木抗逆性，延缓树木衰老，达到花繁叶茂，提高土壤肥力的目的。

一、园林树木施肥的意义和原则

树木定植后，在栽植地生长多年甚至上千年，主要靠根系从土壤中吸收水分和无机盐，

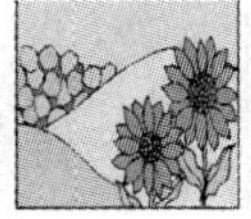

以供正常生长需要。由于树根所能伸及范围内，土壤中所含的营养元素氮、磷、钾以及一些微量元素数量是有限的，吸收时间长了，土壤的养分就会不足，不能满足树木继续生长的需要。另外，园林树木一般生长在城市中，枯枝落叶不是被扫走，就是被烧毁，归还给土壤的数量很少；地面铺装及人踩车压土壤，地表营养不易下渗，根系难以利用；加上地下管线、建筑地基的构建，减少了土壤的有效容量，限制了根系的吸收面积；此外，随着绿化水平的提高，乔、灌、草多层次植物配置，更增加了养分的消耗和树种的竞争。凡此种种，都说明了适时适量补充树木营养元素是十分重要的。通过人工补充养分提高土壤肥力，满足植物生活需要的措施，称为施肥。

（一）施肥的意义

1）供给树木生长所必需的养分。

2）改良土壤性质，特别是施用有机肥料，可以提高土壤温度，改善土壤结构，使土壤疏松并提高透水、通气和保水性能，有利于树木根系生长。

3）为土壤微生物的繁殖与活动创造有利条件，进而促进肥料分解，改善土壤的化学反应，使土壤盐类成为可吸收状态，有利于树木生长。

（二）合理施肥的原则

1. 根据树种合理施肥

树木需要的肥料与树种及其生长习性有关。例如泡桐、杨树、重阳木、香樟、桂花、茉莉、月季、茶花等树种生长迅速、生长量大，比柏木、马尾松、油松、小叶黄杨等慢生耐瘠树种需肥量要大，因此应根据不同的树种调整施肥用量。

2. 根据生长发育阶段合理施肥

总体上讲，随着树木生长旺盛期的到来需肥量逐渐增加，生长旺盛期以前或以后需肥量相对较少，在休眠期甚至不需要施肥；在抽枝展叶的营养生长阶段，树木对氮素的需求量大，而生殖生长阶段则以磷、钾及其他微量元素为主。根据园林树木物候期差异，施肥方案上有萌芽肥、抽枝肥、花前肥、壮花稳果肥以及花后肥等。如柑桔类几乎全年都能吸收氮素，但吸收高峰在温度较高的仲夏；磷素主要在枝梢和根系生长旺盛的高温季节被吸收，冬季显著减少；钾的吸收主要在5月至次年11月份。而栗树从发芽即开始吸收氮素，在新梢停止生长后，果实肥大期吸收最多。就生命周期而言，一般处于幼年期的树种，尤其是幼年的针叶树生长需要大量的化肥，到成年阶段对氮素的需要量减少。对古树、大树供给更多的微量元素，有助于增强对不良环境因子的抵抗力。

3. 根据树木用途合理施肥

树木的观赏特性以及园林用途影响其施肥方案。一般说来，观叶、观形树种需要较多的氮肥，而观花、观果树种对磷、钾肥的需求量大。调查表明，城市里的行道树大多缺少钾、镁、磷、硼、锰、硝态氮等元素，而钙、钠等元素又常过量。也有人认为，对行道树、庭荫树、绿篱树种施肥应以饼肥、化肥为主。郊区绿化树种可更多地施用人粪尿和土杂肥。

4. 根据土壤条件合理施肥

土壤厚度、土壤水分与有机质含量、酸碱度高低以及土壤结构等均对树木的施肥效果有很大影响。例如，土壤水分含量、土壤酸碱度与肥效直接相关，在土壤水分缺乏时施肥，可能因肥分浓度过高，树木不能吸收利用而遭毒害；水、雨多时养分容易被淋洗流失，降低肥料利用率；土壤酸碱度直接影响营养元素的溶解度，这些都是施肥时需仔细考虑的问题。

5. 根据气候条件合理施肥

气温和降雨量是影响施肥的主要气候因子。例如低温，一方面减慢了土壤养分的转化，一方面又削弱了树木对养分的吸收功能。试验表明，在各种元素中磷是受低温抑制最大的元素；干旱常导致缺硼、钾及磷；多雨则容易促发缺镁。

6. 根据营养诊断合理施肥

根据营养诊断结果进行施肥，能使树木的施肥达到合理化、指标化和规范化，做到树木缺什么施什么，缺多少施多少。目前生产上的广泛应用虽然受到限制，但仍须大力提倡营养诊断。

7. 根据养分性质合理施肥

养分性质不同，不但影响施肥的时期、方法、施肥量，而且还关系到土壤的理化性状。一些易流失挥发的速效性肥料，如碳酸氢铵、过磷酸钙等，宜在树木需肥期稍前施入；而迟效性的有机肥料，需腐烂分解后才能被树木吸收利用，故应提前施入。氮肥在土壤中移动性强，即使浅施也能渗透到根系分布层内供树木吸收利用；而磷、钾肥移动性差故需深施，磷肥宜施在根系分布层内才有利于根系吸收。化肥类肥料的用量应遵循宜淡不宜浓的原则，否则容易烧伤树木根系。事实上任何一种肥料都不是十全十美的，因此实践中应将有机与无机、速效性与缓效性、酸性与碱性、大量元素与微量元素等肥料结合施用。

二、园林树木施肥时期

肥料的具体施用时间，应视树木生长情况和季节而定，生产上一般分为基肥和追肥。

（一）基肥的施用时期

基肥分为秋施和春施。秋施以秋分前后施入效果最好，此时正值根系又一次生长高峰，伤根后容易愈合，并可发新根；有机质腐烂分解的时间也较长，可及时为次年树木生长提供养分。春施基肥，如果有机质没有充分分解，肥效发挥较慢，早春不能供给根系吸收，到生长后期肥效才发挥作用，往往造成新梢的二次生长，对树木生长发育尤其是对花芽分化和果实发育不利。

（二）追肥的施用时期

当树木需肥急迫时就必须及时补充肥料，以满足树木生长发育需要。具体追肥时间与树种、品种习性以及气候、树龄、用途等有关，要严格依据各生育时期的特点进行追肥，如对观花、观果树木，花芽分化期和花后的追肥比较重要。对大多数园林树木来说，一年中生长旺期的抽梢追肥是必不可少的。追肥次数，对于一般初栽 2～3 年内的花木、庭荫树、行道树以及重点观赏树种，每年有必要在生长期进行 1～2 次追肥。至于具体时期则须视情况合理安排，灵活掌握。树木有缺肥症状时可随时进行追肥。

三、肥料的种类与施肥量

（一）肥料的种类

根据肥料的性质及使用效果，园林树木用肥大致包括化学肥料、有机肥料及微生物肥料三大类。

1. 化学肥料

化学肥料又称为化肥、矿质肥料、无机肥料，是用物理或化学工业方法制成的，其养

分形态为无机盐或化合物。某些有肥料价值的无机物质，如草木灰，虽然不属于商品性化肥，但习惯上也列为化学肥料；还有些有机化合物及其缔结产品，如硫氰酸化钙、尿素等，也常被称为化肥。化学肥料种类很多，按植物生长所需要的营养元素种类分类，可分为氮肥、磷肥、钾肥、钙肥、镁肥、硫肥、微量元素肥料、复合肥料、草木灰、农用盐等。

化学肥料大多属于速效性肥料，供肥快，能及时满足树木生长需要，化学肥料还有养分含量高、施用量少的优点。但化学肥料只能供给植物矿质养分，一般无改土作用，养分种类也比较单一，肥效不能持久，而且容易挥发、流失或发生强烈的固定，降低肥料的利用率。所以，生产上一般以追肥形式使用，且不宜长期单一施用化学肥料，应以化学肥料和有机肥料配合施用，否则对树木、土壤都是不利的。

2. 有机肥料

有机肥料是指含有丰富有机质，既能提供植物多种无机养分和有机养分，又能培肥改土的一类肥料，其中绝大部分为就地取材自行积制。有机肥料来源广泛、种类繁多，常用的有粪尿肥、堆沤肥、饼肥、泥炭、绿肥、腐殖酸类肥料等。虽然不同种类有机肥的成分、性质及肥效各不相同，但有机肥大多有机质含量高，有显著的改良土壤作用，含有多种养分，有完全肥料之称，既能促进树木生长，又能保水保肥；而且其养分大多为有机态，供肥时间较长。不过，大多数有机肥养分含量有限，尤其是氮含量低，肥效来得慢，施用量也相当大，因而需要较多的劳动力和运输力量，此外，施用有机肥时对环境卫生也有一定不利影响。针对以上特点，有机肥一般以基肥形式施用，施用前必须采取堆积方式使之腐熟，其目的是为了快速释放养分，提高肥料质量及肥效，避免肥料在土壤中腐熟时产生某些对树木不利的物质。

3. 微生物肥料

微生物肥料也称为生物肥、菌肥、细菌肥及接种剂等。确切地说，微生物肥料是菌而不是肥，因为它本身并不含有植物需要的营养元素，而是通过含有的大量微生物的生命活动来改善植物的营养条件。依据生产菌株的种类和性能，微生物肥料大致有根瘤菌肥料、因氮菌肥料、磷细菌肥料及复合微生物肥料等几大类。根据微生物肥料的特点，使用时应注意：一是使用菌肥需具备一定的条件，才能确保菌种的生命活力和菌肥的功效，而强光照、高温、接触农药等都有可能杀死微生物；二是固氮菌肥要在土壤通气条件好、水分充足、有机质含量稍高的条件下才能保证细菌的生长和繁殖；三是微生物肥料一般不宜单独施用，一定要与化学肥料、有机肥料配合施用，才能充分发挥其应有作用，而且微生物生长、繁殖也需要一定的营养物质。

（二）施肥量

对施肥量含义的全面理解应包括肥料中各种营养元素的比例、一次性施肥的用量和浓度以及全年施肥的次数等数量指标。施肥量受树种习性、物候期、树体大小、树龄、土壤与气候条件、肥料的种类、施肥时间与方法、管理技术等诸多因素影响，难以制定统一的施肥量标准。树种不同，对养分的要求也不一样，如月季、桂花、牡丹等喜肥，应加大施肥量；沙棘、刺槐、悬铃木、油松等较耐瘠薄，可减少施肥量。不同树种施用的肥料种类也不同，木本油料树种应增施磷肥；酸性花木杜鹃、山茶、栀子花等，应施酸性肥料。施肥量过大或不足，对园林树木均有不利影响。施肥过多树木不能吸收，既造成肥料的浪费，又可能使树木

遭受肥害，而肥料用量不足又达不到施肥的目的。目前，关于施肥量指标有许多不同的观点。在我国一些地方，也有以树木每厘米胸高直径0.5kg的标准作为计算施肥量依据的，如直径3cm左右的树木，可施入1.5kg完全肥料。就同一树木而言，一般化学肥料、追肥、根外施肥的施肥浓度分别比有机肥料、基肥和土壤施肥低，而且要求更严格。化学肥料的施用浓度一般不宜超过1%～3%；在进行叶面施肥时，多为0.1%～0.3%；对一些微量元素，浓度应更低。

近年来，国内外已开始应用计算机技术、营养诊断技术等先进手段，在对肥料成分、土壤及植株营养状况等给予综合分析判断的基础上，进行数据处理，很快计算出最佳的施肥量，使科学施肥、经济用肥发展到了一个新阶段。

四、施肥方法

根据施肥部位的不同，园林树木施肥主要有土壤施肥和根外施肥两大类。

（一）土壤施肥

土壤施肥是将肥料直接施入土壤中，然后通过树木根系进行吸收的方式，它是园林树木主要的施肥方法。

1. 施肥的位置

施肥的位置应最有利于根系的吸收，因此受树木主要吸收根群分布的控制。在一般情况下，吸收根水平分布的密集范围约在树冠垂直投影轮廓附近，大多数树木在其树冠投影中心约1/3半径范围内几乎没有什么吸收根。凭经验估测多数树木根系水平分布范围常以根系伸展半径为地面以上30cm处树干直径的12倍为依据。例如，一棵树地面以上30cm处的树干直径为10cm，其根系大部分在1.2m的半径内。

根据树木根系的分布状况与吸收功能，施肥的水平位置一般应在树冠投影半径的1/3处至滴水线附近；垂直深度应在密集根层以上40～60cm。在土壤施肥中必须注意三个问题：一是不要靠近树干基部；二是不要太浅，避免简单的地面喷撒；三是不要太深，一般不超过地下60cm。目前施肥中普遍存在的错误是把肥料直接施在树干周围，这样做不但没有好处，有时还会有害，特别是容易对幼树根颈造成烧伤。

2. 土壤施肥的方法

（1）地表施肥　生长在裸露土壤上的小树，可以撒施，但必须同时松土或浇水，使肥料进入土层才能获得比较满意的效果。因为肥料中的许多元素，特别是磷和钾不容易在土壤中移动而保留在施用的地方，会诱使树木根系向地表伸展，从而降低了树木的抗性。要特别注意的是不要在树干30cm以内干施化肥，否则会造成根颈和干基的损伤。

（2）沟状施肥　沟状施肥是基于把营养元素尽可能施在根系附近发展起来的，可分为环状沟施和辐射沟施等方法。

1）环状沟施。环状沟施又可分为全环沟施与局部环施。全环沟施是沿树冠滴水线挖宽60cm、深达密集根层附近的沟，将肥料与适量的土壤充分混合后填到沟内，表层盖表土。局部沟施与全环沟施基本相同，只是将树冠滴水线分成4～8等份，间隔开沟施肥。其优点是断根较少。

2）辐射沟施。辐射沟施是从离干基约1/3树冠投影半径的地方开始至滴水线附近，等距离间隔挖4～8条宽30～65cm内浅外深、内窄外宽的辐射沟，施肥后覆土。

沟施的缺点是施肥面积占根系水平分布范围的比例小，开沟损伤了树根，对草坪上生长的树木施肥，会造成草皮的局部破坏。

（3）穴状施肥　穴状施肥是指在施肥区内挖穴施肥。这种方法简单易行，但在给草坪树木施肥时会造成草皮的局部破坏。目前国外穴状施肥已实现了机械化操作，把配制好的肥料装入特制容器内，依靠空气压缩机通过钢钻直接将肥料送入到土壤中，供树木根系吸收利用。这种方法快速省工，对地面破坏小，特别适合城市铺装地面中树木的施肥。

（4）打孔施肥　打孔施肥是从穴状施肥衍变而来的一种方法。通常对大树或草坪上生长的树木，都采用孔施法。这种方法可使肥料遍布整个根系分布区。方法是每隔60～80cm在施肥区打一个30～60cm深的孔，将额定施肥量均匀地施入各个孔中，约达孔深的2/3，然后用泥炭、碎粪肥或表土堵塞孔洞、踩紧。

（二）根外施肥

根外施肥是通过叶片、枝条和树干来吸收营养的方式。目前生产上常见的根外施肥方法有叶面施肥和枝干施肥。

1. 叶面施肥

叶面施肥是用机械的方法，将按一定浓度配制好的肥料溶液，直接喷雾到树木的叶面上，通过叶面气孔和角质层的吸收，转移运输到树体的各个部位。叶面施肥具有简单易行、用肥量小、吸收见效快、可满足树木急需等优点，避免了营养元素在土壤中的化学或生物固定。因此，在早春树木根系恢复吸收功能前，在缺水季节或缺水地区以及不便土壤施肥的地方，均可采用叶面施肥。同时，该方法还特别适用于微量元素的施用以及对树体高大、根系吸收能力衰竭的古树、大树的施肥。叶面施肥的效果与叶龄、叶面结构、肥料性质、气温、湿度、风速等密切相关。幼叶生理机能旺盛，气孔所占比重较大，比老叶吸收速度快，效率高；叶背较叶面气孔多，其表皮层下具有较疏松的海绵组织，细胞间隙大而多，利于渗透和吸收。因此，应对树叶正反两面进行喷雾。许多试验表明，叶面施肥最适温度为18～25℃，湿度大些效果好，因而夏季最好在上午10时以前和下午16时以后喷雾，以免气温高，溶液很快浓缩，影响喷肥效果或导致药害。

叶面施肥多作迟肥施用，生产上常与病虫害的防治结合进行，因而药液浓度至关重要。在没有足够把握的情况下，应宁淡勿浓。喷施前需做小型试验，确定不能引起药害，方可再大面积喷施。

2. 枝干施肥

枝干施肥就是通过树木枝、茎的韧皮部来吸收肥料营养，吸肥的机理和效果与叶面施肥基本相似。枝干施肥大致有枝干涂抹和枝干注射两种方法，前者是先将树木枝干刻伤，然后在刻伤处加上固体药棉；后者是用专门的仪器来注射枝干，目前国内已有专用的树干注射器。枝干施肥主要用于衰老古树、珍稀树种、树桩盆景以及观花树木和大树移栽时的营养供给。例如，分别用浓度为2%的柠檬酸铁溶液注射和用浓度1%的硫酸亚铁加尿素药棉涂抹栀子花枝干，在短期内可扭转栀子花的缺绿症，效果十分明显。

（三）园林树木施肥注意事项

1）基肥因发挥肥效较慢，应深施；追肥肥效较快，宜浅施，供树木及时吸收。

2）氮肥在土壤中移动性较强，可以浅施渗透到根系分布层内，被树木吸收；钾肥的移动性较差，磷肥的移动性更差，宜深施至根系分布最深处。

3）应选天气晴朗、土壤干燥时施肥。阴雨天由于树根吸收水分慢，不但营养不易吸收，而且肥分还会被雨水冲失，造成浪费。

4）城镇园林绿地施肥，在选择肥料种类和施肥方法时，应采用不影响市容卫生、不散发臭味的肥料施用。

5）根系强大，分布较深远的树木，施肥宜深，范围宜广。

6）由于树木根群分布广，吸收营养和水分全在须根部位，因此，施肥要在须根部位的四周，不要靠近树干。

7）沙地、坡地、岩石易造成养分流失，施肥须深些。

任务3　园林树木的水分管理

水分是树木生存的命脉，园林树木的水分管理，就是根据各类园林树木的生物学特性，通过多种技术措施和管理手段，来满足树木对水分的合理需求，保障水分的有效供给，达到园林树木健康生长和节约水资源的目的。园林树木的水分管理包括灌溉与排水两方面的内容。

一、园林树木的灌水

多数园林树木需要灌溉来满足其土壤水分的不足，特别是在干旱、半干旱地区和干旱少雨季节，灌溉是园林绿地管理中需要经常注意的重要问题。

（一）园林树木灌溉时期

确定正确的灌溉时期，不能等树木在形态上已显露出缺水症状时才进行灌溉。而是要在树木未受到缺水影响之前开始，否则树木的生长发育可能会导致不可弥补的损失。当然，这并不是说树木外部形态不是判断树木是否需要灌水的重要依据，相反在当前条件下它仍是许多园林工作者直观确定是否急需灌水的常用方法。例如，早晨看树叶是上翘还是下垂，中午看叶片是否萎蔫及其程度轻重，傍晚看萎蔫后恢复的快慢等，都可作为露地树木是否需要灌溉的参考。名贵树木或抗性比较差的树木，如杜鹃略现萎蔫或叶尖焦干时就应立即灌水或对树冠喷水，否则就会产生旱害。有的虽遇干旱出现萎蔫，但一定时间内不灌溉也不会死亡。

用土壤含水量确定灌溉时期，也是较可靠的方法。一般土壤含水量达到田间最大持水量的60% ~80%时，土壤中的水分和空气最符合树木生长的需要，当土壤含水量低至50%时，就需要补充水分。

用土壤水分张力计也可以简便、快速、准确地测出土壤水分状况，从而确定灌水时间。也可以通过测定细胞液浓度、叶片水势等生理指标作为灌水的依据。总体来说，树木的灌水时期应根据树木的生长对水分的要求、气候和土壤水分的变化等作出决定，一般分为以下几个时期。

1. 休眠期灌水

休眠期灌水主要在秋冬和早春进行。在中国的东北、西北、华北等地，降水量较少，冬春严寒干旱，休眠期灌水十分必要。秋末冬初灌水，一般称为“灌冻水”或“封冻水”，可提高树木的越冬安全性，并可防止早春干旱，特别是对越冬困难的树种以及幼年树木等，灌

冻水更为必要。

早春灌水不但有利于新梢和叶片的生长，而且有利于开花和坐果，同时还可促进树木健壮生长，是花繁果茂的关键措施之一。

2. 生长期灌水

（1）花前灌水　在我国北方一些地区容易出现早春干旱和风多雨少的天气，及时灌水补充土壤水分的不足，是促进树木萌芽、开花、新梢生长和提高坐果率的有效措施，同时还可防止春寒、晚霜的危害。在盐碱地区早春灌水后进行中耕，还可以起到压碱的作用。花前灌水可在萌芽后结合花前追肥进行。花前灌水的具体时间，则因土地和树种而异。

（2）花后灌水　多数树木在花谢后半个月左右是新梢速生期，如果水分不足会抑制新梢生长。树木此时如果缺少水分也容易引起大量落果，尤其北方各地，春天多风，地面蒸发量大，适当灌水可保持土壤的适宜湿度，可促进新梢和叶片生长，扩大同化面积，增强光合作用，提高坐果率和增大果实，同时对后期的花芽分化有良好作用。没有灌水条件的地区，应积极采取盖草、盖沙等保墒措施。

（3）花芽分化期灌水　花芽分化期灌水对观花、观果树木非常重要，因为树木一般是在新梢生长缓慢或停止生长时开始花芽的形态分化，此时正是果实速生期，需要较多的水分和养分，如果水分不足会影响果实生长和花芽分化。在新梢停止生长前及时而适量地灌水，可以促进春梢生长，抑制秋梢生长，有利于花芽分化及果实发育。

（二）灌水量

灌水量受多方面的影响，针对不同的树种、品种、土质、气候、植株大小、生长发育时期，灌水量也有所不同。但必须一次灌透灌足，切忌表土打湿而底土仍然干燥。一般已达花龄的乔木，大多应浇水令其渗透至土壤的80～100cm深处，适宜的灌水量一般为达到土壤最大持水量的60%～80%。

根据不同土壤的持水量、灌水前的土壤湿度、土壤容重、要求土壤浸湿的深度，可确定灌水量，其计算公式为：

灌水量=灌溉面积×土壤浸湿深度×土壤容重×（田间持水量－灌溉前土壤湿度）

灌溉前的土壤湿度，需要在每次灌水前确定，田间持水量、土壤容重、土壤浸湿深度等项，可数年测定一次。

在应用上述公式计算出灌水量后，还可根据树种、品种、生命周期、物候期、间作物以及日照、温度、风力、干旱期持续时间等因素，进行调控，酌情增减，以符合实际需要。如果安装张力机，不必计算灌水量，灌水量和灌水时期均可由张力机读数确定。

（三）灌溉方法

灌水方法正确与否，不但关系到灌水效果好坏，而且会影响土壤的结构。正确的灌水方法，可使水分在土壤中均匀分布，充分发挥水效，节约用水量，降低灌水成本，减少土壤冲刷，保持土壤的良好结构。随着科学技术的发展，灌水方法也在不断改进，正朝着机械化、自动化方向发展，灌水效率和灌水效果均大幅度提高。根据供水方式的不同，将园林树木的灌水方法分为以下三种。

1. 地上灌水

地上灌水包括人工浇灌、机械喷灌和移动式喷灌。虽然人工浇灌费工多、效率低，但在交通不便、水源较远、设施条件较差的情况下，仍不失为一种有效的灌水方法。人工浇灌大

多采用树盘灌水形式，灌溉时以树干为圆心，在树冠边缘投影处用土壤围成圆形树堰，水在树堰中缓慢渗入地下。人工浇灌属于局部灌溉，灌水前应疏松树堰内土壤，使水容易渗透。灌溉后耙松表土以减少水分蒸发。大量树木灌溉时，要依次进行，不可遗漏。

机械喷灌是靠固定式或拆卸式的管道输送和喷灌系统，一般由水源、动力系统、水泵、输水管道及喷头等部分组成，是一种比较先进的灌水技术，目前已广泛用于园林苗圃、园林草坪以及重要的绿地系统。

机械喷灌的优点是：灌溉水首先以雾化状洒落在树体上，再通过树木枝叶逐渐下渗至地表，避免了对土壤的直接打击、冲刷，基本不产生深层渗漏和地表径流，既节约用水又减少了对土壤结构的破坏，可保持原有土壤的疏松状态；机械喷灌还能迅速提高树木周围的空气湿度，抑制局部环境温度的急剧变化，为树木生长创造良好条件。此外，机械喷灌对土地的平整度要求不高，可以节约劳力，提高工作效率。机械喷灌的缺点是：可能加重某些园林树木感染白粉病和其他真菌病害的程度；灌水的均匀性受风力的影响很大，风力过大，会增加水量损失；喷灌的设备价格和管理维护费用较高，使其应用范围受到一定限制。

移动式喷灌一般由城市洒水车改建而成，在汽车上安装贮水箱、水泵、水管及喷头，组成一个完整的喷灌系统，灌溉的效果与机械喷灌相似。由于汽车喷灌具有移动灵活的优点，因而常用于城市街道行道树的灌水。

2. 地面灌水

地面灌水可分为漫灌与滴灌两种形式。前者是一种大面积的表面灌水方式，既用水极不经济也不科学，生产上已很少采用；后者是近年来发展起来的机械化、自动化的先进灌溉技术，它是将灌溉用水以水滴或细小水流形式，缓慢地施于植物根域的灌水方法。滴灌的效果与机械喷灌相似，但比机械喷灌更节约用水。不过滴灌对小气候的调节作用较差，而且消耗管材多，对用水质量要求严格，否则管道和滴头容易堵塞。目前国内外正在发展自动化滴灌装置，其自动控制方法可分为时间控制法、电力抵抗法和土壤水分张力计自动控制法等，已广泛用于蔬菜、花卉的设施栽培生产以及庭院观赏树木的养护中。滴灌系统的主要组成部分包括水泵、化肥罐、过滤器、输水管、灌水管和滴水管等。

3. 地下灌水

地下灌水是借助于地下的管道系统，使灌溉水在土壤毛细管作用下，向周围扩散浸润植物根区土壤的灌溉方法。地下灌水具有蒸发量小、节省灌溉用水、不破坏土壤结构、地下管道系统在雨季可用于排水等优点。

地下灌水分为沟灌与渗灌两种。沟灌是用高畦低沟方法，引水沿沟底流动来浸润周围土壤。灌溉沟有明沟与暗沟、土沟与石沟之分，石沟的沟壁设有小型渗漏孔。渗灌是采用地下管道系统的一种地下灌水方式，整个系统包括输水管道和渗水管道两大部分，通过输水管道将灌溉水输送到灌溉地的渗水管道，它做成暗渠和明渠均可，但应有一定比降。渗水管道的作用在于通过管道上的小孔，使灌水渗入土壤中。目前常用的有专门烧制的多孔瓦管、多孔水泥管、竹管以及波纹塑料管等，生产上应用较多的是多孔瓦管。

（四）灌溉注意事项

1. 要适时适量灌溉

灌溉一旦开始，要经常注意土壤水分的适宜状态，要灌饱灌透。如果灌溉不足，会使树

木处于干旱环境中，不利于吸收根的发育，也影响地上部分的生长，甚至会造成旱害；如果小水浅灌，次数频繁，则易诱导根系向浅层发展，降低树木的抗旱性和抗风性。不能长时间超量灌溉，否则会造成根系的窒息。

2. 干旱时追肥应结合灌水

在土壤水分不足的情况下，追肥以后应立即灌溉，否则会加重旱情。

3. 生长后期适时停止灌水

除特殊情况外，9月中旬以后应停止灌水，以防树木徒长，降低树木的抗寒性。但在干旱寒冷的地区，冬灌有利于越冬。

4. 灌溉宜在早晨或傍晚进行

因为早晨或傍晚蒸发量较小，而且水温与地温差异不大，有利于根系的吸收。不可在气温最高的中午前后进行灌溉，更不能用温度低的水源灌溉，土壤温度降低，影响根系的吸收能力，树木地上部分蒸腾强烈，导致树体因水分代谢失常而受害。

5. 注意灌溉水质

如果水里含有有害盐类、有毒元素及其他化合物，应处理后再使用，否则会影响树木生长。

二、园林树木的排水

（一）排水的必要性

土壤中的水分与空气互为消长。排水的作用是减少土壤中多余的水分，增加土壤空气的含量，促进土壤空气与大气的交流，提高土壤温度，激发好气性微生物活动，加快有机质的分解，改善树木营养状况，使土壤的理化性状全面改善。有下列情况之一时，需要进行排水。

1）树木生长在低洼地，当降雨强度过大时汇集大量地表径流，形成季节性涝湿地。且积水不能及时渗透，从而形成季节性湿涝地。

2）土壤结构不良，渗水性差，特别是有坚实不透水层的土壤，水分下渗困难，形成过高的假地下水位。

3）园林绿地临近江河湖海，地下水位高或在雨季易遭淹没，形成周期性的土壤过湿。

4）平原或山地城市，在洪水季节有可能因排水不畅，形成大量积水。

5）在一些盐碱地区，土壤下层含盐量高，若不及时排水洗盐，盐分会随水位的上升而到达表层，造成土壤次生盐渍化，对树木生长极为不利。

（二）排水方法

园林绿地的排水是一项专业性基础工程，在园林规划及土建施工时应统筹安排，建好畅通的排水系统。园林树木的排水方法通常有以下四种。

1. 明沟排水

明沟排水是在地面上挖掘明沟，排除径流。它常由小排水沟、支排水沟以及主排水沟等组成一个完整的排水系统，在地势最低处设置总排水沟。这种排水系统的布局多与道路走向一致，各级排水沟的走向宜相互垂直，在两沟相交处应成锐角相交，以利于水流畅通，防止相交处沟道淤塞，各级排水沟的纵向比降应大小有别。

2. 暗沟排水

暗沟排水是在地下埋设管道形成地下排水系统，将地下水降到要求的深度。暗沟排水系统与明沟排水系统基本相同，也有干管、支管和排水管之别。暗沟排水的管道多由塑料管、混凝土管或瓦管制成。建设时，各级管道需按水力学要求的指标组合施工，以确保水流畅通，防止淤塞。

3. 滤水层排水

滤水层排水是一种地下排水方法，一般是对在低洼积水地以及透水性极差的立地上栽种的树木，或一些极不耐水湿的树种在栽植初期采取的排水措施，即在树木生长的土壤下层填埋一定深度的煤渣、碎石等材料，形成滤水层，并在周围设置排水孔，遇积水能及时排除。这种排水方法只能小范围使用，可起到局部排水的作用。

4. 地面排水

这是目前使用最广泛、最经济的一种排水方法。它是通过道路、广场等地面高差，汇聚雨水，然后集中到排水沟，从而避免绿地树木遭受水淹。不过，地面排水方法需要设计者经过精心设计安排高程，才能达到预期效果。

实训5　园林树木施肥

一、目的要求

通过实际操作进一步掌握园林树木土壤施肥和根外施肥的方法。

二、材料与用具

不同类型的园林树木、若干种肥料、锨头、锹、水桶、喷雾器、打孔钻、胶皮管等。

三、方法与步骤

1. 地面施肥

对不同的树木分别采用环状施肥、放射沟施肥、全圃施肥等方法，比较分析各种施肥的工作量、施肥量，并预测施肥效果。

(1) 环状施肥　环状沟应开于树冠外缘投影下，施肥量大时沟可挖宽挖深一些。施肥后及时覆土。环状施肥适于幼树，太密植的树不宜用。

(2) 放射沟施肥　由树冠下向外开沟，里面一端起自树冠外缘投影下稍内，外面一端延伸到树冠外缘投影以外。沟的条数4~8条，宽与深由肥料多少而定，施肥后覆土第二年施肥时，沟的位置应错开。

(3) 全圃施肥　先把肥料全园铺撒开，用耧耙与土混合或翻入土中。生草条件下，把肥撒在草上即可。全圃施肥后配合灌溉，效率高。这种方法施肥面积大，利于根系吸收，适于成年树、密植树。

2. 根外追肥

使用肥料质量分数为：尿素0.3%~0.5%，过磷酸钙1%~3%，硫酸钾或氯化钾0.5%~1%，草木灰3%~10%，腐熟人尿10%~20%，硼砂0.1%~0.3%。选用以上一种或几种，用喷雾装置进行叶面追肥实习。

四、作业

实训结束后，每小组完成一份技能实训报告。

归纳总结

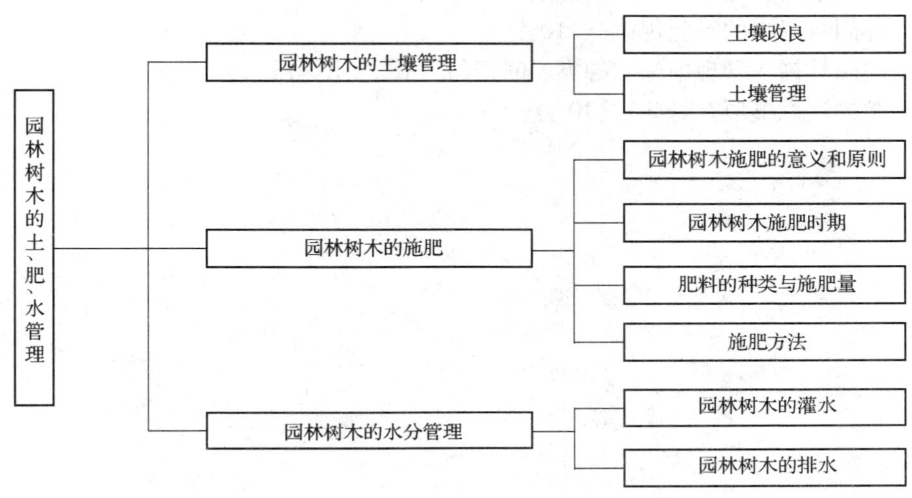

习 题

一、名词解释（10分）

客土改良　　生物肥

二、填空题（10分）

1. 松土与除草一般结合进行，除草的原则是“________、________、________”。

2. 肥料的具体施用时间，应视树木生长情况和季节而定，生产上一般分________和________。

3. 根据肥料的性质及使用效果，园林树木用肥大致包括________、________及________三大类。

4. 根据施肥部位的不同，园林树木施肥主要有________和________两大类。

三、是非题（10分）

1. 施用有机肥料，可以提高土壤温度，改善土壤结构，使土壤疏松并提高透水、通气和保水性能，有利于树木根系生长。（　）

2. 土壤疏松剂不一定要在土壤充分湿润的前提下使用。（　）

3. 在抽枝展叶的营养生长阶段，树木对氮素的需求量大，而生殖生长阶段则以磷、钾及其他微量元素为主。（　）

4. 化肥类肥料的用量应本着宜淡不宜浓的原则，否则容易烧伤树木根系。（　）

5. 基肥因发挥肥效较慢，宜浅施；追肥肥效较快，应深施，供树木及时吸收。（　）

四、简答题（70 分）

1. 简述土壤改良的措施。(10 分)
2. 简述土壤施肥中必须注意三个问题。(10 分)
3. 简述园林树木的需水特性。(10 分)
4. 怎样判断园林树木是否需要灌溉？(10 分)
5. 简述园林树木的需肥规律。(10 分)
6. 简述园林树木管理中施肥种类、时期与方式。(10 分)
7. 施肥的注意事项有哪些？(10 分)

项目10 园林树木常见自然灾害及防治

【学习目标】

了解园林树木生产中常见的自然灾害发生的原因、危害症状特点及预防措施。

【学习要点】

重点掌握低温危害、日灼、旱害的预防技能。

自然灾害通常是指在农业生产过程中，导致农业显著减产的不利天气或气候条件的总称，又称为农业气象灾害。我国位于欧亚大陆东南部，地域辽阔，山脉纵横，丘陵起伏，地形复杂，气候多样。在气候方面，由于季风的影响，常使广大地区的水、热等条件在时空分布上发生较大的波动和变化，频繁出现旱、涝、冻、风、雹、热及冷害等农业气象灾害。

园林树木经常遭受的自然灾害有冻害、霜冻害、冷害、冻旱、风害、日灼、旱害、雹害、雪害、涝害等，因此必须摸清各种自然灾害的规律，积极地进行防治，以确保树木正常生长。

任务1 冻害的认识与防治

冻害是指树木在越冬期间遇到0℃以下低温、剧烈变温或较长期处于0℃以下低温中，造成树木冰冻受害现象。

一、冻害的表现

树体各部位冻害表现症状如下：

（一）芽

花芽是抗冻能力较弱的器官，其分化越完善，抗冻能力越弱。腋花芽比顶花芽的抗冻能力强。花芽受冻后，内部变褐，初期从表面上只看到芽鳞松散，不易鉴别，后期则芽不萌发，干缩枯死。花芽冻害多发生在春季气候回暖时期，叶芽比花芽抗冻能力强。

（二）枝条

在冬季休眠期，成熟枝条的形成层抗寒性最强，皮层次之，木质部和髓部抗寒性最差。因此，树木轻微受冻时只表现髓部变色，中等冻害时木质部变色，严重冻害时才冻伤韧皮部，待形成层变色时则枝条失去恢复能力。在生长期以形成层抗寒性最差。

幼树生长停止较晚，枝条常不成熟，营养积累差，易加重冻害。轻微冻害时只表现髓部变色；较重时枝条脱水干缩；严重时自外向内各级枝条都可能冻死。

多年生枝受冻害，常表现为树皮局部冻伤。受冻部分，最初微变色下陷，皮内部变褐，并逐渐干枯死亡，皮部裂开和脱落。受冻枝干易感染腐烂病、干腐病。

（三）枝杈和基角

树木的枝杈或主枝基角部分由于进入休眠期较晚，位置较隐蔽，输导组织发育不良，通过抗寒锻炼较迟，在遇到低温或昼夜温度变化较大时，该部位易引起冻害。枝杈和基角冻害有多种表现：有的受冻后皮层和形成层褐变，而后干枯凹陷；有的树皮呈块状冻坏；有的顺主干垂直冻裂形成劈枝。主枝与树干的夹角越小，冻害越严重。

（四）主干

在气温低且变化剧烈的冬季，树干受冻后形成纵裂的现象称为冻裂，如图 10-1 所示。冻裂后树皮常沿裂缝与木质部脱离，严重时向外翻卷，裂缝也可沿半径方向扩展到树木中心。一般生长过旺的幼树，主干易受冻害，伤口较易感染腐烂病。

冻裂的原因是气温急剧降到 0℃以下，树皮迅速冷却收缩，致使主干组织内外张力不均，自外向内开裂，或者树皮脱离木质部。树干“冻裂”多发生在夜间，随着温度下降，裂缝会增大，但随着白天温度的升高，树干吸收较多的水分后又能闭合。开裂的心材不会完全闭合，原因是形成的愈伤组织被封在树体内部。“冻裂”一般不会直接引起树木的死亡，但由于树皮开裂，木质部失去保护，容易招致病虫害，不但严重削弱树木的生长势，还会造成木材腐朽成洞，所以树干冻裂后应及时进行处理，以免随着冬季低温的到来重新开裂。

树干的不同方向发生冻裂的可能性不同，由于树干向阳面昼夜温差较大，因而冻裂发生的概率较大。一般落叶树木的“冻裂”比常绿树木严重，如悬铃木属、柳属、杨属、七叶树属等受害严重；孤植树和稀疏的林木比群植树和密植的林木冻裂现象严重；幼龄树比老龄树受害严重；生长在排水不良的土壤上的树木也易受害。

（五）根颈

在一年中根颈停止生长最迟，最晚进入休眠期，而在第二年春天开始活动和解除休眠较早，因此抗寒能力较低。在温度骤然下降的情况下，根颈部位未能很好地通过抗寒锻炼，同时由于近地表处温度变化剧烈，容易引起根颈的冻害。

根颈受冻后，树皮先变色，之后干枯，可局部发生，也可呈环状发生。根颈发生冻害后，对树木危害很大，常引起树势衰弱或整株死亡。

（六）根系

根系无休眠期，所以比地上部分耐寒力差，但由于根系在越冬时活动能力明显变弱，又受到土壤的保护，所以在冬季的耐寒力比生长期略强。

根系受冻后发生褐变，皮部与木质部易发生分离。一般细根比粗根易受冻；近地面的根系比下层的根系易受冻；新栽的树木及幼树因根系小而浅，易受冻害，而大树则抗寒性强。根系发生冻害后，由于只靠树体贮藏的营养和水分发芽和生长，因此常表现发芽晚，生长不良，只有当新根长出后才能恢复正常生长。

另外，当温度降至 0℃以下时，土壤结冰与根系连为一体，由于水结冰以后体积增大，因而根系与土壤结冰后被抬高，化冻后土壤与根系分离下沉，造成根系裸露，即发生“冻拔”现象。冻拔常发生在苗木和幼树上，在土壤含水量大，质地黏重时更加容易发生。冻拔主要危害树木根系扎根，使树木倒地死亡。

二、冻害发生的原因及影响因素

（一）冻害发生的原因

许多研究结果证明，低温是导致细胞间隙结冰引起植物死亡的原因。这种 0℃以下的低温对植物细胞的伤害主要来自以下三个方面：

1）低温降低了细胞膜的活性，膜相由液晶态变为凝胶态，使细胞膜破损。

2）细胞内水分结冰，使细胞膜破坏，造成细胞死亡。

3）细胞间隙结冰，引起细胞内水分不断外渗，造成细胞水分胁迫，导致生理失调从而引起伤害。

（二）影响冻害的因素

1. 树种和品种

不同树种、品种的抗寒力是由遗传因子和长期系统发育所形成的生物学特性所决定的，不同树种或同一树种中的不同品种其抗冻能力是不同的，如分布在东北地区的小苹果比分布在华北地区的苹果抗冻，樟子松比油松抗冻，而油松又比南方的马尾松抗冻。

2. 树势及枝条成熟度

秋季降温以前不能及时停止生长的植株，枝条成熟度较差，抗冻力弱。枝条越成熟其抗冻力越强，枝条充分成熟的主要标志是：木质化程度高；含水量减少，细胞液浓度增加，淀粉积累多；形成层活动能力减弱等。

3. 枝条休眠和抗寒锻炼

一般处在休眠状态的植株，抗寒能力强，植株休眠越深，抗寒能力越强。树木抗寒性的获得是在秋季和初冬季逐渐发展起来的，这个过程称为抗寒锻炼。一般的树木通过抗寒锻炼才能逐步获得抗寒性。到了春季气候转暖，枝芽开始生长，其抗寒能力逐渐消失，这一消失过程称为锻炼解除。

4. 低温条件

低温是树木受冻的直接原因。秋季气温骤降过早，变化幅度过大；冬季低温持续时间过长和日变化剧烈均可使树木的抗寒力下降而易遭冻害。春夏季干旱，树木生长不良，或降水过多而枝条徒长，均可降低抗寒力。降水较多，排水不良而长期积水，特别是雪后结霜，可加重冻害。湘、赣、苏、浙等有“雪后霜、柑桔光”的谚语。但越冬前土壤过分干燥也常常引起冻害（燥冻），危害更为严重。

5. 立地条件

山能阻挡寒流的侵袭，山的南麓比北麓冻害明显减轻，但在一定高程范围内，处于逆温层则常常山上比山下冻害较轻。同一坡向，坡地较低洼处冻害轻，风口处比避风处冻害明显加重。在沙地上由于热容量和导热系数小，根系冻害常较重。近河海湖泊大水面的树木，由于水的热容量大，缓和了温度变化，冬季气温偏高，故可减轻受冻害程度。

6. 栽植时间与养护管理水平

如果在秋季栽植不耐寒的种类栽植技术又不过关，那么冬季很容易遭受冻害。所以不耐寒的树种在北方应该于春季栽植，冬季还应做好防寒工作。利用抗寒力强的砧木，合理施肥和灌水等，均能减轻冻害。

三、冻害的防治

冻害在我国发生较普遍，对树木生长发育威胁很大，严重时会导致数十年生大枝或大树冻伤或冻死。树木局部受冻以后常常引起溃疡性寄生菌寄生的病害，使树势大大减弱。有些树种虽然抗寒力较强，但在花期甚至幼果期遇低温则容易受冻害，影响观赏效果。因此，为充分发挥园林树木的功能效益，要切实做好冻害的防治。

（一）选择栽植抗寒的树种和品种

应根据当地的自然条件、气象因子和树木区划，选择与本地条件相适应的树种、品种及砧木类型。另外，根据不同树种、品种生物学特性和耐寒力适地适栽。避免在低洼易涝、山涧谷底，地下水位过高、丘陵北坡及风口处栽植。新引进的树种，一定要经过试种，确实证明其有较强的适应能力和抗寒性能后才能推广应用。

（二）提高树体耐寒能力

加强树木综合管理，提高体内营养积累水平克服观果类树木过量结果和大小年结果现象，避免后期氮肥和灌水过量，保证树体正常进入休眠，以增强抗寒力。

（三）加强树体越冬保护

1. 灌水

晚秋树木进入休眠期到土地封冻前，灌足一次冻水，到了冬季封冻以后，树根周围就会形成冻层，维持根部恒温，不受外界气温骤然变化的影响。同时，灌冻水使土壤湿度增加，可防止树木灼条。在早春土地开始解冻时及时灌水，经常保持土壤湿润，以供给树木足够的水分，对于防止春风吹袭使树木干旱、灼条也有很大作用。

2. 覆土、培土

在秋末冬初，土地封冻以前，将枝干柔软、树体较矮的灌木或藤本植物，压倒覆土，或先盖一层干树叶，再覆 40～50cm 的细土，轻轻拍实，该方法不仅防冻，也能保持枝干温度，防止灼条。

在冬季土壤冻结、早春干燥多风的大陆性气候地区，有些树种虽耐寒，但易受冻旱的危害而出现枯梢，故对不能弯压埋土防寒的植株，可于土壤封冻前，在树干北面，培一个向南弯曲、高 40～50cm 的月牙形土堆，具体高度可依树木大小而定。早春可挡风、反射和积累热量，使穴土提早化冻，根系也能提早吸水和生长，即可避免冻害的发生。

3. 树干涂白、绑草

对树干涂白、喷白，可以减弱温度骤变的危害，还可以杀死一些越冬病虫害。涂白、喷白材料常用石灰加石硫合剂，为粘着牢固可适量加盐。具体配方可选择以下两种：

① 生石灰 5kg、食盐 0.5kg、水 15L、豆浆 0.25～0.5kg 或“6501”粘着剂。

② 黄泥 24%、鲜牛粪 10%、石灰 3%、清水 60%。

新植树木、冬季湿冷地不耐寒的树木，可用草绳紧接地面道道卷干或用稻草包主干和部分主枝以防寒，也可用塑料薄膜缠干来防寒。

任务 2　霜冻害的认识与防治

由于气温急剧下降至 0℃或 0℃以下，空气中的饱和水汽凝结成冰晶而使树木的幼嫩组

织或器官受害的现象称为霜冻害。霜冻多发生在生长期内。

一、霜冻的类型

根据霜冻发生的时间与特点不同，可分为辐射霜冻、平流霜冻和混合霜冻三种类型。辐射霜冻是由于地面或植物夜间辐射冷却而形成的，延续时间短，通常只是清晨几个小时，温度一般降至 -2 ~ -1℃，较易预防。平流霜冻是北方寒流侵袭的结果，涉及范围广，延续时间长，降温剧烈，可降至 -3℃以下，甚至达到 -10℃，一般防霜措施效果不大。有时平流霜冻和辐射霜冻同时发生，称为混合霜冻，其危害程度更大。

二、霜冻的危害

由于霜冻发生的时间不同，通常将秋季开始发生的霜冻称为早霜（或秋霜），春末发生的霜冻称为晚霜。观果类树木常遭晚霜危害，特别是萌芽开花较早的桃、杏等容易受害。

当萌动的芽受霜冻后，外观变褐色或黑色，鳞片松散，不能萌发，而后干枯脱落。花蕾期和花期受霜冻，由于雌蕊最不耐寒，轻霜冻就可将雌蕊花托冻坏，而花朵照常开放，稍重的霜冻可将雄蕊冻死；严重霜冻时花瓣受冻变色脱落。

部分幼果也受霜冻，严重时多表现畸形，发育缓慢，最后脱落；轻者仅伤及外部的部分组织，围绕果实胴部或萼端处形成锈色环带，称为“霜环”，这种果实可照常发育成熟，但受害部分角质层不发达，贮藏期易皱皮。

幼叶受害，叶缘变色，叶片发软，甚至干枯。

南方树种引种到北方，由于在南方生长季长，引到北方后，树木在秋季不能及时停止生长，易受到早霜的威胁；北方树木引种到南方，由于南方气候转暖早，树木开始萌动也早，在气温多变的地区，易遭晚霜危害。秋季枝条停止生长晚的树木，其组织生长不充实，容易遭受早霜危害，所以生产中应特别注意后期的施肥与灌水养护，避免树木枝条贪青徒长，使其适时停长，进入休眠。特别是对从南方地区引进的树种和品种，应及早进行越冬防寒。

三、霜冻发生的条件

1）天气晴朗、无风和低温条件下容易出现辐射霜冻。因为有利于地面辐射，减弱空气涡动混合，高层暖空气不能下传。

2）地势低洼、冷空气不易排出，丘陵、山地冷空气积聚谷地，均易发生霜冻。“V”形谷地比“U”形谷地不易发生霜冻。

3）由于霜冻是冷空气集聚的结果，所以在冷空气易于积聚的地方霜冻重，而在空气流通处霜冻轻。如不透风林带之间易积聚冷空气，形成霜穴，使霜冻加重。由于气温逆转现象，越近地面气温越低，所以树木下部受害比上部重。

4）土壤干燥而疏松，因其热容量和热导率较小，昼间土壤蓄热和夜间深层升热均少，容易出现霜冻。沙土比壤土、粘土发生霜冻多而重。

5）植被密度较大，霜冻多出现在茂密枝叶处。在同一霜冻过程中，草地比裸地霜冻较重。

四、预防霜冻害的措施

平流霜冻和混合霜冻的温度下降常较剧烈，一般防霜方法常难以奏效，应注意树种品种选择。经常出现辐射霜冻的区域，可考虑采取以下措施：

（一）推迟萌芽

1. 春季灌水或喷水

春季多次灌水或喷水降低土温和树温，延迟发芽。

2. 涂白

春季主干和主枝涂白可以减少树木对太阳热能的吸收，延迟发芽与开花。如早春用7%~10%石灰液喷布树冠，可使花期延迟3~5d。

3. 利用腋花芽结果

腋花芽比顶花芽萌发和开花都晚，有利于避开晚霜。

4. 利用化学药剂

利用药剂或激素使树木萌动推迟，延长树木休眠期。如用青鲜素、矮壮素、B_9、乙烯利、萘乙酸钾盐（250~500mg/kg）溶液在萌芽前或秋末喷洒于树上，可以抑制树木萌动。

（二）改善小气候

1. 人工降雨、喷水

降霜前利用人工降雨或喷雾向树体上喷水，水遇冷凝结放出潜热，并可增加湿度，减轻霜冻。

2. 加热法

加热防霜是现代防霜较先进有效的方法。在园林中每隔一定距离放置一加热器，在发生霜冻前点火加温，使下层空气变暖而上升，而上层原来温度较高的空气下降，在树木周围形成一个暖气层。

3. 吹风法

由于霜害是在空气静止的情况下发生的，因此，利用大型吹风机增加空气流动，将冷空气吹散，能起到防霜效果。

4. 熏烟法

此法简单易行，效果明显。注意天气预报，事先在园内每隔一定距离设置发烟堆，材料用易燃的干草、秸秆等，与潮湿的落叶、草等分层交互堆起，外覆一层土，中间插上木棒，高度一般不超过1m，上风方向烟堆可密一些。在有霜冻危险的夜晚，当温度降至5℃左右时即可点火发烟。但在多风或降温至-3℃以下时，效果并不理想。

任务3　冷害的认识与防治

冷害是指在0℃以上的低温条件下，对喜温树木所造成的伤害。热带和亚热带树木常遭冷害，温带树有时也会发生。由于冷害是在0℃以上低温时出现，所以受害组织无结冰表现，故与冻害和霜冻害有本质的区别，又称为低温冷害。冷害主要发生在树木生长期间，可引起树木生长发育延缓，生殖生理机能受损，生理代谢阻滞，观果树木产量降低，果实品质变劣等现象。由于低温冷害发生在0℃以上，短期内不易直观察觉受害症状。

一、冷害的类型

树木受低温冷害主要有三种类型：

(一) 延迟型冷害

在营养生长期内遇到低温，树木所需热量和积温不足，导致物候期延迟、枝梢不能正常停止生长和成熟、秋季不能正常落叶、果实不能正常成熟、着色不良、品质降低。

(二) 障碍型冷害

在树木生殖器官分化期遭低温冷害，直接影响生殖器官发育和分化。花芽分化受阻、花粉停止生长或胚珠中途败育，授粉、受精不良，生理落果增加，果实含糖量降低。

(三) 混合型冷害

混合型冷害是指在同一生长季中同时出现或相继出现上述两种冷害，它比单一冷害危害更为严重。

二、冷害对树木的不利影响

(一) 对光合作用的影响

由于低温，导致光合速率明显下降，主要表现在：低温对叶绿体、类囊膜的影响，引起叶绿体膜系统结构和功能受损；低温限制叶绿素合成，导致叶绿素总量降低；低温影响酶活性和光合作用的暗反应速度；低温导致光合产物运输受阻；低温引起植物体内水分亏缺。

(二) 对呼吸作用的影响

随温度降低，呼吸强度逐渐下降；显著改变呼吸代谢各条途径间的比例关系，新陈代谢失调。

(三) 对吸收矿质营养的影响

低温降低根的呼吸作用强度，直接减弱根系吸收氮、磷、钾等矿质元素的能力。

(四) 对生殖生长的影响

观果类树木在花芽分化、开花、授粉受精、幼果发育等阶段，对低温最敏感，也是障碍型冷害主要发生时期。主要表现在：造成花粉部分或全部败育；阻碍授粉和受精正常进行，胚囊受损而导致落果。

(五) 对生物膜的影响

冷害发生时，使膜脂由液晶态变为凝胶态，ATP 酶等失去活性，代谢紊乱。

三、预防冷害的措施

除参考防治霜害、冻害措施外，可选择种植避免受冷害的树种、品种，选育抵抗或适应当地气候的新品种。

任务 4　抽条（冻旱）的认识与防治

一、抽条的表现

幼树在冬春之际，枝干失水皱皮和干枯的现象称为抽条。抽条主要发生在我国东北、华北北部、西北等地区。1 ~5 年生幼龄树尤为严重，受害程度随树龄增大而减轻，是当前北方干旱地区园林树木生产中存在的重要问题。

轻度抽条造成枝条外皮皱缩，但可随气温的升高而恢复。严重抽条主要发生在气温回升、干燥多风、地温尚低的 2 月、3 月，受害较重者枝干抽干，恢复困难。

二、抽条发生的原因

（一）树种、品种

不同树种、品种的树木抗冻旱能力有所差异。凡枝条皮孔小、皮孔总面积少、角质层和木栓层等保护组织发达，可溶性糖含量高、束缚水多、呼吸强度低的树种和品种，受冻旱危害少而轻。

（二）枝条成熟度

抽条与枝条的成熟度有关，枝条生长充实的抗性强，反之则易抽条。

（三）气象因素

从冬季直到早春气温低，由于土温过低或土壤水分冻结，根系不能或极少吸收水分，而地上部则因早春温度较高且干燥多风，蒸腾作用加大，因而枝条逐渐失水，表皮皱缩，严重时最后干枯。

（四）病虫为害

树木深秋遭受大绿浮尘子危害，刺破表皮产卵，造成很多伤口，大量失水而加剧抽条死亡。

三、预防抽条的措施

1）加强肥水管理，促进枝条前期生长，防止后期徒长，充实枝条组织，增强抗性。

2）注意病虫害防治。病虫害的发生，往往对树木生长产生一定的不利影响，严重者可造成树势衰弱，尤其对枝条顶梢部位影响更为明显。因此，日常管理中应加强病虫害的防治。注意秋季防治浮尘子和蝉在树皮产卵，减少水分蒸腾量。

3）对秋季新定植的不耐寒树木尤其是幼龄树木，为了预防抽条，一般多采用埋土防寒，即把苗木地上部向北卧倒培土防寒，既可保温减少蒸腾又可防止干梢。植株较大不易卧倒的，可在树干北侧培 60cm 高的半月形土埂，有利于根部吸水，及时补充枝条失去的水分。如在树干周围撒布马粪、树叶等有机物可保持土温，提早解冻，或于早春灌水，增加土壤水分。秋季对幼树枝干缠纸、缠塑料薄膜、或涂胶膜、喷白等，均有利于防止或减轻抽条。

任务 5　风害的认识与防治

一、大风对树木生长发育的影响

风害主要是由台风、雷雨大风（飑风）和龙卷风等所造成。大风对树木生长的影响主要有以下几个方面。

1）机械损伤：大风是指瞬时风速达到或者超过 17m/s 或 8 级风，可使树木倒伏、折干、断枝、破叶、落叶、落果和降低果实品质等。

2）生理危害：大风可加速水分蒸腾，造成叶片气孔关闭，光合强度降低，进而导致旱

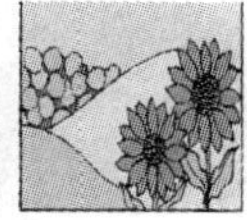

害、寒害或冬季冻害，造成树势衰弱，代谢机能紊乱。

3）沙地栽植的树木大风可以造成移沙埋干、露根和撕破叶片，影响花期传粉媒介活动；柱头粘沙或干枯，降低坐果率。

二、影响风害的因素

（一）树种、品种

风害的发生与树种、品种的抗风力有关。刺槐、悬铃木、加杨等树种，因树高、冠大、叶密、根浅的原因，抗风力较弱；垂柳、乌桕等树种，因树矮、冠小、根深、枝叶稀疏等缘故，抗风力较强。

（二）环境条件

风害的发生也与环境条件有关。如果风向与街道的走向（行道树）平行，风力汇集，风压迅速增强，风害也随之加大，如树木被夹在狭小的建筑过道内，刮风时形成狭管效应，树木常因风太大而倒折；局部绿地因地势低洼，排水不畅，雨后积水，土壤松软，如遇大风，极易刮倒。

（三）栽培措施

苗木栽植时，特别是移植大树，如果根盘起的小，则因树身大且重而易遭风害，所以大树移植时必须按规定要求挖掘，不能使根盘小于规定的尺度，还须立支柱。在多大风的地区栽植较大的苗木时也应立支柱，以免被风吹歪。如树木栽植过密，栽植穴过小，都会造成根系生长不良，抗风能力差。此外，不合理的修剪也会加重风害，如仅在树体的下半部修剪，而对树冠中上部的枝叶不行修剪，结果增强了树木的顶端优势，使树木的高度、冠幅与根系分布不相适应，头重脚轻，很容易遭受风害。

三、预防风害的措施

（一）选择抗风树种

易遭风害的地方如风口、风道，应选择深根性、耐湿、抗风力强的树种，如香樟、枫杨、悬铃木等。

（二）保证栽植质量

移栽苗木，特别是移植大树，必须按规定起苗，绝不能使根盘小于规定尺寸，否则，根盘起得小，会因上重下轻易遭风害。设计时要注意树木的株行距，不宜过小。在多风地区，种植穴应适当加大，保证树木根系舒展，生长发育良好，定植后要立即立支柱；对结果多的树及早吊枝或顶枝，减少落果。在易受风害的地方，特别是台风和强热带风暴来临前，在树木的背风面用竹竿、水泥柱等支撑物进行支撑，用铁丝、绳索扎绑固定。

（三）合理修剪

在树木的整形修剪过程中，要合理疏枝，控制树形，做到树形、树冠不偏斜，冠幅体量不过大。

四、受风害树木的养护

对于遭受大风危害，折枝、损坏树冠或被风刮倒的树木，如图 10-2 所示，应根据受害情况，及时维护。对被风刮倒的树木及时顺势扶正，折断的根加以修剪填土压实，通常培土为馒

头形，修去部分或大部分枝条，并立支柱。对裂枝要顶起或吊起，捆紧基部创面，涂药膏促其愈合，并加强肥水管理，促进树势的恢复。对难以补救的树木应加以淘汰，重新栽植新株。

任务6　其他灾害的认识与防治

一、日灼（日烧）

日灼主要是指树木在其生长发育期间，由于强烈日光辐射增温所引起的树木器官和组织灼伤，又称为日烧或灼伤。

（一）日灼的原因和症状

1. 冬季日灼

冬季日灼是由于白天阳光直射使树体枝干向阳面温度上升，因而皮层组织细胞解冻，夜间温度又急剧下降，使组织冻结，如此一化一冻引起伤害，所以冬季日灼实际上是一种冻害，多发生在树干和主枝的向阳面。开始受害的树皮变色，最后局部干枯，严重时，树皮发生龟裂，龟裂的产生与内压和外压的不平衡有关。苹果、梨、桃、杨梅等树种都易发生日灼，但品种间有较大差异。

2. 夏季日灼

夏季日灼是在干旱缺水的情况下，阳光直射产生高温造成局部灼伤所致。这种灼伤虽因高温引起，但与受害部分过度蒸发失水有关。一般瘦弱而枝少的树容易发生，发生部位除枝干、果实和叶片外，土层浅的沙地根系有时也发生日灼。苹果果实受害时，阳光直射部分，先出现桃红色斑，稍重时，斑的中间呈现白色，严重时，变黄色和焦黄色。葡萄果实受日灼后，受害部分凹陷。

（二）预防日灼的措施

在防止日灼时，应根据日灼发生的原因，采取相应的措施。

1. 防止树温上升

遮蔽阳光直射是防止树体温度增高最有效的方法。树干涂白能反射向阳面阳光辐射，缓和树皮温度剧变，对预防冬季日灼效果很好。同时，修剪时合理留枝，不使枝干裸露，特别是已经秃裸的枝，若萌生小枝，应加以保护，以预防夏季日灼。

2. 合理灌水防止干旱

这是预防夏季日灼的有效方法。遭受日灼的部位蒸腾作用强烈，失水也多，引起生理干旱。由于缺水和高温的综合作用，使日灼加重，所以适时合理灌水，防止干旱，对防止日灼有重大作用。另外，对较大的锯口和伤口应涂抹接蜡，防止水分蒸发。

3. 防止果实日灼

可在疏果时适当多留内膛果，少留西南面和外围果，因为这些部位易发生日灼，如图10-3所示。做到叶里藏果，防止阳光直接照射，必要时应进行套袋。

二、旱害

（一）干旱对树木的影响

干旱是指长期降水偏少造成空气干燥、土壤缺水，导致树体内水分亏缺，影响树体正常

生理代谢和生长发育的一种农业气象灾害。树木若长时间缺水，白天水分平衡负值增大，夜间又得不到水分补充，结果体内水分平衡恶化，最终导致树木萎蔫或死亡。

这种干旱胁迫对树木生长发育的影响主要表现在：缺水可引起气孔保卫细胞膨压降低，气孔变小，CO_2进入叶片的阻力增大，光合作用减弱。在干旱胁迫下，萎蔫初期叶中淀粉和蔗糖水解为单糖，作为呼吸基质被消耗。蛋白质合成受阻，分解过程加强，使有机物质合成和分解的正常代谢过程遭到破坏。由于光合作用减弱和呼吸作用加大，体内有机营养积累减少，生长衰弱，花芽分化不良，产量降低。严重缺水，使细胞壁和原生质发生脱水收缩，甚至发生原生质破裂而死亡。园林树木具有强大根系和较强的抗干旱能力，但因为本身需水量和蒸腾水量大，在长期供水不足和干旱的胁迫下，也会造成叶片萎蔫、变黄和早期落叶、部分枝条干枯甚至全树干死。

不同园林树木的抗旱能力差别较大。凡根系分布深、根量大，叶片多毛茸或角质和蜡质厚的树种抗旱力强。同一品种不同砧木有所差别。

（二）预防旱害的措施

1. 选择适宜的耐旱树种、品种和砧木

2. 良好的养护管理

1）土壤深耕是防止土壤水分大量蒸发的有效措施，并可深蓄降水，增加土壤含水量。

2）树盘内覆盖20cm厚杂草，可有效减少地面蒸腾，稳定各层土壤的温度和湿度，增加保蓄水分能力；树下覆膜可减少蒸腾，提高根际土壤含水量，盆状覆盖薄膜还具有蓄水作用。

3）在树冠外围挖深40～60cm，直径30cm的穴，穴内填草并施适量化肥，上口用碎草或细土盖严，树盘覆膜，穴口上方覆膜处开口，引导径流入穴。杂草腐烂成肥，增加局部土壤水分，增强了根系功能。

3. 抗蒸腾剂应用

利用抗蒸腾剂提高树木的抗旱能力。据报道，以黄腐酸为抗蒸腾剂在树木上应用，降低蒸腾59%，提高叶片水势0.2～0.4hPa，有效期达18d。此外，尚有高脂膜和抑蒸保湿剂等，可选择应用。

三、雪害、涝害和雹害

（一）雪害

雪害是指树冠积雪过多，压断枝条或树干的现象。通常情况下，常绿树种比落叶树种更易遭受雪害；落叶树如果在叶片尚未落完后突遭大雪，也易遭受雪害。雪害的程度受树形和修剪方法的影响。一般而言，当树木扎根深，侧枝分布均匀，树冠紧凑时，雪害轻。不合理的修剪会加剧雪害。

生产上可通过多种措施减轻雪灾的危害。首先，要加强肥水管理，促进根系生长，增强树木的承载力；其次，修剪时应注意侧枝的着力点要均匀地分布在树干上，不要过分追求造型而忽视树木的安全；第三，栽植时应注意乔木与灌木、高与矮、常绿与落叶之间的合理搭配，使树木之间能互相依托，增强树木群体的抗性。另外，对易遭受雪害的树木进行必要的支撑，降大雪后要及时摇落树木上的积雪。

（二）涝害

涝害多发生在地势低洼，地下水位高或排水不良的地段。树木受害后，轻的出现早期落叶、落果、生长不良，重者整株死亡。

涝害的发生，从根系开始，大多数是细根受害，皮色变暗褐色，皮层与木质部容易分离，皮层易剥离，以后木质部变为褐色而死亡，此时地上部片叶变黄而开始脱落。涝害的进一步发展是侧根和主根相继死亡。死根的皮孔变大，木质部变棕褐色，最后全部腐朽，变为灰色或暗褐色。在水涝情况严重时，须根与主根同时死亡，这时地上部也迅速死去，死树枝干木质部也变为褐色。

涝害的实质，是由于土壤中水分过多，氧气缺乏，使根系窒息而死。但在窒息开始时，树木根系可进行短时期的缺氧呼吸来维持生命。由于缺氧呼吸的主要过程是把糖变成酒精和二氧化碳，因此，树木受涝害后，即使不死，也要消耗树体内大量糖分而使树木正常生长受到严重影响。

为了避免和减轻树木涝害，除设置好排水系统外，应注意选择树种和品种，不同的树木之间对水分过多的抵抗能力有较大差异。一般情况下，常绿阔叶树种的耐淹力低于落叶阔叶树种，落叶阔叶树种中浅根性树种的耐淹力较强。耐淹力较弱的树种有刺槐、榆树、合欢、臭椿、杨树、梧桐、银杏、桂花、女贞等；耐淹力中等的树种有国槐、乌桕、水杉、枫香、悬铃木、苦楝、小叶女贞等；耐淹力较强的树种有旱柳、垂柳、枫杨、白蜡等。

此外，对遭受水淹的树木，要及早排出积水，并翻土晾墒促进须根生长。越冬前进行树干涂白，保护皮层，防止冻裂和日灼。

（三）雹害

1. 冰雹对树木的危害

雹害是指树木经过冰雹袭击后所造成的危害。冰雹对树木的危害主要是雹块对树木机械伤害和短时大风的破坏。轻者撕破叶片、砸伤枝干树皮、打断小枝和击落幼果，重者折断大枝、打烂树皮、打掉全部叶片和果实。阵性大风还可刮倒树体，连根拔出。

冰雹危害的程度取决于雹块大小、降雹强度和雹块降下速度，也与树木所处物候期有关。特别是观果类树木在果实膨大和成熟前，遇到严重冰雹袭击，会造成全园毁于一旦，难于挽救，并且容易引起病害发生，影响第二年生长和结果。危害较轻的雹害，也会使叶片受损，好果率降低，果实不耐贮藏。

2. 园林防雹和雹灾后的管理

1）根据当地降雹规律，避免在多雹区和“雹线”区内发展园林，栽植树木。降雹前根据天气预报情况，采用人工防雹措施。观果类树木采用尼龙网罩树，保护枝、叶、果实，防止和减少在降雹和暴风中折枝、断干、落叶和落果。

2）雹灾发生后，应根据具体情况及时做好补救和管理工作。首先应清理园中的残枝、落叶和落果，铲除园中尚未化冻的冰雹；第二，疏、截砸断和砸伤的各种受伤枝，尽量保留叶片；第三，全树喷布50%退菌特800倍液。为防止某些树木流胶，于破皮部位涂以桐油、松香合剂（比例1.2：1+酒精少许），以利伤口愈合；第四，追施速效氮素肥料和磷素肥料，增加树体营养，促进树势恢复；第五，冬季修剪移至春季进行，并宜轻剪。

实训 6　园林树木防寒技术

一、目的要求

了解园林树木低温危害的症状及防寒意义，掌握园林树木常用的防寒措施及操作技术要点。

二、材料与工具

园林树木、铁锹、帘子、稻草、生石灰、水、食盐、石硫合剂、杀虫剂、桶、刷子、铁丝、钳子等。

三、方法步骤

1. 包干

对园林树木用稻草或稻草帘子、塑料布，将树木包卷起来，或直接用草绳将树干一圈接一圈缠绕，直至分枝点或要求的高度。

2. 树干涂白

配制涂白剂，涂白剂配方为：生石灰 10 份、石硫合剂 5 份、食盐 2 份、粘土 2 份、水 30 份，另加少量的杀虫剂。

用刷子蘸涂白剂均匀涂抹树干，涂白时要求把主干及主枝下部全部涂上，力求均匀。涂白 2 次效果最好，一次在深秋至初冬，另一次在冬末至早春。涂树干时以不流淌、干后不翘起、不脱落为宜。涂白应在晴天进行，雨、雪天气，涂白效果会降低。

3. 培土

在树木根颈部分堆土，土堆高 40 ~ 50cm，直径 80 ~ 100cm。堆土时应选疏松的细土，忌用土块。堆后压实，减少透风。或在树木朝北方向，堆向南弯曲的半月形土堆，高度一般 40 ~ 50cm（高度依树木大小而定）。

4. 设置风障

对边缘树种或新植树上风方向或四周，可采取搭设风障的方法来防寒，风障要高于树体 50cm，宽度要宽于树体。

5. 覆膜

对于一些低矮的灌木，可用两根柔韧性较强的竹条（宽在 3cm 左右），将两端削尖，交叉插于植株四侧，顶距植株冠顶应保持 15cm 左右，然后覆农用薄膜，四周用土盖好即可，此法可用于月季、金叶女贞、胶东卫矛等低矮灌木的防寒。

6. 积雪、打雪

大雪之后，在树干周围堆雪防寒。对有发生雪压、雪折危害的树种，打掉积雪。

四、作业

对当地的园林树木，说明采取的防寒措施。写出实训防寒措施操作过程总结报告。

归纳总结

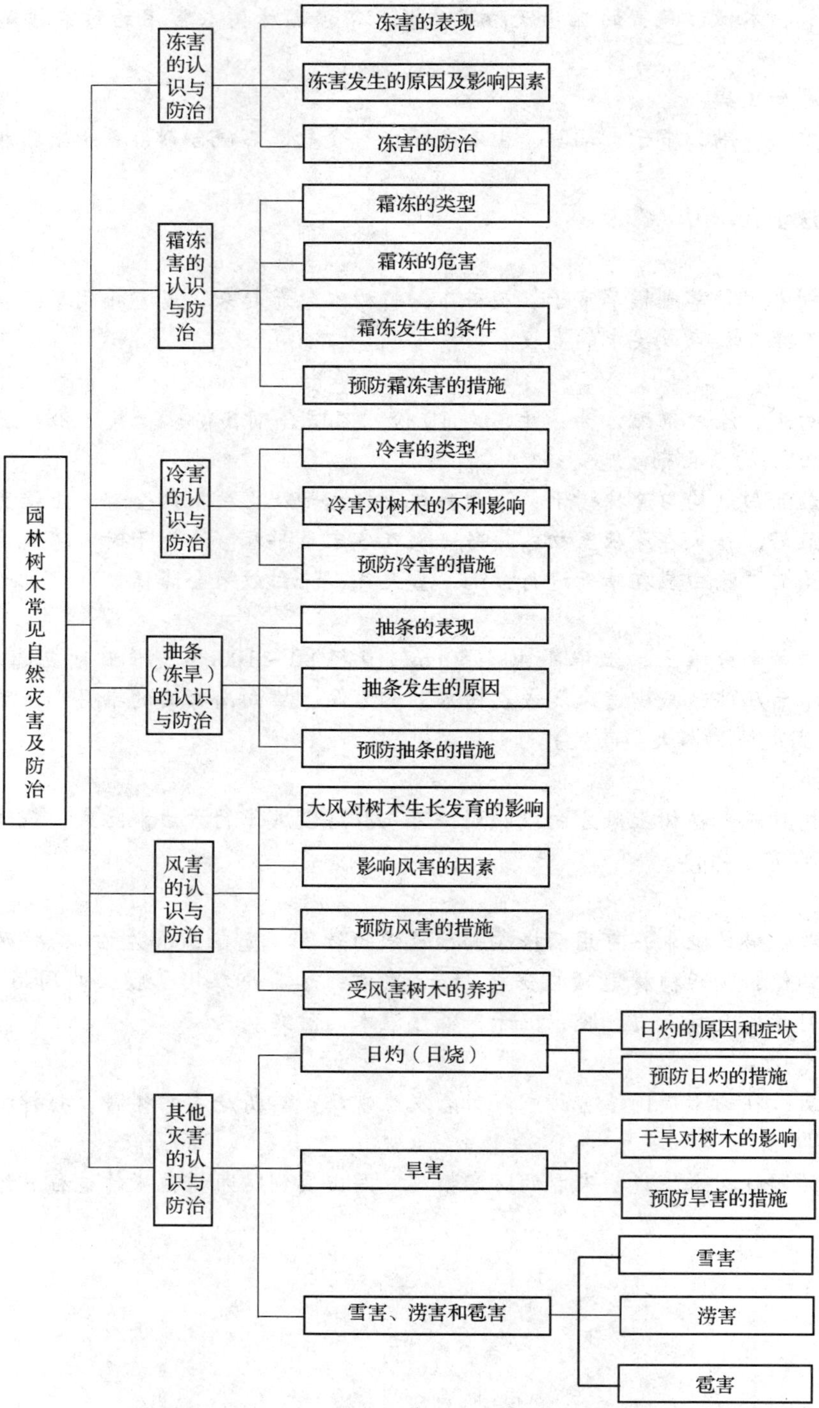

- 园林树木常见自然灾害及防治
  - 冻害的认识与防治
    - 冻害的表现
    - 冻害发生的原因及影响因素
    - 冻害的防治
  - 霜冻害的认识与防治
    - 霜冻的类型
    - 霜冻的危害
    - 霜冻发生的条件
    - 预防霜冻害的措施
  - 冷害的认识与防治
    - 冷害的类型
    - 冷害对树木的不利影响
    - 预防冷害的措施
  - 抽条（冻旱）的认识与防治
    - 抽条的表现
    - 抽条发生的原因
    - 预防抽条的措施
  - 风害的认识与防治
    - 大风对树木生长发育的影响
    - 影响风害的因素
    - 预防风害的措施
    - 受风害树木的养护
  - 其他灾害的认识与防治
    - 日灼（日烧）
      - 日灼的原因和症状
      - 预防日灼的措施
    - 旱害
      - 干旱对树木的影响
      - 预防旱害的措施
    - 雪害、涝害和雹害
      - 雪害
      - 涝害
      - 雹害

习　题

一、名词解释（20 分）

冻害　霜冻害　冷害　抽条　日灼　雪害　雹害

自然灾害　冻拔　晚霜

二、填空题（10 分）

1. 霜冻依据发生的时间与特点不同，可分为______、______、____ 三种类型。

2. 园林树木低温冷害的类型主要有______、______、______等类型。

3. 日灼分为______和______两种。

4. 由于霜冻发生的时间不同，通常将秋季开始发生的霜冻称为______，春末发生的霜冻称为______。

三、是非题（10 分）

1. 花芽是抗冻能力较强的部位，其分化越完善，抗冻能力越强。（　）

2. 在树木冬季休眠期，成熟的枝条以形成层最抗寒，皮层次之，木质部和髓部最不抗寒。（　）

3. 树木根系无休眠期，所以较地上部分耐寒力强。（　）

4. 平流霜冻较辐射霜冻易预防，效果好。（　）

5. 园林中春季多次灌水或喷水可增高土温和树温，促进树木发芽。（　）

四、简答题（60 分）

1. 园林树木生产中，预防霜冻的措施有哪些？（15 分）

2. 幼龄树木“抽条”发生的原因是什么？生产上采取哪些措施来预防？（15 分）

3. 树木发生日灼后，其表现症状是什么？如何防止其发生？（15 分）

4. 树木发生冻害后，其枝条表现出的症状有哪些？（15 分）

项目11 园林树木的花果管理

【学习目标】

了解在观果类园林树木生产中，花果管理环节的疏花疏果，保花保果，果实的人工增色及果实采收、分级、包装、运输等技术措施，切实使园林树木达到既具有较好的观赏价值，又具有良好的经济效益的目的。

【学习要点】

重点掌握果实生产中的疏花疏果，保花保果技术。

观果类树木是园林树木的一个重要组成部分。它不仅具有良好的观赏价值，而且具有很好的经济价值，通过精心地养护管理，可获得优质、高产的商品果实。加强花期及果实管理，对提高果品的商品性状和观赏价值、增加经济收益具有重要意义，也是实现优质、丰产、稳产和壮树的重要技术环节。

花果管理主要指直接作用于花和果实的各项技术措施。在生产实践中，既包括生长期中的花、果管理技术，又包括果实采后的商品化处理。

任务1 保花保果

一、落花落果的时期及原因

坐果率是影响产量的重要因素，而落花落果是造成产量低的重要原因之一。通常枣的坐果率仅为0.13%～0.4%，最高不超过2%，李、杏也是花果少的果实，芒果坐果率仅为10%～20%。因此，通过实行保花保果措施提高坐果率，是获得优质、丰产的关键环节，特别是对初果期和自然坐果率偏低的树种品种尤为重要。下面以苹果为例介绍落花落果的时期及原因。

由于树体内在原因而不是自然灾害或病虫害造成的落花落果，统称为生理落果。生理落果可分为早期落果和采前落果。大多数苹果品种，早期落果一般有三个高峰。

第一次落果（即落花），出现在花期刚结束后，子房尚未膨大时。这次落果的原因有两种：一种是花芽发育不良，使花器生活力减弱，没有授粉和受精条件；另一种是花芽虽发育良好，但因气候条件不良或花器特性限制，没有获得授粉、受精的条件。两者都未达到受精的目的，使子房内缺乏激素而早衰脱落。

第二次落幼果，出现在花后1～2周，主要是由于授粉、受精不充分，子房所产生的激素不足，不能充分调运营养促进子房膨大，造成子房停止生长脱落。此外，也与贮藏养分不足、幼果发育不良有关。

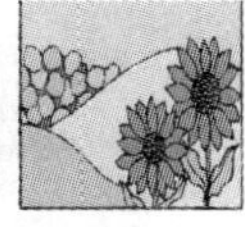

第三次出现在第二次落果后2~4周（大体在6月份），又称为6月落果。此次落果往往是由于同化养分供应不足引起，主要原因是：① 贮藏养分少，对果实供应不足。② 养分消耗过多。多数是由于营养生长过旺引起，坐果过多也会发生落果。③ 果实的胚没有形成，争夺养分的能力不如新梢。此外，当年同化养分形成少、光照不足，干旱缺水等因素也会造成落果。6月落果的轻重，品种间差异也较大。

采前落果是在果实采收前3~4周开始，随着采收期临近而落果加剧。苹果品种一般以早熟者采前落果较严重，其次为元帅系品种、红玉等，原因是过早地形成乙烯，促使果柄产生离层而脱落。

二、提高坐果率的措施

各种果树引起落花落果的原因较为复杂，因此，必须具体分析实际情况，抓住主要原因，制订相应措施，才能有效地提高坐果率，其途径主要包括以下几个方面。

（一）加强管理，提高树体营养水平

良好的肥水管理条件、合理的树体结构和及时防治病虫害，是保证树体正常生长发育、增加树体贮藏养分积累、改善花器发育状况、提高坐果率的基础措施。

（二）保证授粉受精

对雌雄异株、雌雄同株异花树种，异花授粉品种，应合理配置授粉树，并辅之以下措施，以加强授粉效果，其方法有：

1. 人工辅助授粉

人工辅助授粉的作用是：提高花序和花朵坐果率，从而增加当年产量。同时，由于授粉受精良好，心室内种子多而且发育正常，所以端正果率明显提高，有利于保持品种的标准果形。

（1）采花　采花品种应是能产生大量可育花粉的品种。为了保证花粉亲和力，最好采用混合花粉。苹果的采花、取粉要在主栽品种开花之前进行，以采集授粉树上的大铃铛花最合适。采花时，花多的树可多采，花少的树可少采或不采；弱树要少采，强树要多采；树冠外围要多采，树冠内膛要少采。一般一个苹果花序采集1~2朵边花即可。每50kg可出花药2.5kg，干花粉0.5kg，可供1.32~2hm^2盛果期果树授粉。

（2）取花粉　将当天采集的花蕾、初开的花及时拿回室内取粉，不要推迟过夜，更不要堆成大堆或放在包内。取花药时，只拨开铃铛花的瓣，将两朵花相对摩擦，使花药落在事先铺好的油光纸上。然后，用簸箕筛出碎花瓣、花丝等杂质，再把花药薄薄地摊在纸上阴干，不时翻动，以加速散粉。阴干花粉的房间要求干燥、通风、无尘，温度保持在20~25℃，过高的温度（>30℃）会降低花粉的生活力，过低的温度，花粉不易散出。如果室温不够，也可吊电灯泡于花药附近增温，但不宜超过28℃。切不可将花药放在阳光下曝晒，或放在火上烘烤。花药经1~2d的阴干，便会自然开裂并散出黄色花粉。少量采粉时，可用镊子拨开花瓣，钳掉花药再阴干。如有恒温箱，最好将花粉放在恒温箱内，温度控制在24~26℃。花粉干燥散粉后，将黄色花粉收集起来（除去花药壳）放在玻璃瓶中，置于冷凉、干燥条件下保存，以维持花粉的生活力。据资料统计，苹果混合花粉在室温条件下，其花粉授粉的有效期为12d，但高效授粉期只有6d左右。在0~4℃的低温条件下，以氯化钙为干燥剂密封保存，花粉生活力可延长1~2d；在-10℃条件下，可维持10d左右。在生产上，要保持花粉的良好生活力，从采花开始就要注意不使鲜花药受热，不使鲜花粉受30℃以上的温度影响，也不能让干花粉受潮。

（3）授粉时间　苹果开花进程是顶花芽的中心花先开，两天内边花相继开放。梨是边花先开，中心花后开。一个花序的花朵，从开花到谢花，一般需经5~6d时间。单花开放时间持续4~5d，开放3d以后，柱头开始变黄、萎蔫。以花朵开放当天授粉坐果率最高，开放4d后，授粉则不能坐果。苹果花期长短与气温有关，花期气温低时，花期延迟2~3d；气温高时，花期缩短1~2d。通常，第一批花坐果率高，第二批坐果率中等，第三批坐果率较低。据观察，苹果授粉时间有效期为开花前一天至开花后的第三天之间，以单花开放的当天授粉效果最佳。一天中，以无风、微风、晴天的上午9时至下午4时为佳。因此，人工授粉要在初花期抓紧授粉。

（4）授粉方法

1）人工授粉。为经济利用花粉，将花粉按照1∶2~1∶5的比例填充滑石粉、干燥细淀粉，充分混合，稀释备用。另外，要做好简易授粉工具，用旧报纸卷成香烟粗细的纸棒，纸头用浆糊黏住，截成15~20cm一段，再在砂纸或粗砖上将其一端磨成削好的铅笔状，用来蘸粉。此外，还可用毛笔、橡皮头、气门芯等做授粉工具。

授粉前，将制备好的花粉装入洗净晾干的洁净小瓶中，用上述任何一种工具蘸取花粉点授到刚开放花的柱头上，每蘸一次可点授5~7朵花，使花粉均匀粘在柱头顶上。重点是点授第一、二批花，如果前两批花开放时天气条件不利，也可加量点授第三批花。不论哪批花，都要点授在刚开放的花柱上，点授数量可因被授粉树的花数量和质量而定。开花少或幼树，一般点授在刚开放的花柱上；旺树多点授，弱树少点授或不点授；花多树可隔三差五或按一定距离点授。每个花序重点点授中心花或1~2朵边花。疏过花的要逐个点授，否则坐果不足会影响产量。注意不要点授过多，否则，坐果过量，既浪费树体养分，又增加疏果工作量。

为了省工，可将花粉按1∶10~1∶20的比例混合滑石粉或干细淀粉，装入用2~3层纱布制成的撒粉袋，吊在竹杆头上，敲打竹竿，使花粉落在柱头上，以辅助授粉。

2）液体授粉。人工授粉虽然省花粉，但毕竟费时费工。应用花粉液机械喷粉，能提高授粉效率5~10倍。其授粉效果与人工授粉效果相近，但需要大量的花粉。

取干花粉10~12.5g，加水5kg，蔗糖250g，尿素15g，硼酸5g和展着剂“6501”5mL。将糖、水、尿素拌匀，配成5%的糖尿液，然后加干花粉调匀，用2~3层纱布滤去杂质，再加硼酸和展着剂，迅速搅匀后即可喷施。因为花粉在溶液中经2~4h便能萌发，所以，配成花粉液一定要在2~4h内喷完。当园中有一半以上的树，每株树有60%花朵开放时，为最适喷布时间。

注意事项：花粉液要随配随用，不可久放，否则，因花粉萌发而失效。喷布时离花宜近，要快速周到，喷布均匀。为节省花粉液，最好用超低容量喷雾剂。一般大树株喷花粉液100~150g。喷布5~6h后，要用清水清洗喷头，以免糖液堵塞喷头，影响工作。

2. 蜜蜂、壁蜂授粉

利用昆虫为果树授粉，可以解决人工授粉需要大量劳动力的问题。同时，可以使人工授粉难以授到的树冠内膛和上部花得到充分授粉机会。另外，可提高坐果率，增大果个，减少偏斜果率，并增强花期的抗逆性，以减轻霜冻危害。

（1）蜜蜂授粉　一般放蜂时间安排在整个花期，每$(4\times667)\sim(6\times667)\mathrm{m}^2$的园放一群

蜂，蜂群间距离以不超过400m为宜。这样，可使全园花朵充分授粉。每群蜂约有8000只蜜蜂，每天有1/3的工蜂外出采蜜，其中采粉蜂约为1/3，即1000只左右。每只蜂在每朵花上采粉停留约5s，每小时可采700朵花。每株树上只要有3～5只蜂活动，便可在短时间内将盛开的花采粉一遍。每天盛开的花被蜜蜂采粉次数越多，其授粉效果越好。注意在放蜂时间内一定要禁用杀虫农药，以免蜜蜂中毒死亡，影响授粉效果。

（2）壁蜂授粉　近年来，由于生产上大量使用农药，导致野生昆虫急剧减少，果树授粉不良，产量、品质均受影响，不得不进行人工辅助授粉。但因花期短，用工多，树顶部授粉不便，所以投资多，难度大。用蜜蜂授粉，一是饲养，二是移动，三是早春低温寡照授粉能力差。国外研究应用壁蜂代替蜜蜂授粉和人工授粉获得成功。

壁蜂是独栖野生花蜂，是苹果树的重要传粉昆虫，主要有角额壁蜂、凹唇壁蜂、紫壁蜂、圆蓝壁峰和桔黄壁蜂等。中国农科院生防室从日本首先引进角额壁蜂，以后陆续搜集和利用了凹唇壁蜂和紫壁蜂等。壁蜂授粉能力强，对北方果树多数种类都有良好的授粉效果，据测算，角额壁蜂个体授粉能力是意蜂的80倍。

壁蜂管理技术如下：

1）蜂茧存放。为使壁蜂在苹果花期出巢访花，应在春季气温回升前，将越冬的壁蜂蜂茧在0～5℃冷藏。为除去壁蜂天敌，应于12月至次年1月从巢管中取出蜂茧，清除天敌。随后，将蜂茧装瓶，每个罐头瓶可装100头左右，用纱布扎口，放入冰箱内。

2）蜂巢制作。一种是用内径5～7mm的苇管，锯成15～16cm长，一端留茎节，另一端开口，开口端磨平，用广告色将管口分别染成红、绿、黄、白四种颜色，混合后再50支扎成一捆；另一种方法也可制成与苇管相似的纸管，内壁为牛皮纸，外为报纸，管壁厚1mm以上。捆扎后，一端用胶水和纸扎实，再黏上一层厚纸片。

选用25cm×15cm×20cm的纸箱，以25cm×15cm一面为开口，箱内放6～8捆巢管，分为上下两层，作为可以放到田间的蜂巢箱。

3）田间设巢。首次放壁蜂巢，每隔30～40m设一蜂巢箱，蜂巢越多，回收壁蜂也越多。当壁蜂数量增多后，可以每隔40～50m设一蜂巢。用支柱将蜂巢箱架起，使箱底距地面40～50cm，上部设棚防雨，也可以用砖石砌成固定蜂巢。应选避风向阳、开阔无遮蔽处设巢，巢口向东或向南，以利于壁蜂营巢。

4）蜂茧释放。蜂茧放到田间以后，壁蜂咬破茧壳，经7～10d，可全部出巢。故应于花前7～10d放出蜂茧。如提前将冰箱温度由0～5℃上调到8～10℃时，2～3d后将蜂茧放到田间，可缩短壁蜂出茧时间。若开花后再放出蜂茧，可能在壁蜂出巢后已经错过了盛花期，既不能发挥授粉作用，也不能多回收壁蜂。

5）提早种开花植物。例如，果园行间秋种越冬油菜，春栽打籽白菜，在蜂巢旁有1m^{2}即可，可为在果树花开前出巢的壁蜂提供蜜源。

6）蜂巢管理。蜂巢管理的主要作用是防雨和防治天敌。当巢管受潮时，其花粉团易发霉，幼蜂死亡较多，所以要防止风雨淋湿蜂巢。另外，壁蜂有许多天敌，如蚂蚁、蜘蛛和鸟类。防蚂蚁可用毒饵诱杀。毒饵的制作方法是：将花生饼或麦麸250g炒香，猪油100g，糖100g，敌百虫25g，加水少许，混匀即成。每个蜂巢旁施毒饵20g，上盖碎瓦防雨以及防止壁蜂接触。在蜂巢的木支架上也可涂凡士林或机油，以防治蚂蚁危害巢管内的花粉团及幼蜂。对捕食壁蜂的结网蜘蛛，可人工捕捉清除。在鸟类危害严重的地区，可在蜂巢前拉张捕鸟网。在成蜂活动期，不要随意翻动巢管，否则，壁蜂难以找到自己定居的巢管而影响繁殖和访花。

7）收回巢管。5 月底至 6 月初收回田间巢管，剔除空巢管后，把有蜂的巢管放入纱布袋中。另有部分尚未封闭巢管管口的，可用棉球堵住，同时，将蜘蛛、蚂蚁逐出巢管。然后将这些巢管也放入纱布袋中，吊在不放粮食杂物的通风、清洁的房间内，以防米蛾、谷盗，粉螨等粮食害虫的侵害。

（三）使用植物生长调节剂和矿质元素

落花落果的直接原因是果柄离层的形成，离层形成与内源激素（如生长素）不足有关。此外，外界条件，如光照、湿度、温度、环境污染等都可引起果柄基部产生离层而脱落。使用植物生长调节剂，可以通过改变果树体内内源激素的水平和不同激素间的平衡关系，提高坐果率。生理落果和采前落果是生长素最缺乏的时期，这时，在果面和果柄上喷生长调节剂，可防止果柄产生离层，减少落果。但使用生长调节剂种类、用量、时间等，应按照具体条件和对象进行必要的预备试验。

在果台二次枝和新梢的旺长时喷 B_9 能干扰新梢内天然赤霉素的合成，从而抑制新梢的生长，使养分能更多的流向果实，提高坐果率，盛花后一周喷 B_9 对红星坐果率的影响，见表 11-1。

表 11-1　盛花后一周喷 B_9 对红星坐果率的影响

处　理	花　序　数	坐果花序数	坐　果　数	花序坐果率	每花序坐果数
对照	1000	249	288	24.9	0.28
B_9（1000×10^{-6}）	885	418	474	47.2	0.54

用萘乙酸（NAA）40～50mg/L，萘乙酸钠 20～30 mg/L 或 2、4、5 三氯丙酸（2、4、5～TP）20mg/L 液防止采前落果，对元帅系苹果效果很好。NAA 为速效性，产生效果持续时间短，应在预定采收以前 4 周喷一次即可，喷布过晚则无效。经喷 2、4、5-TP 后能促进着色，提前成熟，但果实变软不耐储藏，应早日供应市场。喷 NAA 和 2、4、5-TP 有使果肉变软的特点，故生产上应用 B_9 在华北地区自开花后至采前 40～80d 之间喷 2000mg/L 液 1～2 次，防止采前落果效果较好，并能增进着色，提高果肉硬度。据美国试验显示，2、4、5-TP 与 MH（顺丁烯二酰肼）500～1000mg/L 合用防止采前落果效果好，而无果肉软化的弊病。

盛花期喷防落素 20mg/L＋0.5% 尿素，元帅系品种花序坐果率为对照的 294%，花朵坐果率为对照的 277%；30mg/L 防落素处理，坐果率分别为对照的 128% 和 122%。红星苹果盛花期喷施 500～600 倍普洛马林，可提高坐果率，增加果形指数。

许多研究表明，油菜素内酯（BR）对温州蜜柑和脐橙的保果效果非常明显；在葡萄和柿子上的研究表明 KT-30（又名 CPPU）具保花保果作用。目前，在应用生长调节剂保花保果方面，已由单一种类向多种类混合及调节剂与矿质元素混合使用的趋势，旨在增加提高坐果率的效果，同时增进果实品质。

用于喷施的矿质元素主要有尿素、硼酸、硼酸钠、硫酸锰、硫酸锌、钼酸钠、硫酸亚铁、硝酸钙、高锰酸钾及磷酸二氢钾等。生长季节使用浓度多为 0.1%～0.5%。喷施时期多在盛花期和六月落果以前，以 2～3 次为宜。

（四）高接花枝

在授粉品种缺乏或不足时，在树冠内高接授粉品种的带有花芽的多年生枝，以提高主栽

品种的坐果率。对高接枝在落花后要做好疏果工作，否则，坐果过多，当年花芽形成少，影响来年授粉效果。也可在开花初期剪取授粉品种的花枝，插在水罐或瓶中，挂在需要授粉的树上，用以促进授粉，达到坐果目的。此法简便易行，但只能作为局部补救措施。

（五）修剪措施

通过摘心、环剥和疏花等措施，调节树体内营养分配转向开花坐果，使有限的养分优先输送到子房或幼果中去，以促进坐果。我国枣产区长久以来，就用花期主干环剥法提高坐果率，效果显著。苹果、柿树等，在盛花期和落花后环剥，也有促进坐果的良好作用。葡萄花前主副梢摘心，生长过旺的苹果、梨在花期对外围新梢和果台副梢摘心，均有提高坐果率的效果。生产上多种果树的疏花、核桃去雄、葡萄去副穗、掐穗尖，均可提高坐果率。

（六）防治病虫害

病虫害常常直接或间接危害花芽、花或幼果。许多病虫害能造成早期落叶，使同化器官遭到破坏，这些都能造成落果。因此。防治病虫害也是一项保花保果的重要措施。

任务2　疏花疏果

一、疏花疏果的作用

在树木花量过大，坐果过多，树体负载量过大时，正确运用疏花疏果技术，控制坐果数量，使树体合理负担，是调节大小年和提高果实品质的重要措施，其作用是：

（一）使树体连年丰产稳产

树体的花芽分化和果实发育往往是同时进行的，当营养条件充足或花果负载量适当时，既可保证果实肥大，也可促进花芽分化；而营养不足或花果过多时，则营养的供应与消耗之间发生矛盾，过多的果实抑制了花芽分化，易削弱树势出现大小年结果的现象。因此，进行合理的疏花疏果，是调节生长与结果的关系，达到连年丰产、稳产的必要措施。否则，即使肥水充足，因受根和叶功能及激素水平的限制，坐果过多，也会导致大小年结果现象。

（二）提高坐果率及果实品质

疏花疏果尽管疏去了一部分果实，但它的作用在于节省了养分的无效消耗，也减少了由于养分竞争而出现的幼果自疏现象，并且减少了无效花，增加了有效花的比例，从而可以提高坐果率。疏花疏果由于减少了结果数量，使留下的果实肥大，整齐度提高。此外，疏果时疏掉了病虫果、畸形果和小果，提高了好果率。

（三）促使树体健壮

开花坐果过多，消耗了树体贮藏营养，叶果比变小，树体营养的制造状况和积累水平下降，影响次年生长，疏去多余花果，提高树体营养水平，有利于枝、叶和根系生长，树势健壮。

二、疏花疏果的时期

为了节省营养，疏花疏果越早越好，除了冬剪时剪除过多的花芽，使留下的花芽营养状况得到改善、发育良好、提高坐果率外，只要在花期无晚霜和大风危害的地区，以及没有病虫害的情况下，对坐果率高的品种可以放心地疏花。而对易落果的品种疏去花蕾，也可以提高坐果率。

疏果宜早，一般从谢花后一周开始，在短期内完成。疏果过晚，由于消耗树体内养分过多，加之受幼果中赤霉素的影响，不利于留下的果实发育和花芽分化。疏果完成时期：如红富士及国光落花后25d左右，元帅系落花后30d左右，最迟都必须在开花期过后40d内完成，才能收到预期的效果。

三、果实负载量的确定

（一）树木过量负载的弊端

果实产量不足使树木应有的生产潜力得不到充分发挥，造成经济上的损失，过量负载同样会产生严重的不良后果。首先，结果太多易造成树体营养消耗过大，果实不能进行正常的生长发育，导致果实偏小，着色不良，含糖量降低，风味变淡，严重影响果实的商品品质。其次，在超量负载的情况下，易引起果树大小年结果的现象。由于结果太多，树体营养物质积累水平低，同时，源于种子和幼果中的抑花激素物质GA、IAA等含量增加，在树体内激素平衡中占优势，不利于当年花芽形成，导致第二年或第三年连续减产而成为小年。第三，过量结果使树势明显削弱。树体营养水平低，新梢、叶片及根系的生长受到抑制，不利于同化产物的积累和矿质元素的吸收。超量负载的苹果大年树，其根系第二、第三次生长明显减弱，或缺乏第二次生长高峰，活跃的吸收根数量较小年树少70%～75%。此外，过量负载还会加剧风害和病害的危害程度。

（二）确定负载量的依据

合理负载量是疏花疏果的重要依据和根本目的。确定合理负载量是进入果园开始疏除前的首要工作，其内容是根据果园目标产量和树体的具体生长情况，确定每株树的产量和留果数。生产上可采用以下方法确定。

1. 枝果比法

枝果比，就是果树上各类一年生枝条的数量和果实总个数的比值，如图11-1所示。苹果的枝果比，中庸树一般为3：1～4：1，弱树为4：1～5：1。

图11-1　枝果比法

2. 叶果比法

叶果比，就是果树上叶片的总数（或总叶面积）与果实个数的比值。如苹果乔化砧一般30～40个叶片留一个果，或600～800cm^2叶面积留一个果；矮化砧一般20～30个叶片留一个果，或500～600cm^2留一个果。盛果期鸭梨的叶果比为15：1，温州蜜柑为20～25：1，早生温州蜜柑为40～50：1。

3. 按距离疏果法

按距离疏果法，如图11-2所示，是以果与果之间的距离为标准，如元帅系品种每20～24cm留一个果实，按距离疏果法，主要疏掉密挤的果实，成串的果实，疏后使全树果实分布较均匀一致，在距离疏果法基础上进一步发展，把疏果的工作提前到花前疏花序，疏花蕾，这种方法称为“以花定果”。具体做法是：在花序分离

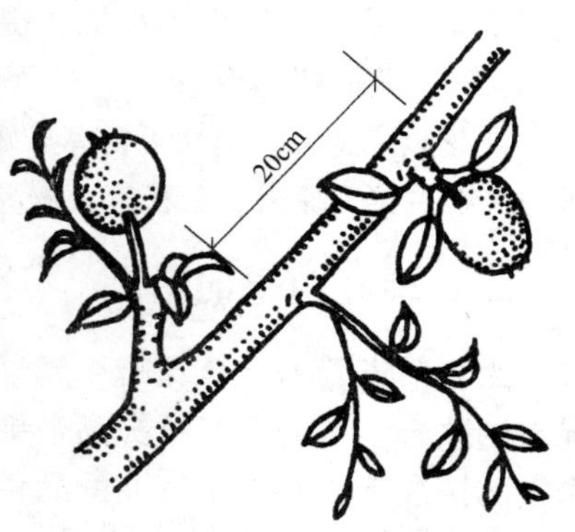

图11-2　按距离疏果法

期，根据树势强弱，品种特性，按20～25cm间距留一个花序，其余花序全部疏除，留下来的花序将边花全部疏除，保留中心花。“以花定果”的时间以花序分离至开花前为宜。

4. 按结果点疏果法

结果点是今明两年能结果的部位，也就是当年已结果的长、中、短果枝和能形成花芽，次年可以结果的长、中、短果枝，合起来称为结果点。对于中庸枝组，每三个结果点留一个点结果，1个点结2个果。

5. 隔码留果

留果的花序留一个果，而另外一个花序则全部疏除，使成“空台”码。此法操作容易，并且符合光合产物分配局限性的原则，留果相对集中，使“空台”容易形成花芽。

6. 干截面积法

干截面大小代表全树总生长量和总枝量的多少，因总产量与全树总枝量高度相关，所以，用树干粗细表示结果量是可靠的，也是切实可行的。一般成龄苹果树干截面积留果指标：健壮树0.4～0.45kg/cm²，中庸树0.25～0.4kg/cm²，弱势树0.2kg/cm²；对于初果期梨树可按0.6～0.75kg/cm²留果。

按树干横截面积留果，首先要经过干周测定和换算，其方法是先量出树干中部的干周，然后按公式计算出主干截面积：$S=L^2/4\pi$。

式中　S——主干横截面积（cm²）；

　　L——干周（cm）。

求出主干横截面积后，再根据品种品系、果园管理水平、树体状况等，确定适宜负载量，再乘以每千克果数，即为单株留果树。

例：一株干周为50cm的红富士苹果树，应留多少果？

依公式套入数据：$S=[(50\times50)/(4\times3.14)]\text{cm}^2=199.1\text{cm}^2$

按每平方厘米留0.4kg果计，则单株留果数＝主干截面积×每平方厘米干截面积留果量×每千克果数＝(199.1×0.4×5)个＝392.8个幼果。

7. 干周法

干周法适用于初果期树体完整、管理较好而且比较丰产的树。对于新红星和红富士等品种，可用下列公式算出：$Y=0.2C^2$。

式中　Y——单株适宜留果数；

　　C——树干中部干周长度（cm）。

实际操作中为了留有余地，应将总量的10%作为保险系数。另外，旺树和弱树应在此基础上再增减15%作为调节值。

四、疏花疏果的方法

（一）人工疏花疏果

人工疏花疏果可以从花前复剪开始，以调节花芽量，开花后可进行疏花和疏幼果，直到6月落果后再定果一次。疏果应在幼果第一次脱落后及早进行，这样不仅可以提高当年果实品质，重要的是可以保证次年结果的数量。

依照负载量标准，采用果台间距为指标，进行疏果和留果，具有较强的可行性。在苹果树、梨树进行疏果时，果台间距多控制在20～25cm。对于大果型的品种如雪花梨、红富士苹果和元帅系品种等，在花量充足时，全部留单果。留果时，苹果多留花序中心果，梨多留基部低序位果。此外，应及早疏除梢头果、弱枝果、小果、病虫果和畸形果。

（二）化学疏花疏果

化学疏花疏果，就是用喷布化学药剂的方法，疏除过多的花和幼果，化学疏花疏果具有疏除及时、省工和经济效益的特点。

1. 疏花

（1）石硫合剂　石硫合剂的疏花机制是杀死柱头，抑制花粉发芽和花粉管伸长，从而阻碍受精，对已受精的子房则无效。所以应在中心花已经受精后即盛花期至落花期施用。对金冠等品种的盛花期施用较好，而元帅系、红玉等品种以刚过盛花期施用较好。施用时期要求比较严格，否则无效或疏除过度，而且撒布后马上降雨可能发生药害。石硫合剂疏花时常用浓度为0.5%～1%，树势弱浓度要低，以免发生药害和疏除过度。

（2）二硝基化合物（DNOC）　其疏花机制同石硫合剂，浓度为0.08%～0.20%。

2. 疏果

（1）萘乙酸（NAA）及萘乙酰胺（NAD）　萘乙酸及萘乙酰胺的疏除机制可能与促进乙烯形成有关。萘乙酸在一定浓度范围内，从花瓣脱落期到落花后2～3周施用，都有相同效果，但越迟，疏果作用越弱，浓度需相应增加。萘乙酰胺是一种比萘乙酸较缓和的疏除剂，对萘乙酸敏感的品种应用萘乙酰胺较安全，但萘乙酰胺疏果会使部分果实产生缩萼现象，对元帅系使用易产生畸形果。对红星用10～15mg/L，对金冠用15～20mg/L萘乙酸，于盛花后两周喷施，具有良好的疏果效果。

（2）西维因　西维因也是一种疏果剂，比萘乙酸和萘乙酰胺效果稳定，浓度范围和使用期限较宽，对果实和枝叶无不良影响。在盛花后14～21d，用600～2000mg/L液喷施都有效，可达到良好效果，它的疏果机制是堵塞果柄维管束，使幼果种子败育。其在树体内移动较差，喷布时要直接喷到果实和果柄部位。缺点是杀死红蜘蛛天敌，并使金冠品种致锈。

（3）乙烯利　乙烯利也有疏果作用，一般常用浓度为200～450mg/L。有关科研单位在国光苹果初花期喷布一次300mg/L乙烯利，盛花后10d再喷布一次300mg/L乙烯利与20mg/L萘乙酸混合剂，收到显著的疏除效果。

疏花疏果药物虽然已用于生产，但由于品种、树势、气候条件的不同，疏除效果变化很大。因此，生产上大面积应用前必须进行试验，寻找适宜的浓度及施用时间。化学疏除能节省大量人力，但它只能作为人工疏除的辅助手段，不能完全代替人工疏除。因此，化学疏除的适宜疏除量应是标准疏除量的1/3～3/4，其余用人工补充疏除。

任务3　果实的人工增色

果实的颜色是提高园林树木观赏性的一个重要方面，也是评价其外观品质的一个重要指标。果实的色泽发育是复杂的生理代谢过程，并受到很多因素影响，在栽培措施方面应根据不同种类品种果实的色泽发育特点和机理，进行必要的调控，制订和实施有效的技术措施，增加果实的色泽，达到该品种的最佳色泽程度。

一、果实套袋技术

果实进行套袋是提高水果果实品质的重要技术措施之一。今年来，我国在苹果、梨、桃、葡萄、荔枝等树木栽培中，实施了套袋技术，外观品质大为改善。套袋技术除了能改善果实色泽和光洁度外，还可减少果面污染和农药的残留，预防病虫和鸟类的危害，避免枝叶的擦伤。以苹果为例，对套袋的技术方法介绍如下：

（一）果袋的种类选择

果袋的种类很多。按袋体的层数分，有单层袋、双层袋和三层袋；按果袋的大小分，有大袋和小袋；按捆扎丝的位置分，有横丝袋和纵丝袋；按涂布药剂的种类分，有防虫袋、杀菌袋、防虫杀菌袋；按袋口的形状分，有平口袋、凹形袋和“V”字形口袋等；按袋体原料分，有纸袋和塑膜袋。双层纸袋一般比单层纸袋遮光性强，但成本也较高，一般为单层纸袋的两倍左右，三层纸袋使果实的着色及光洁度等效果更佳，但成本更高。塑膜袋价格低廉，一般用于综合管理水平低及非优生区的地方。

（二）套袋

1. 套袋前喷药

套袋前对树体喷药，是套袋成败的又一关键环节。除进行园区的全年正常病虫害进行防治外，在谢花后7～10d，应喷药一次，一般应以喷保护性杀菌剂喷克大生M-45为主。盛花期禁喷高毒农药。套袋前必须对全园喷一次杀虫杀菌剂，以保证不将病菌害虫套在袋内。喷药时，喷头应距果面50cm远，不宜过近，以免因药液冲击力过大而形成果锈。喷出的药液要细而均匀，布洒周到。

2. 套袋时间

套袋的适宜时期，一般红绿色品种如金冠、金矮生、王林等，在落花后10d套袋；易着色的红色中熟、中晚熟品种，如新红星、新乔纳金、红津轻，在5月下旬至6月上旬套袋；难着色的红色品种，如红富士，在落花后40～50d进行套袋。套袋的适宜时间确定后，还应掌握一天中套袋的具体适宜时间。一般情况下，自早晨露水干后到傍晚都可以进行；但在天气晴朗、温度较高和太阳光较强的情况下，以上午8时30分至11时30分和下午2时30分至5时30分为宜，这样可以提高袋内温度，促进幼果发育，并能有效地防止日灼。

3. 套袋方法

套袋时，首先小心除去附在幼果上的花瓣及其他杂物，然后左手托住纸袋，右手撑开袋口，或用嘴吹开袋口，使袋体膨胀，袋底两角的通气放水孔张开，手执袋口下2～3cm处，使袋口向上或向下，将果实套入袋中。套入后使果柄置于袋口中央纵向切口基部，然后将袋口两侧按折扇方式折叠于切口处，将捆扎丝翻转90°，扎紧袋口于折叠处，使幼果处于袋体中央，并在袋内悬空，不紧贴果袋，防止纸袋摩擦果面，切忌不要将捆扎丝缠在果柄上，同时，应尽量使袋底朝上，袋口向下。

（三）去袋

1. 去袋时间

黄绿色品种如金冠等在采果前5～7d；易着色的中熟、中晚熟品种如新红星、乔纳金等，采果前10～15d去袋；难着色的品种如红富士，在采前20～30d去袋。最好选择阴天或多云天气时去袋，要尽量避开日照强烈的晴天，以免去袋后发生日灼现象。若在晴天去袋，应于上午10～12时摘除树冠东部和北部的果袋，下午14～16时摘除树冠西部和南部的果袋，这样，就使果实由暗光中逐步过渡到散射光中。如果天气干旱，去袋前3～5d应全园浇一次透水，以防止去袋后果实发生日灼现象，当地面干后，即可入园去袋。

2. 去袋方法

摘除内袋为红色的双层纸袋时，应先沿除袋切线摘掉外层纸，保留内层袋。一般在摘除外袋5～7个晴天后摘除内层袋。摘除内层袋应在上午10时至下午4时进行，不宜选择在早晨或傍晚，这样，可以避免因摘除内袋而引起果实表面温度的大幅度变化。此外，若遇阴雨天，摘除内袋的时间应相应推迟，防止果面出现“水裂口”。

摘除内层为黑色的双层纸袋时，要先将外袋底口撕开，取出内层黑袋，使外袋呈伞状罩于果实上，6～7d后再将外袋摘除。对于单层袋和内外层粘连在一起的台湾佳田纸袋时，先在上午12时前或下午4时后，将底撕开，使果袋呈伞形罩于果实上；也可将背光面撕破透风，过4～6d后，将纸袋全部摘除。

果袋全部摘除完后，应立即喷一次杀菌剂防治轮纹病和炭疽病等，同时混喷钙肥。

二、铺反光膜

（一）银色反光膜种类

日本使用的是在无纺布上涂银色反光材料的反光布，还有一种是涂反光材料的塑料膜，其抗拉性较强。我国已能生产多种银色反光膜、反光纸，如银色反光塑料薄膜，贴于牛皮纸上的反光银纸，以及GS-2型果树专用反光膜。这种果树专用膜膜面是凹凸波纹状，反射树下地面光为乱反射，所以，反射光照射面大，果树对光的利用率高。膜面有透水孔，雨水和灌溉水可由透水孔流入膜下渗入土壤，膜孔间距为10cm，在透水同时，能将膜面上的灰尘、泥土等冲刷干净，保持膜面高清洁度，有利于增加反光率。由于该膜采用编织物加工而成，故质地结实，有一定硬度，抗力强。应用时，人踩、灌溉、风雨等都不会影响其正常使用。一般反光膜可连续使用3a左右，这种果树专用膜的使用寿命可长达5～10a，每年的使用时间为60d左右。

（二）使用方法

1）在树冠下，覆反光膜的时期为果实着色期（开始着色至采收），一般红富士苹果开始铺放时期为9月上旬。

2）铺膜前5d清除铺膜地段的残茬、硬枝、石块和杂草，打碎大土块，把地整成中心高，外围稍低的弓背形，铺膜面积限于树冠垂直投影范围。密植园可于树两侧各铺一长条幅反光膜，要求膜面平整，与地面贴紧，交接缝及周边盖土。果实采收前，去掉膜面的树枝、落果、落叶等，小心揭起反光膜，卷叠起来，用清水漂洗晾干后，放入无腐蚀性物品的室内，以备翌年重复使用。

3）在应用果树反光膜时，应做好相应的配套措施，一是枝量适宜，保证每667m^2枝量不超过9万条；二是摘叶，采前一个月内进行两次摘叶，两次摘叶量以不超过全树总叶量的30%～50%为宜，这对翌年树势、产量和品质均无不良影响；三是转果，当果实阳面着色达到要求程度时，将果实的阴面转向阳面。

三、摘叶、转果

摘叶的目的是提高果实的受光面积，增加果实表面对直射光的利用率，通常摘叶时期与

果实着色期同步。我国北方红富士苹果的摘叶期大约在每年的9月中下旬，摘叶过早虽着色良好，但对果实增大不利，影响产量，还会减低树体贮藏营养的水平；摘叶过晚则因直射光利用量减少，而达不到预期目的。摘叶对象是树冠上部和外围果实周边5cm以内的叶，树冠内膛和下部果实周边10~20cm以内的叶。摘叶前要保留叶柄，通过摘叶树冠透光率明显增加，一般可增加着色面15%左右。

在正常的光照条件下，果实的阳面着色较好，阴面着色较差，通过转果，可改变果实自然着生的阴阳位置，增加阴面受光时间，达到全面着色的目的。苹果转果时间可在果实采收前4~5周进行。转果的方法是，将果实的阴面轻轻转向阳面，必要时可夹在树杈处以防回位，也可通过转枝和吊枝起到转果的作用。转果宜在早晚进行，避开阳光曝晒的中午，以防日灼，通过转果，可使果实着色增加20%左右。

四、采后增色

对达到一定成熟度但着色差的果实，可在采后促进着色，其适宜的环境条件是：10%左右的光照，10~20℃的温度，90%以上的空气湿度和果皮着露。具体做法是：选地势高燥、宽敞平坦又背阴通风处，先在地面铺3cm的洁净细沙，将苹果果柄向下，平排好，果实间隙有空隙。天气干旱或无露水时，每天早晚用干净喷雾器向果面喷一次清水，以果面布满水珠为度。太阳出来后，用草帘或牛皮纸遮阴。3~4d果实着色后，翻动一次果实，使果柄向上，经2~3d整个果面可全部着色。

五、秋季修剪

通过秋季修剪，不仅能增加光照，而且能提高果实的品质。树体要有一个良好的受光环境，必须进行合理的整形修剪，仅靠冬季的一次修剪远不能满足果实正常生长所需要的光照。树冠内的相对光照量控制在20%~30%为宜，为了达到这个目的，常剪除树冠内的徒长枝、剪口枝和遮光强旺枝，疏剪外围竞争枝以及骨干枝上的直立旺枝，这样可大大改善树冠内的光照条件。树冠下部的裙枝和长结果枝，在果实重力作用下容易压弯下垂，可以采取支柱顶枝或吊枝等措施，解决其受光不足的问题。

任务4　果实的采收、分级、包装、运输

一、果实的采收

采收是果品生产的最后一个环节，也是果品贮藏的关键性环节。如果采收不当，不仅降低产量，而且影响果实的耐贮性和产品质量，甚至影响来年的产量。因此，必须对采收工作给予足够重视。

（一）适时采收的重要性

采收期是否适当，对果实的产量和采后贮藏品质有极大影响。采收过早，果实还未达到成熟的标准，单果重量小，产量低、品质差，果实本身固有的色、香、味还未充分表现出来，耐贮性也差；采收过晚，果实已经成熟，接近衰老阶段，采后必然不耐贮藏和运输，在贮运中自然损耗大，腐烂率明显增高。因此，确定适宜的采收期是至关重要的。另外，适宜

的采收期确定不仅取决于果实的成熟度，还取决于果实采后的用途、采后运输的距离、贮藏方法、贮藏和货架期的长短以及果实的生理特点。一般就地销售的果实可以适当推迟采收，而作为长期贮藏和远距离运输的果实则应该提早采收。对葡萄等采后不能进行后熟的果实则应该待果实风味、色泽充分形成后再采收。

（二）果实成熟度

根据果实不同的用途，果实成熟度可分为三种。

1. 可采成熟度

果实的大小已定型，但其应有的风味和香气尚未充分表现出来，肉质硬，适于贮运和罐藏、果脯蜜饯加工。

2. 食用成熟度

果实已经成熟，并表现出该品种应有的色香味，内部化学成分和营养价值已达到该品种指标，风味最好。这一成熟度采收，适于当地销售，不宜于长途运输或长期贮藏，适于成为制作果汁、果酱、果酒的原料。

3. 生理成熟度

因果实类型不同而有差别，水果类果实在生理上已达充分成熟阶段，果实肉质松软，种子充分成熟。此时，果实化学成分的水解作用加强，风味淡薄，营养价值大大降低，不宜食用，更不耐贮运，多作采种用。以种子为食用品的板栗、核桃等干果，此时采收，种子粒大，种仁饱满，营养价值高，品质最佳，播种出苗率高。

（三）采收成熟度的确定

果实的采收成熟度在生产中常用以下方法来确定。

1. 果实生长日数

在同一环境条件下，各品种从盛花到果实成熟，各有一定的生长日数范围，可作为确定采收期的参考，但还要根据各地气候变化、肥水管理及树势旺衰等条件决定采收。如苹果的早熟品种在盛花期后100d左右成熟，中熟品种在盛花期后100～140d成熟，晚熟品种在盛花期后140～170d成熟。

2. 果皮色泽

许多果实在成熟时都显示出它们固有的果皮颜色，因此，果皮的颜色可作为判断果实成熟度的重要标志之一。判断果实成熟度的色泽指标，是以果面底色和彩色变化为依据。绿色品种主要表现为底色由深绿变浅绿再变为黄色，即达到成熟。但不同种类、品种之间有较大差异。红色果实则以果面红色的着色状况为果实成熟度重要指标之一。

3. 果实硬度

果实硬度是指果肉抗压能力的强弱，抗压力越强，果实的硬度就越大，一般随着成熟度的提高，硬度会逐渐下降。因此，根据果实硬度，可判断果实的成熟度。对果实硬度的测定，通常使用硬度计（图11-3），如金冠苹果为7.7kg/cm以上，国光苹果为9.1kg/cm以上，鸭梨为7.2～7.7kg/cm。此外，桃、李、杏的成熟度与硬度的关系也十分密切。

4. 果实中主要化学物质含量

与成熟度有关的化学物质有淀粉、糖、有机酸、可溶性固形物等。可溶性固形物主要是糖分，其含量高标志着含糖量高，成熟度高。简单测定含糖量的方法是用折光仪（图11-4）测定果实的可溶性固形物，测量结果代表其含糖量。

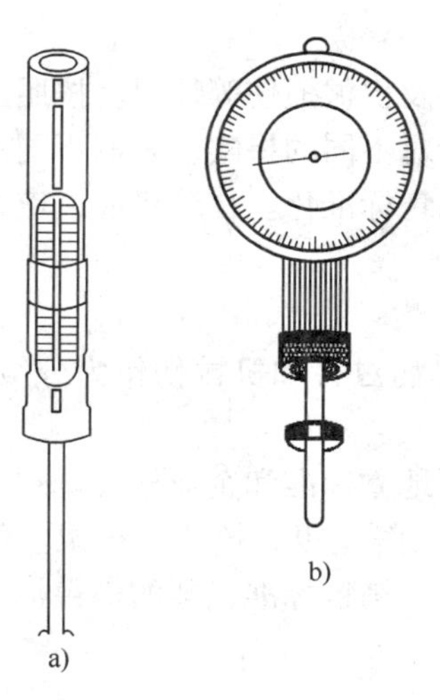

图11-3　硬度计

a）筒式硬度计　b）盘式硬度计

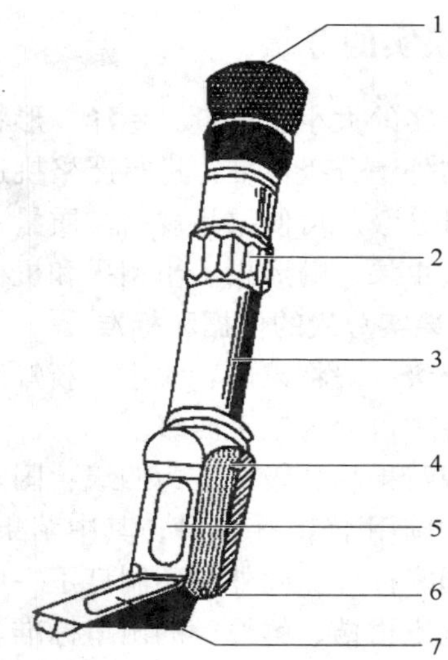

图11-4　手持折光仪

1—眼罩　2—旋钮　3—望远镜管　4—校正螺丝　5—折光棱镜　6—棱镜盖板　7——进光窗

5. 果实脱落难易度

核果类和仁果类果实成熟时，果柄和果枝间形成离层，稍加触动，即可脱落，故可以此判断成熟度。但有些果实，萼片与果实之间离层的形成比成熟期迟，则不宜用离层作为判断成熟指标。

（四）果实采收方法

1. 人工采收

人工采收时应防止一切机械伤害，如指甲伤、碰伤、擦伤、压伤等，还要防止折断果枝，碰掉花芽和叶芽，以免影响次年产量。果柄与果枝容易分离的仁果类、核果类果实，可以用手采摘。采收仁果类果实应保留果柄，无果柄的果实不仅降低果品等级，而且不耐贮藏。果柄与果枝结合较牢固的如葡萄、柑桔等，可用剪刀采果。板栗、核桃等干果，可用木杆由内向外顺枝震落，然后捡拾。采收果实时，一般应按先下后上，先外后内的顺序采收，以免碰落其他果实，减少人为损失。

为保证果品质量，采收中应尽量使果实完整无损，供采果用的筐或箱内部应衬垫蒲包、袋片等软物。采果和捡果时要轻拿轻放，尽量减少转换筐的次数，运输过程中要防止挤、压、抛、碰、撞。

2. 机械采收

用于新鲜上市或加工用的果实可采用机械采收的方式，机械采收可以节省劳力，但对果实损伤较严重，无法判断成熟度的差异。果品的机械采收适用于那些果实在成熟时果梗与果枝间易形成离层的种类，如苹果、李子、樱桃。通常是用一个器械夹住树干，开动风压振动器迫使果实脱落，树下设有柔软的收集架以接住果实，通过传送带送到分级包装机内。有时为提高采收效率，在采前会使用催熟剂、脱落剂促进离层的形成。

二、果实的分级

根据果实的大小、重量、色泽、形状、成熟度、病虫害及机械损伤等情况，按照国家规定的内销与外销分级标准，进行严格挑选，划分等级，并针对不同的果实，采取不同的处理措施。通过分级，可使果品规格、质量一致，实现生产和销售标准化。在分级前，应先经过初选，将病虫果、畸形果、小型果和机械损伤果全部拣出。

（一）果实分级的依据和标准

果品分级一般将果形、大小、新鲜度、成熟度、色泽、病虫害和机械伤作为分级依据，根据果品种类可分为三至四级。

我国现行果品分级标准为四级：国家标准、行业标准、地方标准和企业标准。现有果品质量标准约施用于16个品种，其中苹果、梨、柑桔、香蕉、鲜龙眼、核桃、板栗、红枣等已制订了国家标准。此外，还制订了一些行业标准，如香蕉的销售标准，梨的销售标准，鲜甜橙、鲜宽皮柑桔、鲜柠檬的出口标准。

（二）分级方法

1. 人工分级

人工分级主要是依靠工作人员的感觉器官，同时借助一些简单的分级器械，如分级板等，对产品进行分级。其优点是可最大限度地减轻操作过程中造成的机械伤，适合于各种果品的分级，但这一方法工作效率低，分级标准结果不易统一，特别是对于形状、颜色上的判断偏差较大。

2. 机械分级

这种方法在果品的分级上应用较多，在我国已广泛使用，如对苹果的分级已采用全自动光电比色分级机，从苹果的清洗、大小分级、干燥、涂膜、色选、包装等全部实现自动化。机械分级的优点是工作效率高，可使分级标准更加一致，误差小，适用于大小、形状差异不大的果实，但易使果实在分级中产生机械损伤，分级设备适合的果实品种较单一。

三、果实的包装、运输

（一）包装

1. 包装容器

果实的包装要求做到美观、大方、诱人、轻便、牢固，有利于贮藏堆放和运输。过去多用筐、篓、纸箱，现在开始用塑果箱和优质纸箱。

包装容器内要衬垫纸条、网套等软质材料，或用包果纸（质地坚韧细软，最好用二苯胺处理，具防病作用）包果。近年来，用特制薄膜袋包装，效果较好。

2. 包装方法

外销果实包装较为严格，要求包果纸大小一致，清洁、美观并包成一定形状，也可用泡沫塑料网袋包装果实后装箱。箱内用纸板间隔，每层排放一定数量的果实，装满箱后捆扎牢固。果实在包装箱内的排列形式，有直线排列的，其方法简单，缺点是底层受压力大；有角线排列的，其底层承受压力大，通风透气较好。

（二）运输

果实包装后，需采用各种运输工具将果品从产地运到销售地或贮藏库。运输过程中要尽量做到快装、快运和快卸，不论利用何种运输工具，都应尽可能保持适宜的温度、湿度及通

气条件，这对于保持果品的新鲜品质有着十分重要的意义。

1. 温度

温度是运输过程中的重要环境条件之一。低温运输对保持果实的品质及降低运输中的损耗十分重要。随着冷库的普及使用、运输工具性能的改进，国内在果品的疏通过程中已逐渐实现了冷链流通。如加冰冷藏保温车、机械冷藏保温车、冷藏集装箱等都为低温运输提供了方便。对于耐贮运的果品，预冷后采用普通保温运输工具进行中、短途运输，也能达到同样的效果。但在秋冬季节，南方果品向北方调运时，要注意加热保暖防冻。

2. 湿度

湿度在运输中对果实的影响极小。如果是长距离运输或运输所需时间较长时，则必须考虑湿度的影响。由于果实有良好的内、外包装，在运输途中失水造成品质下降的可能性不大，但要注意因温度的不稳定，造成结露现象的发生。

3. 气体成分的控制

对于采用冷藏气调集装箱运输的方式和长距离运输时，要注意气体成分的调节和控制，气体成分浓度的调节和控制方法可依所运果实在气调贮藏时相关的要求和技术进行。对较能忍耐 CO_2的果实，可采用塑料薄膜袋的内包装方式，达到微气调的效果；对 CO_2敏感的果实，应注意包装不能太严密或进行通风处理。

4. 防振动处理

在运输途中剧烈的振动会造成新鲜果品的机械伤，而机械伤会促使水果乙烯的产生，加快果品的成熟；同时，果品易受病原微生物的侵染，造成腐烂。因此，在运输中尽量避免剧烈的振动。

归纳总结

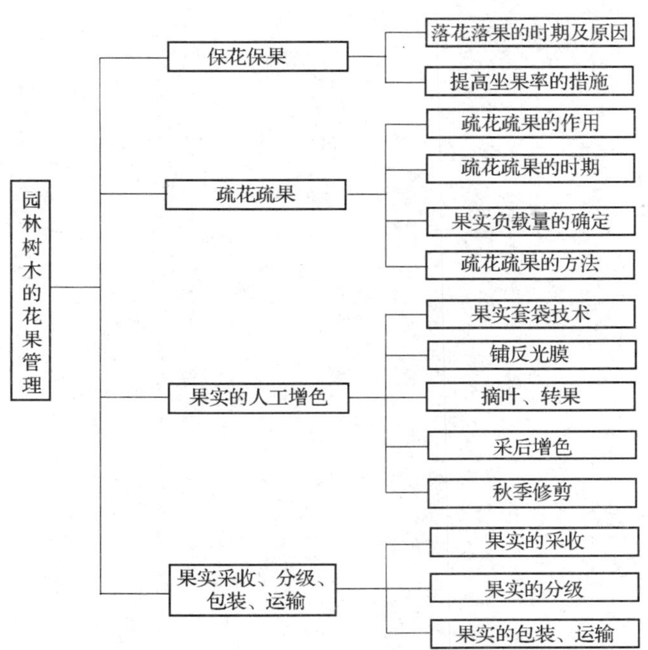

习　题

一、名词解释（10分）

生理落果　　枝果比　　叶果比　　结果点　　果实硬度

二、填空题（26分）

1. 人工辅助授粉的方法有______和______。

2. 确定树体果实负载量的方法主要有______、______、______、______、______、______、______。

3. 化学疏花疏果时，常用的疏花剂为______、______；疏果剂为______、______、______。

4. 果袋的种类，按袋体的层数分为______、______、______；按袋体原料分为____、______。

5. 果实的采收成熟度在生产上常用____、______、______、______、______等方法来确定。

6. 果实的采收方法主要有______和______。

三、简答题（64分）

1. 在生产上，如何利用蜜蜂为果树进行授粉？（4分）

2. 正确地运用疏花疏果技术，对树木的生长发育有哪些作用？（15分）

3. 为了改善果实的色泽，提高品质，生产上如何正确地使用反光膜？（15分）

4. 在果实进行去袋时，应注意哪些技术环节？（15分）

5. 果实在运输过程中，为何保持果实的新鲜品质，应如何控制其环境条件？（15分）

项目12 古树名木的养护

【学习目标】

了解古树名木的概念与分级、古树名木的管理办法以及保护的政策法规，学习和掌握古树名木的养护管理及复壮技术措施。

【学习要点】

重点掌握古树名木的养护管理及复壮技术措施。

任务1 古树名木的概念与保护的意义

一、古树名木的概念与分级

（一）古树名木的概念

古树名木是指树龄在百年以上、在科学或文化艺术上具有一定价值、形态特异，或珍稀濒危、具有历史或者重要纪念意义的树木。以100年作为古树树龄的起点，是世界各国通例。中国古树名木分布之广、树龄之长、种类和数量之多，均居世界前列。

古树一般多为本地的乡土树种或适应性强的树种，如中国的银杏、侧柏、水杉、槐（图12-1）、樟树、桑、梅、白皮松、栓皮栎、七叶树等。古树多为深根性树种，能抗旱、耐瘠薄和其他不良的自然条件。古树大多为慢长或中速生长树种，新陈代谢弱，消耗少而积累多，是其长寿的生理基础。病虫害少且抗性强，萌芽力强，若遇雷击、劈伤等能够恢复生长。

名木（图12-2）是具有特别的历史价值或纪念意义的树木及稀有珍贵树木品种，这类树木树龄不受限制，即不一定超过一百年。

（二）古树名木的分级

古树的分级，在不同时期、不同部门或按不同要求并不完全一致。

1.《中国大百科全书》

古树名木通常分为如下4级：树龄在1000年以上的古树，或具重要的科学或文化艺术价值，姿态奇特，或本身是珍稀濒危的名木，列为一级保护对象；树龄在600～1000年的古树，或具重要的科学或文化艺术价值及纪念意义的名木，列为二级保护对象；树龄在300～599年的古树，或具一定的科学或文化艺术价值及纪念意义的名木，列为三级保护对象；树龄在100～299年的古树，或稍具科学及文化艺术价值及纪念意义的名木，列为四级保护对象。

2. 国家环保局

一般树龄在百年以上的大树即为古树；而那些树种稀有、名贵或具有历史价值、纪念意义的树木则可称为名木。更明确的说明：如距地面1.2m的胸径在60cm以上的柏树类、白皮松、七叶树，胸径在70cm以上的油松，胸径在100cm以上的银杏、国槐、楸树、榆树等古树，且树龄在300年以上的，定为一级古树；若胸径在30cm以上的银杏、楸树、榆树等，且树龄在100年以上300年以下的，定为二级古树；稀有名贵树木指树龄在20年以上，胸径在25cm以上的各类珍稀引进树木；国外朋友赠送的礼品树、友谊树，有纪念意义和具有科研价值的树木，不限规格一律保护。其中各国家元首亲自种植的定为一级保护，其他定为二级名木。

3. 国家建设部

1982年，当时国家城建总局制定的文件规定，古树一般指树龄在百年以上的大树；名木指树种稀有、名贵或具有历史价值和纪念意义的树木。2000年9月1日国家建设部重新颁布了《城市古树名木保护管理办法》，将古树定义为树龄在100年以上的树木；把名木定义为国内外稀有的、具有历史价值和纪念意义以及重要科研价值的树木；凡树龄在300年以上，或者特别珍贵稀有，具有重要历史价值和纪念意义，重要科研价值的古树名木，为一级古树名木，其余为二级古树名木。

4. 全国绿化委员会、国家林业局

2001年9月26日，全国绿化委员会、国家林业局以全绿字［2001］15号文件下发了《关于开展古树名木普查建档工作的通知》，通知附件《全国古树名木普查建档技术规定》第四条古树名木的分级及标准：古树分为国家一、二、三级，国家一级古树树龄500年以上，国家二级古树树龄300~499年，国家三级古树树龄100~299年。国家级名木不受年龄限制，不分级。

二、古树名木保护的意义

古树名木是历史留给我们的宝贵财富，它见证着环境与历史的变迁，承载着历史、人文与环境的信息，是不可再生、不可替代的活的文物。研究和保护古树名木具有十分重要的现实意义。

（一）古树名木是历史的见证

我国有周柏、秦桧、汉槐、隋梅、唐杏、唐樟之说，均可作为历史的见证；北京景山崇祯皇帝上吊的古槐（现在已非原树）是记载农民起义伟大作用的丰碑；北京颐和园东宫门内有两排古柏，八国联军火烧颐和园时曾被烧，因此靠近建筑物的一面没有树皮，它是帝国主义侵华罪行的记录；国子监有一株桧柏，相传明朝奸相严嵩路过时，柏枝触落严嵩的乌纱帽，被后人称为“除奸柏”；潭拓寺院内有两棵银杏树，高30m，树围7~8m，这两棵树又称为“帝王树”，据说是清代乾隆皇帝来寺院拜佛而得名。

（二）古树名木具有文化艺术价值

很多古树名木是历代文人墨客吟诗作画、借以抒怀的重要题材。例如：“扬州八怪”中的李鳝，曾作名画《五大夫松》，是泰山名木的艺术再现。嵩阳书院的“将军柏”，更有明清文人赋诗三十余首之多。这类为古树而作的诗画，为数极多，成为我国文化艺术宝库中的珍品。

另如：苏州拙政园文征明先生手植“紫藤”青石碑，由于名园、名木、名人，而被朱德的老师李根源先生誉为“苏州三绝”之一，具有极高的人文旅游价值。

（三）古树名木是名胜古迹的重要景观

古树名木是历代陵园、名胜古迹的佳景之一。古树名木苍劲古雅，姿态奇特，如北京天坛的“九龙柏”、团城的“遮阴侯”、中山公园的“槐柏合抱”、香山公园的“白松堂”、嵩山山脚下的“大将军柏”、“二将军柏”、“三将军柏”、黄陵的黄帝手植柏、黄山的迎客松以及苏州光福寺的“清、奇、古、怪”4株圆柏等，因观赏价值极高而闻名中外，祖国山河因它们而被装点得更加美丽多娇，令无数中外游客流连忘返。

（四）古树名木具有重要的科学研究价值

古树经历了大自然千百年的变化，就好比一部极其珍贵的自然史书。一方面古树是研究自然史的重要资料，其复杂的年轮结构，能反映气候的历史变化情况，在研究世界气候的历史演变过程中起着其他因素无法替代的作用。1976年兰州大学生物系和兰州冰川冻土与沙漠研究所的科技工作者，研究了祁连山圆柏从公元1059～1975年的917个年轮，推断了近千年气候变化情况，进一步证明了竺可桢教授《中国近五千年来气候变迁的初步研究》一文论断的正确性。另一方面，古树是研究树木生理的特殊材料。树木的生长周期很长，相比之下人的寿命却短得多，对它的生长、发育、衰老、死亡的规律我们无法用跟踪的方法加以研究，古树的存在使树木生长、发育在时间上的顺序展现为空间上的排列，使我们能以处于不同年龄阶段的树木作为研究对象，从中发现该树种从生到死的总规律，帮助人们认识各种树木的寿命、生长发育状况以及抵抗外界不良环境的能力。

（五）古树名木对现今城市树种规划有重要的参考价值

古树多为乡土树种，对当地气候和土壤条件及抗病虫害方面有很高的适应性。因此，城市树种选择要以乡土名贵树种为重点，其次通过对适合于本地栽培的树种要积极引种驯化，以期从中选出优良新种。

（六）古树名木具有较高的经济价值

古树名木为当地带来直接或间接的经济价值。有些古树名木为旅游资源的开发提供了难得的条件，而有些古老的经济树木依然具有巨大的生产潜力。如素有“银杏之乡”之称的河南嵩县白河乡，该地有树龄在300年以上的古银杏树210株，1986年产白果2.7万kg；新郑县孟庄乡的1株古枣树，单株采收鲜果达500kg。

有些古树在保存优良种质方面具有重要的意义。兰州市有数千株百年以上的古梨树，它不仅盛产独特、优质的果类产品，还是优质的果树种质资源。

任务2　古树名木的保护与管理

一、古树名木的管理办法

随着我国经济的迅速发展和社会文明程度的逐步提高，古树名木的价值逐渐被人们所认识，保护与管理古树名木工作开始得到社会的关注和重视。为了做好古树名木的保护管理工作，各地区应组织专人进行细致的调查，摸清古树名木资源。调查内容主要包括：树名、位置、树龄、树高、胸围、冠幅、生长势、生长环境、权属、挂牌单位、管护单位、古树历史传说或名木来历、古树保护现状以及建议等，逐渐建立健全我国的古树名木资料档案。

城市和风景名胜区范围内的古树名木，由各地城建、园林部门和风景名胜区管理机构组

织调查鉴定，进行登记造册，建立档案；对散生于各单位管界及个人住宅庭院范围内的古树名木，由单位和个人所在地城建、园林部门组织调查鉴定，并进行登记造册，建立档案，相关单位和个人要积极配合工作。

在调查、分级的基础上，对古树名木进行分级养护管理。根据国家颁发的古树名木保护办法规定：

1）国务院建设行政主管部门负责全国城市古树名木保护管理工作。省、自治区人民政府建设行政主管部门负责本行政区域内的城市古树名木保护管理工作。城市人民政府城市园林绿化行政主管部门负责本行政区域内的城市古树名木保护管理工作。

2）城市人民政府城市园林绿化行政主管部门应当对本行政区域内的古树名木进行调查、鉴定、定级、登记、编号，并建立档案，设立标志。一级古树名木由省、自治区、直辖市人民政府确认，报国务院建设行政主管部门备案；二级古树名木由城市人民政府确认，直辖市以外的城市报省、自治区建设行政主管部门备案。城市人民政府园林绿化行政主管部门应当对城市古树名木，按实际情况分株制定养护、管理方案，落实养护责任单位、责任人，并进行检查指导。

3）古树名木保护管理工作实行专业养护部门保护管理和单位、个人保护管理相结合的原则。生长在城市园林绿化专业养护管理部门管理的绿地、公园等的古树名木，由城市园林绿化专业养护管理部门保护管理；生长在铁路、公路、河道用地范围内的古树名木，由铁路、公路、河道管理部门保护管理；生长在风景名胜区内的古树名木，由风景名胜区管理部门保护管理。散生在各单位管界内及个人庭院中的古树名木，由所在单位和个人保护管理。变更古树名木养护单位或者个人，应当到城市园林绿化行政主管部门办理养护责任转移手续。

4）古树名木的养护管理费用由古树名木责任单位或者责任人承担。抢救、复壮古树名木的费用，城市园林绿化行政主管部门可适当给予补贴。城市人民政府应当每年从城市维护管理经费、城市园林绿化专项资金中划出一定比例的资金用于城市古树名木的保护管理。

5）古树名木养护责任单位或者责任人应按照城市园林绿化行政主管部门规定的养护管理措施实施保护管理。古树名木受到损害或者长势衰弱，养护单位和个人应当立即报告城市园林绿化行政主管部门，由城市园林绿化行政主管部门组织治理复壮。对已死亡的古树名木，应当经城市园林绿化行政主管部门确认，查明原因，明确责任并予以注销登记后，方可进行处理。处理结果应及时上报省、自治区建设行政部门或者直辖市园林绿化行政主管部门。

6）集体和个人所有的古树名木，未经城市园林绿化行政主管部门审核，并报城市人民政府批准的，不得买卖、转让。捐献给国家的，应给予适当奖励。任何单位和个人不得以任何理由、任何方式砍伐和擅自移植古树名木。严禁损害城市古树名木的行为。新建、改建、扩建的建设工程影响古树名木生长的，建设单位必须提出避让和保护措施。

7）在古树名木的保护管理过程中，各地城建、园林部门和风景名胜区管理机构要根据调查鉴定的结果，对本地区所有古树名木进行挂牌，标明树名、学名、科属、树种、管理单位等。同时，要研究制定出具体的养护管理办法和技术措施。

二、古树名木保护的政策与法规

我国政府十分重视对古树名木的保护工作，尤其是20世纪70年代以来，古树保护工作被提上各级政府部门的议事日程，国家相关部门制定了部分古树名木管理法规制度。1982年3月国家城建总局出台了《关于加强城市与风景名胜区古树名木保护管理的意见》；1995年8月，国务院颁布《城市绿化条例》，在《条例》中对古树名木及其保护管理办法、责任以及造成的伤害、破坏等做出相关的规定、要求与奖惩措施；1996年，全国绿化委员会印发了《关于加强保护古树名木工作的通知》和《实施方案》后，北京、上海、天津、山西、浙江等省（区、市）绿委和林业厅联合下发了关于进一步加强古树名木保护管理工作的法规；2000年9月国家建设部重新颁布了《城市古树名木保护管理办法》，就古树名木的范围、分级进行了界定，并就古树名木的调查、登记、建档、归属管理以及责任、奖惩制度等方面做出了具体的规定和要求。全国绿化委员会、国家林业局，2001年9月26日以全绿字[2001] 15号文件下发了《关于开展古树名木普查建档工作的通知》(通知附件《全国古树名木普查建档技术规定》)，就古树名木的范畴与分级、建档管理、调查工作、质量管理等做了具体的说明。

任务3 古树名木的养护及复壮技术措施

一、古树名木保护与生长环境的关系

(一) 古树生长的环境条件

古树之所以树龄比较大，一是它自身的生物学特性决定的，二是古树的生长环境适合树木长期生长。

位于自然风景区、自然山林的古树名木，比较稳定的原生生长条件促使其正常生长；位于寺庙、名胜古迹的古树名木，受到了人们的有意保护，生长良好；有些古树有其特殊的立地条件，如光照水分与营养条件良好，有利于树木的生长发育。

(二) 古树名木生长衰退的表现

古树名木生长衰退主要表现在：光合速率降低，呼吸强度降低，核糖核酸及蛋白质合成减少，激素含量降低。

(三) 古树名木生长衰退的主要原因

1. 树龄老化

从树木的生命周期看，许多树种在百年树龄时才进入中年期。树木由衰老到死亡复杂的生理、生命是与生态、环境相互影响的一个动态变化过程，是树种自身遗传因素、环境因素以及人为因素的综合结果。与衰老相关的生理反应指标主要有：叶绿素下降、蛋白质下降率、超氧化物歧化酶（SOD）活性下降率。

2. 生长环境改变

(1) 土壤　人类活动造成土壤条件的恶化，主要是土壤密实度过高，随意排放废弃物，造成土壤理化性质发生改变。古树长期固定生长在某一地点，在得不到养分的自然补偿以及定期的人工施肥补偿时，常常形成土壤中某些营养元素的贫缺。

（2）水分　如古松树，其周围土壤自然含水量适宜范围为15% ~17%；高于20%时，根系生长停止或烂根；当低于5% ~7%时，根系将干旱而死。古树周围铺装地面改变土壤水分环境，减少土壤水分的积蓄，致使古树根系经常处于透气、营养与水分极差的环境中。建筑施工切断古树地下水系，使地下水位上升，造成烂根。

（3）温度　持续高温导致古树叶绿素被破坏，蛋白质凝聚变性，叶片发黄褪色，光合强度降低，叶片灼伤。持续低温造成冻害，但冻害对古树影响较小。

（4）光照　古树名木周围常有高大建筑物开发，会影响古树接收的光照，北向的阻光和南向的辐射光，都不利于树体的正常生长。

3. 自然灾害

自然灾害主要是台风、雷击、暴雪、暴雨、干旱、地震等。

4. 病虫危害

各类有害生物的破坏。

5. 人类活动的影响

建筑、施工、踩踏等人类活动，车辆过往、挤压、碰撞，工业“三废”污染、废气污染，对古树造成了人为伤害。

古树经历了数百乃至数千年的历史，生命力趋于老化，加之其他各种原因，如地上建筑物影响古树光照和生长，地下设施造成古树根系生存困难，长期践踏使地面板结密实，影响通透和根呼吸，地面硬化阻碍气体交换和浇水施肥，古树周边各种建筑物挤占使古树生长受限和营养面积狭小，地上地下污染物对古树的影响，不当的其他人为活动对古树的伤害，病虫危害，干旱、雷击、大风、寒冷、水淹等自然灾害的影响等，都会使古树出现衰败现象，如枝叶凋落、顶梢枯萎、树冠残缺、树干空腐、病虫严重、根系生长不良等现象，有的可能造成死亡，使古树景观无法再现，因此必须重视古树的养护管理与复壮。

二、古树名木养护管理技术

（一）树体支架缆绳加固

古树由于年代久远，有的侧枝或树冠很大，难以负重；有的主干倾斜或中空，使树冠失去平衡或难以支撑，可能造成树体倾斜、断裂、甚至死亡。有的虽然树体正常，但由于年久衰老，枝条下垂，伤病等各种原因，树干、树枝的支撑能力下降。所以，需要根据情况，制作专门的支架，加以支撑保护，或者用链条将可能劈裂的主要分枝拉住，防止劈裂。这既是古树安全、长久保护的需要，也可防止古树倾倒、折枝可能对人身造成伤害。如兰州市五泉山公园的银白杨，用其他已枯死树干作为支撑，北京故宫御花园的龙爪槐和皇极门内的古松均用钢管呈棚架式支撑等，都取得了一定的支撑与保护作用，如图12-3所示。

（二）树洞处理与修补

树洞一般是因为受自然或人为伤害所形成的，如自然界的暴风、雷电、冰裂、病虫侵入、火灾，人为的碰撞、修剪、砍伐、刀、锯、斧伤害、化学品腐蚀等，都可能形成树洞或树穴。特别是年代久远的古树，树洞发生的几率更多。修补树洞的目的，就是为了及时恰当地处理伤口，防止树洞继续扩大和发展，同时给以必要的加固。主要有以下三种方法：

1. 开放法

树洞不深或树洞过大都可采用此法，将树洞内腐烂木质部彻底清除，防止进一步感染，

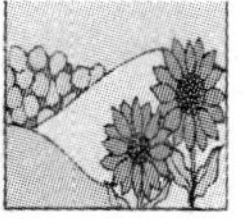

刮去洞口边缘的死组织，直至露出新的组织为止，用药剂消毒并涂防护剂，防护剂每半年左右涂一次。同时改变树洞形状，以利排水，也可在树洞最下端插入排水管，以后经常检查防水层和排水情况。如果树洞很大，给人以奇特观感，欲留作观赏时可用此法。

2. 封闭法

对较窄的树洞，可以在洞口表层覆以金属薄片，待树洞愈合后嵌入树体封闭洞口。也可将树洞经消毒后，在洞口表面钉上板条，以油灰（生石灰：熟铜 =1：0.35）和麻刀灰封闭，再用石灰、乳胶、颜料粉涂抹，可增加美观，还可以在上面压树皮状花纹，也可钉一层真树皮。

3. 填充法

填充物可以用水泥和小石砾的混合物，如水泥，可就地取材，如图 12-4 所示。填充材料必须压实，为加强填料与木质部连接，洞内可钉电镀铁钉，并在洞口内两侧挖一道深约4cm 的凹槽。填充物从底部开始，每 20～25cm 为一层，用油毡隔开，每层表面略向外倾斜，以利排水。外层表面用石灰、乳胶、颜料粉涂抹，为了美观，富有真实感，在最外层钉一层真的树皮。

此外，有些树洞需要加固。如果树洞过大，会严重影响树木的支撑力和稳定性，可以用螺纹杆横向或纵向加固，最好用外支撑架支撑加固。

（三）设避雷针

古树遭受雷击后，受伤严重，有的在雷击后还可能完全死亡。雷击不但对古树威胁很大，对人身或其他安全也有很大危险。所以，高大的古树应安装避雷针，防止危险的发展。如果遭受了雷击，就要及时将伤口刮平，涂上保护剂，进行必要的绑扎，堵好树洞，并辅以其他相应的管护。在兰州市南滨河东路有一株国槐，上世纪 80 年代遭受雷击后，经过防护处理，现在又重新焕发了生机。

（四）灌水、松土、合理施肥

为了保证古树的旺盛与持久，补充水分是很必要的。春、夏季灌水防旱，秋季、冬季浇水防冻，灌水后结合松土，一方面保墒，另一方面增加通透性。

古树一般生长在庭院、公园等环境比较干净而肥料来源较少的地方，加上长期生长在同一地点，某些营养元素会因长期吸收消耗而逐渐缺乏。为了保证古树的健康生长，施用一定的肥料是十分必要的。古树施肥要慎重，一般在树冠投影部分开沟（深 0.3m、宽 0.7m、长 2m 或深 0.7m、宽 1m、长 2m），沟内施腐殖土加稀粪，或适量施化肥等，增加土壤的肥力。要严格控制肥料的用量，绝不能造成古树生长过旺，特别是原来树势衰弱的树木，如果在短时间内生长过盛会加重根系的负担，造成树冠与树干及根系的平衡失调，结果适得其反。

对古树不但应当留有足够的地面和生长空间，而且对树池和围栏中的土壤要适时进行翻挖、疏松，以保持良好的通透性。松土如能在施肥或灌水后结合进行效果会更好。

（五）树体喷水

由于城市空气浮尘污染，古树树体截留灰尘极多，影响观赏效果和光合作用，树体也显得干燥。可采用喷水方法加以清洗，此项措施费工费水，一般只在重点景区采用。

（六）修剪与整枝

对古树可以进行适当的修剪，主要是把枯枝、死枝、妨碍生长的枝条、根部或主干上多余的分蘖、分枝、或存在安全隐患的枝条等剪去。必要时也可以进行适当短截或回缩。小型枝条可用枝剪直接剪去，较大的枝秆用锯子锯断。伤口要用消毒剂消毒，并用敷料密封。

（七）防治病虫害

病虫害是看不见的森林火灾，更是古树的大敌。病虫害防止的原则是“预防为主，综合防治”。技术关键是及时、准确、有效，目的是把危害控制在不造成损失的范围内。病虫害防治方法因树种、病原等而异。一般说来，加强古树的养护管理，使其旺盛生长，就能抵御病虫害的侵扰。其次，如果发生病虫害，就要采取人工、化学及生物的方法，对症下药，及时防治。

如黄山迎客松有专人看护监测红蜘蛛的发生情况，一旦发现及时做处理；天牛是古柏的主要害虫，北京天坛公园从天牛的生活史着手，抓住每年3月中旬左右天牛从树内到树皮产卵的时机，往古柏上打二二三乳剂，称为“封树”。

（八）修建树池与设置围栏

给古树生长处保留一个必需的生长空间，树干周围留有一定的地盘，建成树池或修建围栏，是进行保护与养护管理的措施之一，如图12-5所示。

树池的大小因条件而异，一般应为树干直径的4~6倍，可以是圆形、方形或其他多边形，以圆形为好。树池地面通常有3种类型，一是树池表面高于周围地面（正地形），二是树池表面与周围地面相平（平地形或零地形），三是树池表面低于周围地面（负地形）。一般以负地形为好。树池修建的材料，以砖或可以透水的水泥块为好，以便使周围的水能够流渗到树池里面。

对人类活动频繁的立地环境中的古树，要设围栏进行保护。材料用水泥桩、角铁桩或木桩均可，高度为0.5~1.0m左右，大小为树干直径的5~10倍，将树池和树干都围圈在围栏之中。

（九）树皮、枯枝落叶覆地保护

在树池或围栏面积较大的古树周围，或有古树群分布的地方，用树皮或枯枝落叶覆盖地面，不但能起到保护土壤、接纳水分、防止起尘、减少或抑制杂草的作用，而且可以使这些有机物质分解后返还土壤，提高土壤肥力，成为古树的营养物质。

（十）立标示牌

古树名木要挂牌保护，如图12-6所示，标牌上标明树种、树龄、等级、编号、历史背景、管理部门、管理措施等信息，可以加强宣传教育，利于古树名木的养护管理。

三、古树复壮技术

（一）埋条促根

据北京市园林科研所的研究，北京市公园古松柏生长衰弱的根本原因是土壤密实度过高，透气性不良。针对这个问题，他们采取了埋树条或埋树条与铺草皮和铺梯形砖相结合，并加设保护性栅栏的措施。

埋条法有放射沟埋条法和长沟埋条法。具体做法为：在树冠投影外侧挖放射状沟4~12条，每条沟长为120cm左右，宽为40~70cm，深为80cm。沟内先垫放10cm厚的松土，再把截成40cm长的枝段的苹果、海棠、紫穗槐等树枝缚成捆，平铺一层，每捆直径20cm左右，上撒少量松土，同时撒入粉碎的麻酱渣和尿素，每沟施麻酱渣1kg，尿素50g，为了补充磷肥放少量的动物骨头和贝壳等，覆土10cm后再放入第二层树枝捆，最后再覆土踏实。

如果株行距大，也可以采用长沟埋条，沟宽70～80cm，深80cm，沟长200cm左右，然后分层埋树条施肥，覆盖踏实，注意沟内不要积水。

（二）施腐叶土

如果古树名木因为土壤营养不良、土壤密实度过高而生长状况较差，可以采用施腐叶土的方法来改善土壤的物理化学性状，有利于古树名木的生长。

腐叶土可以采用松、栎的自然落叶，取60%腐熟加40%半腐熟的落叶混合，再加少量N、P、Fe、Mn等元素配制而成，配置后的腐叶土，pH值控制在7.1～7.8范围内，富含多种矿质元素、胡敏素、胡敏酸和黄腐酸，可有效促进土壤微生物的活动，促进古树名木的根系生长。有机物逐年分解后与土壤胶合成团粒结构，其中固定的多种元素可逐年释放出来，施肥后3～5年内土壤有效孔隙度可保持在12%～15%，有效地改善了土壤的物理性状。

（三）地面铺梯形砖和草皮

为了防止土壤被踏实，可以采用根基土壤铺梯形砖、带孔石板或种植地被的方法，在地面上铺置上大下小的特制梯形砖，砖与砖之间不勾缝，留有通气道，下面用石灰砂浆衬砌，砂浆用石灰、砂子、锯末配制，比例为1∶1∶0.5。同时，还可以在上面种植花草或草皮，并围上栏杆禁止游人践踏；或在上面铺带孔的或有空花条纹的水泥砖或铺铁筛盖，对古树复壮有良好的作用。

（四）换土

古树几百年甚至上千年生长在一个地方，土壤里肥分有限，常呈现缺肥症状，再加上人为踩实，土壤不能与外界环境保持正常的水气交换，使古树根系生长受到影响。如北京故宫园林科从1962年起开始用换土的办法抢救古树，使老树复壮。

皇极门内宁寿门外有1株古松，幼芽萎缩，叶子枯黄，好似被火烧焦一般。在树冠投影范围内，对主根部位的土壤进行换土，换土时深挖0.5m（随时将暴露出来的根用浸湿的草袋子盖上），以原来的旧土与沙土、腐叶土、锯末、粪肥、少量化肥混合均匀之后填埋其中，换土半年之后，这株古松重新长出新梢，地下部分长出2～3cm的须根，于是死而复生。以后又换过几株，效果都很好。如1975年又将一株濒死的古松救活，这棵树换土时深达1.5m，面积也超出了树冠投影部分。同时挖深达4m的排水沟，下层填以大卵石，中层填以碎石和粗砂，上面以细砂和园土填平，使排水顺畅。目前，故宫里凡是经过换土的古松，郁郁葱葱，很有生机。可见，对古树名木换土复壮是抢救濒危古树的重要措施。

（五）土壤翻晒

有些古树树根周围铺有冷季型草坪，古树可能因水分过多、通气不良而使生长受到影响。这种情况下，必须将树冠投影下面的草坪移走，先将表土起出，放在一边，然后顺着主根深挖，将其土放在另一边，深度在20cm以下，注意树穴不被雨淋，下雨时要用塑料布将树穴盖上，土壤经过晾晒4～7d，将原土加入松针土拌匀，再加入70%的五氯硝基苯（$5g/m^2$）或多菌灵（$2.5g/m^2$）等，与50～100倍的细土拌匀，如果有菌剂最好一起填入。

（六）化学药剂疏花疏果

采用疏花疏果可以降低古树的生殖生长，扩大营养生长，恢复树势从而达到复壮的效果。疏花疏果的关键是疏花，可采用喷施化学药剂来达到目的，一般喷洒的时间以秋末、冬季或早春为好。如在国槐开花期喷施50mg/L萘乙酸混合3000mg/L的西维因或200mg/L赤霉素效果较好；若在秋末对侧柏和龙柏（或桧柏）喷施，侧柏以喷400mg/L萘乙酸为好，龙柏以喷800mg/L萘乙酸为好，但从经济角度出发，200mg/L萘乙酸对抑制二者第二年产生雌雄球花的效果很有效；若在春季，以喷施800~1000mg/L萘乙酸、800mg/L（2，4-D）、400~600mg/L吲哚乙酸为宜，对于油松，若在春季喷施，可采用400~1000mg/L萘乙酸。

（七）喷施生物混合制剂

据雷增普等报道（1995年），用生物混合剂（“五四零六”细胞分裂素、农抗120、农丰菌、生物固氮肥相混合），对古圆柏、古侧柏实施叶面喷施和灌根处理，促进了古柏枝、叶与根系的生长，增加了枝叶中叶绿素量及磷含量，也增加了耐旱力。

（八）设置复壮井

对已衰老古树可以采用其他特殊措施加以复壮。如挖坑砌复壮井、井内填充复壮材料。

1. 挖坑砌复壮井

在树冠投影外围，根据树木生长的立地条件，一般先挖一个高1.3~1.8m左右、直径为1.5m左右的施工坑，数量可根据立地条件而定，然后在坑内用砖砌圆形复壮井，底大口小，一般高度为1.5m左右，井下部直径为1.3m左右，上部直径为40cm左右，注意井壁砖与砖之间要留缝隙，活动井盖上要留透气孔，以后可通过活动井盖进行施肥和地下害虫的防治。

2. 井内填充复壮材料

井内最底层先铺10cm厚的沙子或腐殖土，再放20cm长的小树枝，其上填30cm深的混合材料（每株配置比例为：腐殖土200~400kg、沙子或炉渣25kg、呋喃丹250g、克百威250g、复合肥10kg、油渣10kg、过磷酸钙2.5kg、树叶或锯末50kg、硫酸亚铁1~3kg，将肥料与土混拌均匀），然后放第2层小树枝，再覆混合材料，浇人粪尿50kg，灌水，覆土，最后用活动带孔水泥板或花岗岩压住井口（与周围铺装材料一致），以便于在井内浇水、施肥、防治地下害虫。1993年5月，兰州市五泉山公园用这种方法对两株古银白杨进行了复壮，通过复壮后调查，树木长势比复壮前更加旺盛。

（九）其他复壮技术

对已衰老古树还可以采用其他特殊措施加以复壮。

1. 靠接技术

古树衰老主要原因是根系衰老导致吸收功能降低，通过靠接引入新根系可明显增加古树的长势。在古树边植入2~4cm的同种树种，待其成活后进行靠接，是一种简便可行的方法。

2. 生根激素处理

断大根并涂布生根激素于断根处，可诱发大量的新根（一株古树分几年完成），让古树重新焕发新姿。

实训7　古树名木的调查方法

一、目的要求

了解古树名木调查的内容，掌握古树名木各项指标的调查方法，针对当地古树名木管理与保护中存在的问题，提出合理保护开发古树名木资源的几点建议。

二、工具及材料

50m皮尺、5m钢卷尺、测高器、数码相机、GPS卫星定位仪、纪录表格等。

三、调查方法

为了做好古树名木的保护管理工作，对当地古树名木做细致的调查。调查内容主要包括：树名、位置、树龄、树高、胸围、冠幅、生长势、生长环境、权属、挂牌单位、管护单位、古树历史传说或名木来历、古树保护现状以及建议等。

以实地现场调查为主，并结合访问当地有关人员，查阅相关历史、地方志及有关资料综合进行。

树高用皮尺和测高器测定；胸径、冠幅用皮尺测定；海拔以及 GPS 信息用 GPS 卫星定位仪测定；生长势、土壤名称、树木生长环境、树木特殊状况描述、古树保护现状以及建议等则根据实地观察的情况确定；古树历史传说或名木来历主要根据文献、史料、传说以及走访等形式相结合来确定。文字记载力求详尽无误，且对调查对象拍照记录。树龄主要以文献、史料、传说以及走访等形式相结合来确定。

四、实训报告

对当地的古树名木，写好调查记录表格，针对古树名木保护中存在的问题，提出几点建议。

归纳总结

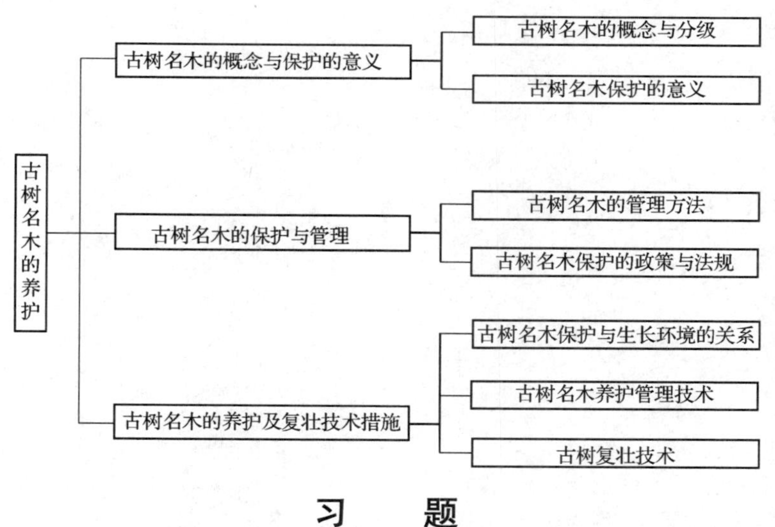

习 题

一、名词解释（9 分）

古树　　名木　　古树名木的分级（国家建设部）

二、填空题（21 分）

1. 古树名木生长衰退的主要原因有______、______、______、______、______。

2. 古树名木调查内容主要包括______、______、______、______、______、______、______、______、______、______、______、______、______。

3. 古树名木的复壮措施包括______、______、______、______、______、______。

三、是非题（10 分）

1. 古树名木多为乡土树种，对当地气候和土壤条件有很强的适应性。(　　)

2. 树洞处理时为了防止树洞继续扩大和发展，主要有开放法、填充法和防治病虫害。( )

3. 施腐叶土分放射性沟施和分层沟施两种方法。( )

4. 有的名木因其社会影响而闻名于世，其树龄可以不超过百年。( )

四、简答题（60 分）

1. 古树名木保护的意义有哪些？(12 分)

2. 结合实际举例说明古树名木的养护管理措施。(12 分)

3. 简述“埋条促根”的具体操作方法。(16 分)

4. 结合当地情况，简述如何保护当地的古树名木。(20 分)

项目13 城市树木的安全管理

【学习目标】

了解园林树木的安全性问题、树木腐朽及其危险性，掌握树木损伤的预防方法及常见的处理技术，能够建立树木安全管理系统和树木安全分级系统。

【学习要点】

重点掌握危险性树木的概念、树木损伤的预防及处理技术和树木的安全管理措施。

园林绿地中有许多成年的大树，它们可以改善城市生态环境，为居民提供户外游憩的乐趣，同时也是城市所拥有的财产。但是我们经常可以见到，有些树木由于受到自然或人类活动的影响而处于衰退的状态，有的出现严重的损伤。这类树木不仅不能发挥正常的功能，还可能直接对居民或财产构成损害，因此城市树木安全管理显得尤为重要。

任务1　城市园林树木的安全性

人们在生活中总能见到许多大树、老树、古树，以及不健康的树木，由于各种原因而出现生长缓慢、树势衰弱、根系受损、树体倾斜，甚至出现断枝、枯枝等情况，这类树木如果遇到大风、暴雨等异常天气就容易折断、倒伏，树枝垂落而危及建筑设施，并对人群安全构成威胁。实际上几乎所有的树木多少都具有潜在的不安全因素，即使是健康生长的树木，也可能会因生长过快，枝干强度降低而发生意外情况，成为环境不安全的隐患。

一、具危险性树木的概念

一般把树体结构发生异常且有可能危及目标的树木称为具危险性树木。

（一）树体结构异常

由于病虫害等引起的枝干缺损、腐朽、溃烂；各种损伤造成树干劈裂、折断；一些大根损伤、腐朽；树冠偏斜、树干过度弯曲、倾斜；或由于树木生长的立地环境限制及其他因素造成的树木各部构造的异常。树木结构方面的异常因素主要包括以下几个方面：

1. 树干部分

树干的尖削度不合理，树冠比例过大、严重偏冠，具有多个直径几乎相同的主干，木质部发生腐朽、空洞，树体倾斜等。

2. 树枝部分

大枝（一级或二级分支）上的枝叶分布不均匀，大枝呈水平延伸、过长，前端枝叶过多、下垂，侧枝基部与树干或主枝连接处腐朽，连接脆弱；树枝木质部纹理扭曲，腐朽等。

3. 根系部分

根系浅、根系缺损、根系裸露、腐朽，侧根环绕主根影响及抑制其他根系的生长。

树木结构异常是城市不安全的潜在因素，是可以预测和预防的。需要注意的是，有些树木由于生长速度过快，树体高大、树冠幅度大，而枝干强度低、脆弱，很容易在异常气候的情况下产生树体倾倒或枝条折断的现象，应当予以重视。

（二）有危及的目标

除了上述因树木本身情况外，定义为不安全的树木还必须具有可能危及的目标。如果受损的树木生长在旷野，一般不会对人的生命财产构成威胁，但生长在城市就要引起重视。城市树木危及的目标包括人群、各类建筑、设施、车辆等。对人经常活动的地方，如人行道、公园、街头绿地、广场等，以及重要的建筑附近的树木，应该加强监管，同时也应注意树木对地面和地下部分城市基础设施产生的影响。

另外，树木生长的位置以及树冠结构等方面对交通也可能产生影响。例如，种植于十字路口的行道树，如果树木体积过大，树冠或向路中伸展的枝叶可能会遮挡司机的视线；行道树的枝过低也可能造成对行人的意外伤害，这类问题也应列为树木造成的不安全因素。

二、树木的不安全因素

（一）自然因素

1. 树冠的结构

乔木树种的树冠构成基本为两种类型，一类具有明显的主干，顶端生长优势显著；另一类具有多个主干。

（1）单主干型　如果中央主干发生如虫蛀、损伤、腐朽，则其上部的树冠就会受影响；如果中央主干折断或严重损伤，有可能形成一个或几个新的主干，而其基部分枝处的连接强度弱；两主干在生长过程中相连，夹嵌树皮，其木质部的年轮组织只有一部分相连，随着直径生长，这两个主干交叉的外侧树皮出现褶皱，交叉的连接处产生劈裂，这类情况危险性极大，必须采取修补措施来加固。

（2）多主干类型　这类树木通常由多个直径和长度相近的侧枝构成树冠，它们的排列是否合理是树冠结构稳定性的重要因素。几个一级侧枝的直径与主干直径相似；几个直径相近的一级侧枝几乎着生在树干的同一位置；古树、老树树冠继续有较旺盛的生长。这几种情况构成潜在危险的可能性很大。

2. 树木偏冠

园林树木树冠一侧的枝叶多于其他方向，导致树冠不平衡，树干因受风的影响呈扭曲状。

3. 树干木质部裂纹

如树干横断面出现裂纹，在裂纹两侧尖端的树干外侧形成肋状隆起的脊，如果该树干裂口在树干断面及纵向延伸，肋脊在树于表面不断外突，并纵向延长则形成类似板状根的树干外突；树干内断面裂纹如果被今后生长的年轮包围、封闭，则树干外突程度小而近圆形。如果树干内部发生裂纹而又未能及时修复形成条肋，在树干外部出现纵向的条状裂口，则最终树干可能纵向劈成两半，构成危险。

4. 夏季的树枝折断和垂落

大树在夏季无风天气发生树枝断落的现象，有可能严重危及行人的安全，因此应得到足够的重视。可以通过修剪，剪去水平方向的多余枝条以及病弱、腐朽、干枯的树枝，同时注

意树种的选择，在人群经常活动的地方尽量不要栽植容易发生夏季树枝垂落的树种。

5. 树干倾斜

树干严重向一侧倾斜的树木最具潜在的危险性，如图 13-1 所示。如果位于重点监控的地方，应采取必要的措施或伐除，有几点应注意：

1）树木一直倾斜，在生长过程中形成了适应这种状态的木质部结构及根系，其倒伏的危险性要小于那些原来是直立的，由于外来的因素造成树体倾斜的树木。

2）如果树干倾斜的程度越来越大，树干在倾斜方一侧的树皮形成褶皱，另一侧树干上的树皮会脱落造成伤口。

3）倾斜的树木，倾斜方向另一侧的长根像缆绳一样拉住倾斜的树体，一旦这些长根发生问题，或暴风来自树干倾斜方向，则树木极易倾倒。

6. 树木根系问题

（1）根系固着力差　在一些立地条件下，例如土层很浅、土壤含水过高、土质疏松、土壤沙化，树木根系的固着力低，不能抵抗大风等异常天气条件，甚至不能承受树冠本身的重负。特别是在水土流失严重的立地环境中，主侧根常裸露于地表，因此在这样的立地环境中不宜栽植大乔木，或必须通过修剪来控制树木的高度和冠幅。

（2）根及根颈的感病　有些树木由于树干基部被填埋、雨水过多、灌溉过度、根部覆盖物过厚、或者地被植物覆盖过多，造成根系受损，使根及根颈容易感染病菌，如图 13-2 所示。由于树木出现病症之前，根系可能就已经感病，因此，在做树体检查时，先要检查根系和根颈部位。在树干基部周围挖开土壤直至暴露树木的支撑根，观察其是否有感病、腐朽等现象。根系的病菌经常可以感染周围健康的树木，因此在群植区如发现树木根系有腐朽菌造成根系腐朽，应及时检查其他邻近的树木，特别是同一树种的树木。

7. 树干受冻伤或遭雷击损伤

低温冰冻可以构成对树干的损伤，特别是树皮已有裂纹的情况，例如积雪消融或降雨后的低温天气，有可能使树干冻裂。严重的雷击可把树干劈裂、粉碎，造成树木死亡或在树干上留下伤痕，这两种伤害增加了病菌感染的机会。

8. 已死的树木或树枝

城市树木发生死亡的现象十分常见，只要死亡的树枝不腐朽仍相对比较安全，一般情况，针叶树死亡时根系没有腐朽，在 3 年时间内其结构可保持完好，但阔叶树死亡后其树枝折断垂落的时间要早于针叶树。由于无法准确预测死亡树枝何时腐烂，因此一旦发现大树上有已死亡的大枝，且附近是人群经常活动的场所，就应通过修剪及时除去，因为直径 5cm 的树枝一旦垂落足以伤人。

（二）人为因素

1. 树干树枝损伤

人在树枝树干上钉钉子、挂东西，锻炼身体时对树木踩踏、击打，在树体上刻字、攀折树枝、采摘果实等，一方面会造成树体损伤或折断，对人的安全构成直接威胁；另一方面，折断的树干树枝伤口，容易受到病菌侵染，增大了腐朽的几率，对人的安全构成潜在威胁。

2. 树木根系问题

（1）根系暴露　如在大树树干基部附近挖掘、取土，致使大的侧根暴露于土表或被切断，根系受影响的大树，在城市中是不安全的因素，它的影响程度还取决于树体高度、树冠枝叶浓密程度、土壤厚度、质地、风向、风速等。

（2）根系缠绕　植树时由于栽植坑过小，人为地把侧根围绕树干，或由于根系周围的土壤问题侧根无法伸展，造成侧根围绕主根生长，这种情况最具危险性，如图13-3所示，如果能在栽植后2~3年及时检查就可避免。应该注意的是，这类情况经常在苗圃中已经形成，因此应严格检查出圃的苗木。

（3）根系分布不均匀　理论上说树木根系的分布一般与树冠范围相应，但如果长期受到来自一个方向的强风作用，在迎风一侧的根系要长些，密度也高。如果这类树木在迎风一侧的根系受到损伤，可能造成较大的危害。另外，在许多建筑工地，经常发生因筑路、取土、护坡等工程，破坏树木根系的情况。有的几乎一半根系被切断或暴露在外，这类情况常常造成树木倾倒。

三、具危险性树木的评测

对树木具有潜在危险性的评测，一般应包括3个方面。

（一）对具有潜在危险的树木的检查与评测

一般通过观察或仪器测量树木的各种表现，并与正常生长的树木进行比较做出诊断，即通过望诊树木的表现来判断。通常观测的内容有：树木的生长表现、各部形状是否正常、树体平衡性及机械结构是否合理等。

1. 树干、树枝的机械强度

树干、树枝的机械强度与树木的结构有关，每种树木在长期的进化过程中形成独特的生长特性，以维持其树体机械结构的合理性，因此正常情况下树木均能承受其树冠本身的重量造成的应力以及外界风雪的压力。树木内部的解剖特征，例如木质部纤维素的长度、排列、纤丝角等木材的超微结构也都直接关系到树木的机械强度。

2. 树木生长的平衡性

树木是生命体，它能通过调整树体的各部分来平衡生长与支撑部分之间的关系，因此树木的生长使各方面所受的压力、应力均衡地分布在树体表面。树木适应这类经常性的应力分布规律，但一旦在某一位置发生应力的变化，该处就成为脆弱点，具有潜在危险性。

3. 树干强度

整个树干对树体起着支撑作用，其中树木的边材起着主要的支撑作用，可以根据树干的边材数量推断树干强度。

4. 树木生长的脆弱点

正常的树木一般情况下不会因某个部位负载过大或失去负荷而发生危险，但当大风、暴雨等极端异常天气发生时，会使树木的某个部位负荷加重，破坏了原先的平衡，使该处成为脆弱点。另外，如果生长的立地条件发生变化，如果周围的树木被伐去，留下的树木生长节律会发生变化，生长平衡发生改变，在重新调整结构趋向新的平衡点之前，树木处于脆弱点状态。

5. 树木生长变化的反应

树木在某处因外界压力而出现一些生长变化的反应，如当树木受到机械性的损伤时，会促使形成层活动加快来修复损伤，突然生长旺盛的部位可能就是机械强度减低的位置，将这种因损伤而产生的生长量增长称为因修复生长产生的症状。

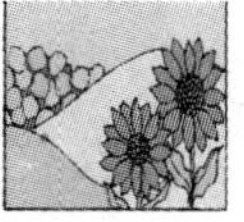

因此，树干外表的一些异常变化往往预示其强度上的变化，这是观察评估树木是否存在安全问题的关键。例如树干部位有隆突、肿胀，一般是内部发生腐烂或有空洞；条肋状的突起表示树干内部有裂缝；树皮表面局部的横向裂缝表示该处受轴向的张力，而纵向的裂缝或变形则表示该处受轴向的压力。

（二）对可能造成树木不安全的影响因素的评测

树木可能存在的潜在危险取决于树种、生长的位置、树龄、立地特点、危及的目标等，充分了解这些因子，注意解决问题，可及时避免不必要的损失。

1. 树种

不同的树种在构成上述可能的危险方面表现出极大的差异，一些树种的枝条髓心大、质地疏松、比例大、脆弱，树枝表现的弱点要远大于树干和根系。一般情况下，阔叶树种具有比较开展的树冠和延伸的侧枝，树枝容易出现负重过度、损伤或断裂，树干心腐也较易向主枝蔓延。针叶树种的根系及根颈部位易成为衰弱点，而树干的心腐则不易向主枝延伸，另外树冠相对较小，冰雪造成损害的机会较少。

2. 树体的大小和树龄

一般情况下大树、老树要比小树、幼树容易发生问题，老树对于生长环境改变的适应性较差，因此发生腐朽、受病菌感染的机会就多，小树、幼树树体小，枝条软，潜在危险小。但一些速生树种的木质部强度较低，即使在幼龄阶段也容易损伤或断裂，这点应特别注意。生长过于旺盛的树木，因承受的重量大，受伤、折断的几率比生长势弱的树木要高。

3. 树木培育与养护过程的不当处理

树木栽培与养护过程中的某些环节处理不当，会导致树木受损，成为安全隐患的潜在因素。

（1）苗圃阶段　苗圃中的小树如果出现树干弯曲、树干折断后由萌生枝代替原来的主枝，则苗木成年后树干构成隐患的可能性高于其他树木。

（2）截干栽植　大树截去树冠后，截口下萌发若干侧枝形成新的树冠，这些侧枝距离十分接近，基本呈轮生状态，与主干的连接牢固性差。树冠如遇大风、外力或修剪不当容易发生劈裂，且截口木质部容易出现心腐。

（3）栽种方法不当　种植方法不当会造成根系盘根、缠绕，甚至折根，这种现象在生长中不易被发现，树木易被大风刮倒。

（4）修剪不当　修剪技术不当会造成截口愈合困难，过度修剪会造成伤口，过多伤口会增加感染病菌的机会，导致腐朽。

（5）病虫害　病虫害发生致使树木生长衰退、引起腐朽真菌侵入，造成树干腐朽等。

4. 立地环境

（1）气候因素　气候因素主要是指异常的天气，如大风、暴雨、雷电、雪压、雨凇、冰挂、冰雹、台风、龙卷风的出现，通常是造成树木威胁城市居民生命财产安全的主要因素之一，尤其是对那些已有各种安全隐患的树木，更具威胁性。

（2）土壤性质　生长在土层浅、土壤干燥、黏重、排水不良立地条件的树木，根系较浅，容易受风害。城市中的土壤经常被踩踏或机械压实，表面铺装，通透性差，气体交换与有机物的分解比较困难，影响树木根系的生长；情况严重时可导致根系生长衰退而逐渐死亡、腐朽，从而导致根系与树冠生长不平衡。

(3) 树木生长立地环境的改变　树木生长立地周围环境发生变化，特别是根系部位土壤条件的改变，如在根部取土、铺装地面而切断根系等，都有可能构成对树木生长的影响，地上部分与地下部分的平衡被打破。

(三) 对树木可能伤害的目标评估

具危险性树木可能危及的目标分为人和物，人是首要的，因此在人群活动频繁处的树木是首先要认真检查与评测的，另外是旁边有建筑、地表有铺装、地下部分有基础设施的树木。

任务2　城市树木的腐朽及危险

树木腐朽现象是城市树木安全管理中应该十分重视的一个问题，因为腐朽直接降低树干、树枝的机械强度。理论上讲，当树木出现腐朽情况时，就会对人群与财产安全构成潜在威胁，然而实际上并非所有腐朽的树木都会对安全构成威胁。在城市树木安全管理中，如何确定树木腐朽的部位、腐朽程度以及控制和消除导致腐朽的因素是急需解决的问题。因此，了解树木腐朽的发生原因、过程，做出科学的诊断与合理的评价是十分重要的。

一、树木的腐朽

树木的腐朽过程是木材分解和转化的过程，即在真菌或细菌作用下，将木质部分解为简单物质的过程。虽然腐朽一般发生在木质部，但能使形成层细胞死亡，最终造成树木死亡。

一般把树木的腐朽过程划分为以下几个阶段：

(一) 初期阶段

腐朽的初期木材变色或不变色，木质部组织的细胞壁变薄，导致强度降低。因此，在观察到腐朽变色之前，木材的强度已经发生变化。

(二) 早期阶段

已能观察到腐朽的表象，但一般不十分明显，木材颜色、质地、脆性均稍有变化。

(三) 中期阶段

腐朽的表象已十分明显，但木材的宏观构造仍然保持完整的状态。

(四) 后期阶段

木材的整个结构被改变、破坏，表现为粉末状或纤维状。

二、树木腐朽的类型

(一) 不同真菌导致的木材腐朽

真菌可以降解所有的细胞壁组成成分，但是不同的真菌种类具有不同的酶以及其他的生化物质，导致不同的腐朽方式：

1. 褐腐

由担子菌纲的真菌侵入木质部降解木材的纤维素和半纤维素，纤维的长度变短失去抗拉强度，褐腐过程并不降解木质素。腐朽的木材颜色从浅褐色到深褐色，质地脆，干燥时容易裂成小块，易用手研成粉末。

2. 白腐

由担子菌纲和一些子囊菌的真菌导致的腐朽，这类真菌的特点是能降解纤维素、半纤维素和木质素。由于降解了纤维素和木质素，木材失去抗拉强度，影响了木材的刚性和硬性，腐朽部位变得十分脆弱。

（二）不同部位的腐朽

根据树木发生腐朽的部位来加以划分，树木腐朽的部位是确定该树木是否构成威胁的重要因素。

1. 心腐

通常发生在树干及根颈部位，真菌经树枝的残桩侵入而引起树干腐朽，经树干基部的伤口侵入则造成根颈的腐朽。这类真菌种类能在少氧条件下生长，它们侵入心材并在垂直方向上蔓延，如图 13-4 所示。

2. 边材腐朽

有些真菌在已死亡的树干、暴露的边材或有氧的部位，它们的生长需要大量的氧，更容易感染阔叶树，能经由生长极度衰弱趋于死亡的树枝向其他大枝、甚至树干蔓延。

（三）变色

当木材受伤或受到真菌的侵蚀，木材细胞的内含物发生改变以适应代谢的变化来保护木材，这导致木材变色。木材变色是一个化学变化，可发生在边材、心材。木材变色本身并不影响到其材性，但预示木材可能开始腐朽。并非所有的木材变色都表示腐朽即将发生，例如，松类、栎类、黑核桃树木的心材随着年龄增长颜色变深，则是正常的过程。

（四）空洞

木材腐朽后期，腐朽部分的木材完全被真菌分解成粉末并掉落，从而形成空洞，如图 13-5 所示。树干或树枝的空洞有一侧外露，也有可能愈合，或因树枝的分叉而被隐蔽起来，有的树干心材的大部分腐朽形成纵向的树洞。沿着向外开口的树洞边缘，组织常常愈合形成创伤材，特别是在沿树干方向的边缘；创伤材表现为光滑、较薄地覆盖伤口或填充表面，向内反卷形成很厚的边，当树干的空洞较大时，该部分为树干提供了必要的强度。

三、树木腐朽的探测与诊断

（一）树木腐朽观察诊断法

1. 通过观测和评测树干、树冠的外观特征来估计树木内部的腐朽情况

例如在树干或树枝上有空洞、树皮脱落、伤口、裂纹、蜂窝、鸟巢、折断的树枝、残桩等，基本能表示树木内部可能出现的腐朽情况。即使伤口的表面具有较好的愈合，内部仍可能有腐朽部分。因此通过外表预测来诊断有时是十分困难的，有的树木树干腐朽已十分严重，但生长依然正常。

2. 通过观测腐朽部位颜色变化等表征来诊断树木的腐朽情况

这依然是主要的方法，但不同树种、感染不同的真菌有很大的差别，给这项工作带来极大的难度。不同树种具有不同的解剖特性，这在一定程度上决定了因腐朽而造成的物理性质和强度的不同变化；同样，不同的真菌也会产生不同的结果，因为不同种类的真菌其形态特征不同，降解木材细胞壁的生化系统也不同。

（二）树木腐朽直接诊断法

1. 木槌敲击听声法

用木槌敲击树干，可诊断树干内部是否有空洞，或树皮是否脱离，对已发生严重腐朽的树干效果较好，但该方法需要相当经验，诊断有一定难度。

2. 生长锥法

用生长锥在树干的横断面上钻取一段木材，直接观察木材的腐朽情况，例如是否有变色、潮湿区，也可把抽出的纤维通过实验室培养来确定是否有真菌寄生。该方法一般适用处于腐朽早期或中期的树木。如果采用实验室培养的方法，可在腐朽的初期做出有效的诊断。该方法的缺点是会损伤树木，造成伤口，增加感染的机会，对于重要珍贵的古树名木不宜采用。

3. 小电钻法

用钻头直径为3.2mm的木工钻，在检查部位钻孔，检查者在工作时要根据钻头进入时感觉承受到的阻力差异，以及钻出粉末的色泽变化来判断木材物理性质的可能变化，确认是否会有腐朽发生，也可以取样来做实验室的培养。该方法一般适用于腐朽达到中期程度的树木，但需要有经验的人员来操作。该法的缺点同样是会损伤树木，造成伤口，增加感染的机会，古树名木应慎用。

4. resistograph 仪器探测

该仪器是一种携带式仪器，用于探测树干内部的腐朽。原理是通过电动机把钻头匀速钻入树干的木质部，钻头穿透树干时遇到的阻力通过相连的仪器进行记录，数据输入计算机生成图表曲线，针头遇到的阻力的差异反映了木材性质的变化。通过与标准曲线的比较，则可测得处于不同腐朽阶段的部位、腐朽程度，以及是否有裂纹等方面的信息。

5. 声波技术探测

运用声波传输时间技术探测树干腐朽的基本方法是，在树干的一侧用手锤敲击树干，另一侧接收，通过测量声波传输的时间来探测树干的内部情况，如图13-6所示。基本原理是，穿过树干体的纵波的速度，因树干强度和密度的不同而有所变化，测量其传输的速度即可探测树干内部强度和密度的变化，从而确定是否有腐朽或空洞存在。

6. fractometer 仪器探测

这是由德国生产可在野外应用的携带式仪器，用生长锥在树干上取出一段木芯，把木芯置于仪器上部固定，通过调节施加给木芯的压力使其弯曲、断裂，同时测量其径向抗弯裂强度以及断裂的角度，来量化判断木材的腐朽程度。在木材褐腐的初期，真菌分解木材的纤维素而木质素依然存在，木材仍有刚性，但比较脆；白腐的早期，真菌分解的是木质素，木材刚性弱但仍有一定的韧性。该仪器就是通过测定这些变化来确定其腐朽的类型，如果测定的木芯有较大的缺裂角度和较低的破裂强度，则表明为白腐；如果有较小的破裂角度和较低的强度，则为褐腐。

7. 层面X射线照相技术探测

层面X射线照相技术即目前用于医院的CT扫描，其基本原理是，完好的木材和腐朽的木材对X射线的吸收量有差异，随着木材腐朽程度的增加，对X射线的吸收系数降低，极值0表示出现空洞。探测器接收的信号即为树干不同部位的吸收水平，通过计算机处理，获得相应的图像与曲线。该装置主要用于对古树名木的树干检查，是一种无损伤的检查方法。

任务3 树木损伤的预防及处理技术

城市中由于自然因素和人为因素而导致树木受到损伤的现象时有发生，园林工作者应积极采取各种补救措施对受损树木进行修补、加固，以延续其生命。下面介绍树木损伤的几种预防和处理方法。

一、悬吊、支撑和加固

悬吊是用单根或多股绞集的金属线、钢丝绳，在树枝之间或树枝与树干间连接起来，以减少树枝的移动、下垂，降低树枝基部的承重；把原来有树枝承受的重量通过悬吊的缆索转移到树干的其他部位或另外增设的构架之上。

支撑的作用与缆索悬吊基本相同，是通过支竿从下方、侧方承托重量来减少树枝或树干的压力。

加固是用螺栓穿过已劈裂的主干或大枝，或把脱离原来位置与主干分离的树枝铆接加固的办法。

（一）悬吊或支撑

此法需要根据树干、树枝的强度，树枝的长度，提供支撑点的可能性，承受重量，两缆索受力点间的距离，以及经常发生的恶劣的天气条件等具体情况而定，并非任何情况都能适用。

无论哪种悬吊或支撑的方法，成功与否很大程度取决于操作者的经验，以及所处的特殊环境，为了能有效地实现目的，应考虑以下几点：

1）操作前应对工作对象进行全面检查，确定其结构状态是否适合采用悬吊或支撑的方法。

2）进行一次全面修剪，去除枯死枝和不必要的枝叶以减轻树枝的重量，也可适当截短树枝使其与树冠的体量平衡。

3）根据树体的结构、被吊树枝的重量分布情况，确定合理的受力点，一般情况下根据工作人员的经验即可，但如果能通过力学计算则可靠性更大。

4）树体过大、树枝过长、重量过大的树木要慎用悬吊和支撑的方法。例如具有多个主干，主侧枝过重的树木，一般不宜采用此法。

5）定期检查处理过的树木状况，因为在生长过程中，经过处理的树木可能不稳定，树冠的大小、重量分布、侧枝与主干的连接等有可能发生变化，因此必须在间隔一段时间后进行检查，看是否需作调整。

6）定期检查悬吊的缆索或支撑架，并作必要的调整和维护。由于树木的生长，原来设置的拉索、支架可能出现过紧或过松的情况，应调整以确保最合理的拉力；检查支撑体与树体的接触处是否有损伤树皮的情况发生；采取适当的防锈处理等。

需要特别强调的是，悬吊、支撑的方法本身存在着缺陷，它只能减少潜在的危险，而不能保证树木一定不会造成对安全的威胁，因此它不适合所有需要处理的树木，应该有所选择地使用。

（二）绳索悬、拉的方法

1. 拉索的方式

拉索悬吊或拉固是一种有韧性的结构，其连接的树枝一般可有稍微的移动，常用的有4

种方式，分别用于不同的树干或侧枝，必须根据树体结构来选择适合的形式。

（1）单根拉索　应用于两个直径基本相同的、基部连接不牢固或有劈裂的树枝间的加固与连接，起到互相支持的作用。或用其中一个较大的健康树枝来支持另一个有缺陷的弱枝。

（2）3根拉索　拉索构成三角形，连接3个基部，连接弱势或过重的侧枝，可减少过重的侧枝扭曲折断的危险性。

（3）多根环式封闭性拉索　主要针对有多个分枝的树木，通过多根拉索连接后，每一个被连接的树枝都可能产生移动，但如在封闭式的拉固基础上再设置对角线的拉索，则产生较强的刚性，减少树枝的摇动。

（4）辐射式拉索　最适用于有多个分散的主干、直径基本相似而没有明显的中央主干的情况。由于它可使被拉的树枝在各个方向产生移动，拉索易产生金属疲劳，因此选用的拉索直径比通常应用的拉索稍粗。

2. 吊索的固定办法

吊索在树干或树枝上的固定位置十分重要，吊索固定的位置一般约在树枝、树干的2/3处或以外；当悬吊一个近于水平、脆弱的侧枝时，吊索的固定点应尽可能位于侧枝的先端以及主干的顶端，使吊索和侧枝形成45°的夹角。

（1）金属箍　用铁质材料分两半通过螺栓夹紧，内口的直径略大于需悬吊的树枝或作为支点的树干直径，把箍固定在树枝上时必须在金属箍与树皮之间垫衬软质材料，如橡胶垫等。箍上附有一个圆环，以便穿过吊索。用螺栓夹固是为了随着树干和树枝的增粗可以进行调整，以免损伤树皮。目前我国一般采用这类方法来固定悬索。

（2）螺栓固定　用螺栓直接穿透需要吊拉索的树枝或树干，螺栓的一头带有圆环、弯钩等可以穿过吊索的装置，另一端用螺帽固定。

采用不穿透树枝的螺钉时应注意：如果用大径的螺钉，应先在树体上钻孔，孔径应略小于螺栓的直径，软木类树木应小于3mm，一般为1～2mm；直径较小的枝螺钉拧入的深度不应小于1/3，尽可能将螺钉拧入树体，露出的部位只要能穿过拉索即可；拧入螺钉时应尽量一气呵成，不要停顿，这样容易吃紧；螺钉在树体内应成直线，否则容易再损伤周边的木材；同一树枝上应用两个螺钉间距不可小于25cm。

我国目前主要对古树名木，以及具有十分重要价值的树木采用悬吊支撑的处理，因此基本不采用螺栓，因为它会造成伤口，而且对软木类和有腐朽的树木更加不利。

（三）枝的支撑与加固

不同于绳索的悬吊，主要是采用杆、棍、架等刚性的物体来承托、支撑下垂的树枝、倾斜的树体，因此支撑物与树体基本构成一个刚性的结构，如图13-7所示。常用支撑物材料有金属管、角铁、U形支架、原木等。支撑时要准确确定受力点，尽量做到不损坏树皮，条件允许时可采用把支杆嵌入木质部的做法。

二、有问题的枝干加固

（一）枝基部的加固

有的树木在其主侧枝或大枝的基部连接处，由于分枝的角度过大，树冠过于开张，主侧枝与树干或两两大主枝间有夹皮现象等原因而造成连接强度减弱，虽然在基部没有伤裂，但

连接强度已明显减弱，如果承受较大的树冠重量，一旦遇到强外力影响则容易发生折断。遇到这类情况，如果树木生长在重要的位置，具有重要景观价值，或构成不安全因素时应采用螺栓夹固的方法来加固，如图 13-8 所示。用单根螺栓或双根，甚至多根螺栓，要视具体情况而定。

夹固螺栓的安放位置在何处比较合适，至今没有统一的定论。Lawrence 认为，螺栓应在分枝连接处的下方；Mattheck 等则建议，合适的位置在基部裂纹以上的 10cm 处；美国树艺学会则提出，螺栓的安置可在两枝的连接处往下到裂纹基部的部位。如果侧枝直径较大，可用平行的双螺栓来加固，但两个螺栓应位于相同水平面上，其间的距离约为树干或树枝的半径，应掌握在 12.5～45cm，如果是特大的树枝可在同一水平面上加用第三根螺栓；如果有腐朽现象，则应用双螺帽，两个螺帽间要加垫。随着树木直径的生长，夹固的螺栓其原来外裸的螺帽包入新生长的木质部，在树干外部不能再见到螺帽。

（二）纵向劈裂的树干或树枝的夹固

沿着树干纵向劈裂的现象在低温地区时常发生，通常是由于冬季冰冻造成的，一般在气温回暖后裂口可减小，但如果不断发生类似的情况会对树木带来严重的影响，因此可采用纵向排列的螺栓和金属箍来夹固，如图 13-9 所示。在处理时夹固螺栓的排列不应与树干纵向纹理一致，螺栓的间距应保持在 30～40cm 之间。采用金属箍夹固时必须在金属箍与树皮之间垫衬软质材料，如橡胶垫等，以减少对树皮的损伤。另外，经此处理的树干或树枝其柔韧性大大降低，因此在评价树木的安全性时必须考虑这个因素。

（三）过于接近发生摩擦的两个枝的加固

如两个侧枝或主干与侧枝过于靠近造成摩擦，则容易损伤树皮，并进一步造成木质部的深度损伤，一般情况应去除其中一个，如果必须保留则可用螺栓将其固定在一起，或用支杆将其撑开。采用螺栓固定应在春季进行，处理前可将摩擦处的树皮除去，然后用螺栓穿固，使两个枝的形成层接触，再用蜡密封两树枝间的接缝及螺帽的周围以免形成层失水，一段时间以后两个枝生长在一起。

在使用螺栓夹固树木时应注意：树体上的钻孔直径应比螺栓直径大 1.5mm；螺帽加垫处的树皮应除去，但螺帽垫不能嵌入边材；选用圆形的螺帽垫，用于劈裂的树枝，螺栓的排列应错开，不能纵向成一条直线；夹固的树干外表应涂保护剂，暴露的螺帽等应涂防锈剂。

三、树木损伤的处理

（一）树木受伤的特点

树木受伤以后，在其周围形成愈伤组织，增生的组织开始重新分化，使受伤丧失生活能力的组织逐步“恢复”正常，向外与韧皮部愈合生长，向内产生新的形成层连接，伤口被新的韧皮部和木质部覆盖。随着愈伤组织进一步增生扩大，形成层与分生组织进一步结合，覆盖整个创伤面，使树皮得以修补，恢复其保护能力。树木的愈伤能力与树种、生活力及创伤面的大小有密切的关系。一般来说，树种越速生，生活能力越强；伤口越小，愈合速度越快。

树木受到损伤形成的伤口不能恢复到原来的状态，但往往在伤口外面被愈合的树皮覆盖。树木受伤后产生的伤口是否能被树皮包覆，主要取决于伤口的位置、受伤的时间、暴露的组织。如果损伤发生在生长初期，此时的维管形成层连接着木质部不会很快干燥，因而在一个生长季内树皮可愈合；在暴露的木质部上即使只有少许形成层组织残留下来，木质部也有足够的薄壁细胞，它们分生而形成愈伤组织覆盖伤口。木质部生长最旺盛的时候，伤口的愈合最快；树干基部接近健康和生长旺盛的根部，其愈合的速度也快。

1. 树皮

树皮在春季形成层活动时最容易受伤、撕裂。一般在春、夏、冬季受伤的伤口愈合较好，而秋季受伤的伤口愈合速度较慢；春季形成的伤口，最易愈合；夏季及秋季形成的伤口其周围的树皮易发生死亡；秋季的伤口更易受腐朽菌的感染。另外，树木的伤口处于干湿交替的环境条件更容易发生腐朽。

2. 树干钻孔造成损伤

在园林树木的养护与管理过程中，经常因各种原因在树干上钻孔。有的是维护的需要，如注射营养液、农药、生长控制剂以及加固穿孔等，但也有一些出于非养护目的，是人为破坏性的钻孔现象。在树干钻孔，特别是径大、孔深的，常常可能造成树干腐朽，影响树木生长。

（二）树木损伤的处理方法

1. 伤口的处理

树木在生长过程中不可避免会形成各种伤口，通过合理的管理和养护措施可使树木的伤害减少到最小，例如选择春季生长旺盛、秋季落叶时修剪、注射；注意选择适当的栽植地点，避免不必要的机械损伤等。主要应包括以下几个方面：

（1）清理伤口　去除伤口内部及周围的干树皮，以便确定伤口的情况，减少害虫的藏匿场所。如果需要修理伤口和给伤口整形，尽量不要增加其宽度，避免出现锐角。修理伤口必须用快刀，除去已翘起的树皮，削平已受伤的木质部，使形成的愈合部比较平整，不要随意扩大伤口。

（2）伤口表面涂层保护　清理完伤口后，用药剂消毒，然后再涂保护剂。常用的消毒剂有2%～5%的硫酸铜溶液、0.1%的升汞溶液、石硫合剂原液等。选用的保护剂要求容易涂抹，黏着性好，受热不融化，不透雨水，不腐蚀树木组织，同时又有防腐消毒的作用，如沥青、铅油、紫胶、树木涂料、熟桐油或沥青漆等。消毒剂涂抹修剪形成的新鲜伤口表面，可减少病虫害的侵入机会，较有效地保护树干，我国多数采用这种方法来保护伤口。

（3）树皮修补　在春季及初夏形成层活动期树皮极易受损，与木质部分离，可采取适当的处理使树皮恢复原状。如当发现树皮受损与木质部脱离，应立即采取措施保持木质部及树皮的形成层湿度，小心地从伤口处去除所有撕裂的树皮碎片，重新把树皮覆盖在伤口上，用几个小钉子（涂防锈漆）或强力防水胶带固定，另外用潮湿的布带、苔藓、泥炭等包裹伤口，避免太阳直射。一般在形成层旺盛生长期愈合，处理后1～2周可打开覆盖物检查树皮是否仍然存活，是否已经愈合，如果已在树皮周围产生愈伤组织则可去除覆盖物，但仍需遮挡阳光。

（4）移植树皮　当树干受到环状的损伤时，可以补植一块树皮使上下已断开的树皮重新连接恢复传导功能，或嫁接一个短枝来连接恢复功能。这个技术经常在果树栽培中采用，但近年来常用于古树名木的复壮与修复中。

树干的环状损伤通常是由于在树干捆绑铁丝所造成，对此采用的树皮移植技术要点为：

第一步，清理伤口，在伤口上下部位铲除一条树皮形成新的伤口带，全宽约2cm、

长 6cm。

第二步，在树干的其他部位铲除一块树皮，宽度与上述新形成的伤口宽相等但长度略短。

第三步，把新取下的树皮覆盖在树干的伤口上，用涂过防锈清漆的小钉固定。

第四步，重复上述的过程，直到整个树干的环状伤口全部被移植的树皮覆盖，处理过程中要保持伤口的湿度，最后在移植树皮上下 15mm 的范围内用湿布等材料包裹，再在外面用强力防水胶带固紧，包裹范围应上下超过内层材料的 25mm。1 ~ 2 周后移植的树皮可以愈合，形成层与木质部重新连接，这个方法能成功的救治树木。

2. 树洞的处理

经常可看到在大树、老树的树干甚至大枝上有树洞，对树洞处理方法的选择，取决于树种、树木的重要性、年龄、生长情况以及树洞的大小、位置。例如具有历史和景观价值的重要树木、古树、名木、树干上的巨大树洞也许正是其价值的一个方面，对此树洞的处理应成为养护的主要内容；但对另外一些树木，树洞严重地影响树木安全，而树木本身的价值不大，则应该首先考虑周边的安全性。

树洞处理一般采用清理、消毒、支撑固定、密封、填充、覆盖等来终止树木的进一步腐朽，在表面形成愈伤组织保护树木，如图 13-10 所示。使用的方法如下：首先去除所有腐朽的木质部，形成一个光滑平整的表面，注意不要伤及健康部分；清理树洞的底部，干燥处理，必要时可用喷灯干燥；应用的填充材料应具有无毒性，不会伤害树木的生长，有耐用性、柔韧性以及防水的特点。常用的填充材料有水泥、沥青、聚氨酯泡沫材料等。

3. 根部的维护与管理

在城市环境中树木的地下部分也是重要的养护内容，因为栽培不当的树木其根系经常损坏人行道、建筑物、地下管道、输电线路等城市必不可少的基础设施，而衰退的根系影响树木的生长，造成树木生长势衰弱而最终死亡；根系受到严重损伤，失去支持树体的作用，树木易发生风倒的现象。

（1）根系与地下管道　城市地下有纵横交错的各类管道，如果栽植树木时没有充分考虑这个因素，树木根系可能构成对管道的破坏。例如，根系可能穿透管道接口处的缝隙，进入并堵塞管道，而这类问题如果不挖开地表一般很难发现。因此，设计时应尽可能避免在附近有管道的位置栽植速生及具有巨大扩散根系的树木，如杨树、柳树、银叶槭等。

（2）根系与地面铺装　不正确的地面铺装，如在树干周围的地面浇注水泥、沥青和铺设砖石等，不但会给树木带来严重危害，而且会造成铺砌物的破坏，增加养护或维修的成本。

地面铺装对树木有诸多危害，主要表现在：铺装阻碍水、气交换，不但使根系代谢失常，功能减弱，而且还改变土壤微生物特性，干扰土壤微生物的活动，破坏树木地上与地下的平衡，减缓树木的生长；铺装能显著增加地表及近地层的温度变幅，铺装材料越紧实，比热越小，颜色越浅，导热率越高，危害越严重，甚至导致树木的死亡。

为了避免或减少铺装对树木的危害，应该从以下几个方面加以预防：一是选择对土壤水气通透性不太敏感、抗性强的树种；二是尽可能不铺装，缩小铺装面或选择通透性强的材料进行铺装；三是改进铺装技术，增强水气通透性。

在铺装过程中，可以采用三个方法增加土壤的通气透水性。一是铺装前在不伤根的情况

下，疏松根区表面的土壤，同时施入适量腐熟有机肥和其他复合肥。二是组合式铺装最好用扇形块料，以树干为中心进行同心圆式的铺装，将来随着树干的增粗可以逐渐揭除内圈的铺装。三是面层上的任何空隙都不要用水泥、沥青等不透水材料填充，以免隔绝水、气。

（3）根系与建筑　大树过于靠近建筑（一般为小型建筑，如1～3层的建筑物）常常会造成对建筑物的损害，特别是干旱的季节以及黏性土壤的立地条件。因为树木根系吸收水分致使地表下陷造成墙体裂纹，门窗变形，甚至成为危房。为了避免树木对建筑物的损坏，应在建筑物附近栽植小乔木，避免栽植生长快、树冠大、需水量多的树木，或经常修剪树冠以减少树木根系的生长与对土壤水分的消耗等。

任务4　园林树木的安全管理措施

一、建立安全管理系统

城市绿化管理部门应建立树木安全的管理体系作为日常的工作内容，加强对树木的管理和养护来尽量减少树木可能带来的损害。该系统应包括如下内容：

1）确定树木安全性的指标，如根据树木受损、腐朽，或其他各种原因构成对人群、财产安全的威胁的程度，划分不同的等级，最重要的是构成威胁的阈值的确定。

2）建立树木安全性的定期检查制度，对不同生长位置、树木年龄的个体分别采用不同的检查周期。对已经处理的树木应间隔一段时间后进行回访检查。

3）建立管理信息系统，特别是对行道树、街区绿地、住宅绿地、公园等人群经常活动的场所的树木，具有重要意义的古树、名木，处于重要景区的树木等，建立安全性信息管理系统，记录日常检查、处理等基本情况，可随时了解，遇到问题及时处理。目前由于计算机技术的普及，这项工作已被数据库代替了，近年来更是运用地理信息系统来实现管理。

4）建立培训制度，从事检查和处理的工作人员必须接受定期培训，并获得岗位证书。

5）应建立专业管理人员和大学、研究机构的合作关系，树木安全性的确认是一项复杂的工作，有时需要应用各种仪器设备，需要有相当的经验，因此充分的利用大学及研究机构的技术力量和设备是必要的。

6）应有明确的经费支持。根据上述的要求，这项工作需较大的投入，因此应纳入城市树木日常管理的预算中。

对于树木安全性的检查和诊断，是一项需要经验和富于挑战性的工作，因此在认真观察和记录检查与诊断的结果的同时，应注意比较前后检查诊断期间树木的表现，确认前次检查的准确程度，这样有助于今后的工作。

二、建立安全分级系统

评测树木安全性的目的，是为了确认所测树木是否可能构成对居民安全的威胁和财产的损害，如果可能发生威胁，那么需要做何种处理才能避免，或把损失减小到最低程度。但对于一个城市，特别是拥有巨大数量树木的大城市来讲，这是一项艰巨的工作，也不可能对每一株树木实现定期检查和监控。多数情况是在接到有关的报告，或在台风来到之前对十分重要的目标进行检查和处理。当然，对于现代城市的绿化管理来说这是远远不够的，因此必须

采用分级管理的方法，即根据树木可能构成威胁程度的不同来划分等级，把那些最有可能构成威胁的树木作为重点检查的对象，并做出及时的处理。这样的分级管理的办法已在许多国家实施，一般根据以下几个方面来评测。

1）树木折断的可能性。

2）树木折断、倒伏危及目标（人、财产、交通）的可能性。

3）树种因子，根据不同树木种类的木材强度特点来评测。

4）对危及目标可能造成的损害程度。

5）危及目标的价值。

上述的评测体系包括3个方面的特点：第一，树种特性，是生物学基础；第二，树种受损伤、受腐朽菌感染、腐朽程度，以及生长衰退等因素，有外界的因素也有树木生长的原因；第三，可能危及的目标情况，如是否有危及的目标、其价值等因素。上述各评测内容，除危及对象的价值可用货币形式直接表达外，其他均用百分数来表示，也可给予不同的等级。

根据以上的分析，从城市树木的安全性考虑可根据树木生长位置、可能危及的目标建立分级监控与管理系统。

1）Ⅰ级监控：生长在人群经常活动的城市中心广场、绿地、主要商业区的行道树；住宅区、重要建筑物附近单株栽植的并已具有严重隐患的树木。

2）Ⅱ级监控：除上述区域以外，人群一般较少进入的绿地、住宅区等，虽表现出各种问题，但尚未构成严重威胁的树木。

3）Ⅲ级监控：公园、街头绿地等成片树林中的树木。

归纳总结

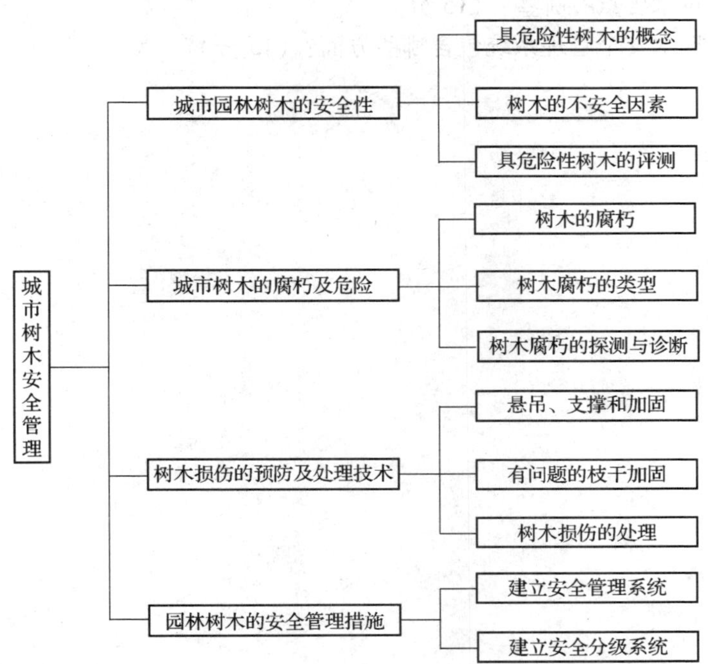

习　题

一、名词解释（20 分）

具危险性树木　树木结构异常　树木的腐朽　生长锥法　悬吊

二、填空题（10 分）

1. 乔木树种的树冠构成基本为两种类型，一类具有______，顶端生长优势显著；另一类具有______。

2. 根据不同真菌导致的腐朽，可以把木材腐朽分为______和______；根据木材腐朽的部位，把腐朽分为______和______。

3. 拉索悬吊或拉固是一种韧性的结构，其连接的树枝一般可有稍微的移动，常用的有 4 种方式，分别是______、______、______和______。

三、是非题（10 分）

1. 一般情况，针叶树死亡时根系没有腐朽，在 5 年时间内其结构可保持完好，不会对人群安全产生威胁。（　）

2. 直径超过 5cm 的枯死树枝，一旦掉落，就会威胁行人安全。（　）

3. 生长过于旺盛的树木，受伤、折断的几率比生长势弱的树木要高。（　）

4. 树干部位有隆突、肿胀，一般表示内部发生腐烂或有空洞；条肋状的突起指示树干内部有裂缝。（　）

5. 我国目前对古树名木的损伤处理，基本上采用螺栓固定。（　）

四、简答题（60 分）

1. 树体结构异常表现在哪些方面？（15 分）

2. 树木不安全因素中人为因素有哪些？（15 分）

3. 树皮移植技术要点有哪些？（15 分）

4. 城市园林树木安全管理系统包含哪些方面？（15 分）

项目14 园林树木调查

【学习目标】

了解园林树木调查的概念、意义及内容，掌握园林树木调查的方法和程序。

【学习要点】

重点掌握园林树木调查的方法、程序及对调查结果的整理。

随着城市园林绿化事业的发展，绿化水平不断提高，园林树木的种类和品种越来越多，树种的分布情况、立地条件及生长状况也多种多样，对园林树木的栽培和管理也提出了更高的要求。通过对园林树木进行调查，及时了解和掌握园林树木的种类、栽培类型、数量、分布、生长状况、养护管理等方面的现状，分析和了解存在的问题，并制订科学合理的栽培、管理和养护等技术措施，编制相应的规划设计文件，为园林树木的栽培与养护管理提供合理可靠的科学依据。

任务1 园林树木调查的意义及内容

园林树木调查是指对某一区域现有的园林绿化树木及生长环境进行实地调查，掌握园林树木现状，并且对调查的结果进行综合分析，进而了解某一区域园林树木的应用现状及园林树木生长环境的特点，发现园林树木栽培、养护和管理等方面存在的问题，据此提出解决问题的途径和方法，建立园林树木资源档案和管理技术档案的基础工作。

一、园林树木调查的意义

通过对现有园林树木进行调查，了解树木应用现状及环境的状况，是学习园林树木栽培养护的一条科学合理的途径，是理论与实践相结合的学习方法，可为将来从事的园林工作奠定基础。概括起来园林树木调查的意义有以下几个方面：

1）了解一定区域现有的园林树木的现状，包括种类、数量、栽植方式、树木生长状况、绿化的效果及树木养护管理工作、园林树木生长环境的特点。

2）对这一区域现有的园林树木的栽培养护工作进行综合分析，为制订更为科学合理的养护工作计划提供依据。

3）进一步了解树种的特性及园林用途，为进行园林树木的规划设计打好基础，也为做好园林树木的栽植养护工作提供借鉴。

4）进一步了解园林树木生长发育同周围环境的紧密关系，选出适合特定环境生长的园林树种，为园林树木的适地适树提供帮助。

5）为制订和调整城市园林绿化方针、政策、编制和修订城市园林绿化发展及考核园林绿化工作提供依据。

6）检查城市园林绿化方针、政策、计划、方案和有关规定、措施的执行和落实情况。

二、园林树木调查的内容

园林树木调查包括园林树木生境（生长环境）调查、园林树木栽植方式调查和园林树木应用现状调查三大方面内容。

（一）园林树木生长环境调查内容

1. 园林树木栽植地的位置

在园林树木调查之前，要先确认所调查园林树木生长的地域、公园、街道或小区属于哪一级地方行政机关管辖，并做好记录；在园林树木调查时，首先要调查记载园林树木的分布位置，包括在整个调查区域范围内的分布特点及具体位置、地块面积和形状，除文字记载外，一般还要绘制园林树木分布图，将园林树木的分布情况反映在图面上。

2. 园林树木生长的生态环境

（1）园林树木栽植地地形地貌、海拔高度的调查　地形地貌指园林树木栽植地表面高低起伏的状况，在进行园林树木生长环境调查时，要对所调查树木生长地域的地表形状进行调查并做好记录。海拔高度的变化会使园林树木栽植地的光照、气温、降水等环境因子产生相应的变化，因此在调查时，一定要搞清楚园林树木栽植地域的海拔高度。

（2）园林树木栽植地的土壤调查　园林树木栽植地土壤分为自然立地土壤和人工立地土壤。对于自然立地土壤，主要记载土壤类型、土层厚度、土壤质地、砾石含量、肥力特征等；对于人工立地土壤，主要记载人为改造的方式，如客土、翻动等，还要记载土壤厚度、土壤质地和杂质类型、砾石含量和性质、肥力特征等理化性质。

（3）园林树木栽植地的气候特征调查　在园林树木生长环境调查时，一般要调查当地的年降水情况、地下水位、水质、土壤含水量、空气湿度等。有时要向气象部门了解年降水量、年日照规律、年均温度、自然灾害等内容。

（4）园林树木生长环境的污染状况　园林树木生长环境中空气、水体、土壤的污染会对园林树木的生长产生一定影响，有时会造成园林树木生长极度衰弱甚至死亡，因此在园林树木生长环境调查时，园林树木栽植环境的污染状况调查也相当重要。一般要调查污染源、污染物类型、污染程度、及污染对园林树木造成的危害等情况。

3. 人为活动对园林树木影响调查

园林树木生长环境除了上述的自然环境外，还包括人为环境对园林树木的影响，所以对园林树木生长发育有直接影响的人为活动，也应进行调查并做好记录。

（二）不同栽植方式的园林树木调查内容

一般把园林树木的栽植方式分为六种，即孤植、对植、列植、丛植、群植、林植，园林树木栽植方式的调查就是对园林树木的栽植方式做出判定，并进行记录，同时对园林树木的株距、行距或散生树木的株间距进行测量记录。

1. 园林树木片林的调查

园林树木中的片林是指树木树冠郁闭度或覆盖度在0.2以上，或者树木密度在200株/hm^2以上，面积在0.04hm^2以上，林木成片分布的林地。

片林的调查内容一般包括：栽培类型、分布位置、数量（面积）、立地条件、种类、年龄（或栽植年度）、密度（郁闭度或覆盖度）、平均高度、平均胸径和生长情况等。

2. 园林树木绿化带的调查

园林树木绿化带是指在城市及园林绿化中，以木本植物为主体，以带状或单行状配置的园林树木。

园林树木绿化带的调查内容一般包括：栽培类型、分布位置、数量（树木带长度和宽度、株树、面积）、立地条件、种类、年龄（或栽植年度）、株行距、平均高度、平均胸径、平均冠幅和生长情况等。

3. 散生园林树木的调查

散生园林树木是指在城市园林绿化中没有按照带状或行状配置，也没有形成片林，而是呈现分散的单株分布的树木。

散生园林树木的调查内容一般包括：栽培类型、分布位置、数量、立地条件、种类、年龄（或栽植年度）、树高、胸径、冠幅和生长情况等。

（三）园林树木应用现状调查的内容

1. 园林树木的种类

在园林树木调查中，要分别按乔木、灌木、藤本、地被、落叶、常绿、针叶、阔叶等不同的分类标准对园林树木进行分类，记录登记园林树木的科、属、种的学名。

2. 园林树木的数量

根据园林树木分布的不同类型，反映园林树木数量的指标有占地面积（如片林的面积）、园林树木绿化带的长度和宽度、散生园林树木的株数、某绿地所有园林树木的株数等。面积用公顷（hm^2）表示，长度用米（m）表示。

3. 园林树木的年龄

一般来说，对园林树木进行调查时，天然林木可记载其年龄或龄级，对人工栽植的树木要同时记载其栽植年度和年龄。

4. 园林树木的密度

园林树木的密度主要是针对片林来说的，一般用单位面积上的树木株数来定量描述，有时也可用郁闭度或覆盖度来描述。郁闭度或覆盖度都是用园林树木树冠覆盖地面的面积占其分布面积的比率来表示，用百分制或十成制表示。带状树木的密度采用株行距来定量描述。

5. 园林树木的高度、粗度和冠幅

园林树木的高度、粗度和冠幅能够反映园林树木的生长状况和所能发挥的园林绿化功能的状况。园林树木的高度是园林树木从地面到树梢的高度，一般以米（m）为单位，乔木树种记载到小数点后一位数字，灌木树种记载到小数点后两位数字。对于乔木树种，粗度应是树木的胸高（距地面1.3m高度处）直径，用厘米（cm）表示，灌木树种不需调查粗度。园林树木的冠幅是指园林树木树冠在水平方向上的平均直径，或树冠在地面上投影的最大直径。

6. 园林树木的生长情况

其主要调查树木生长发育、生长势的情况，采用定量和定性指标（如用生长情况良好、中等、差、树势衰弱、濒临死亡等）加以描述，还可以记载树木受病虫害危害及人为损害的情况等。

任务2　园林树木调查的方法、工作程序及结果

根据不同的调查内容，采用不同的园林树木调查方法，主要包括园林树木的种类、数

量、栽植方式、立地条件、分布位置、生长状况、密度（或郁闭度）、高度、粗度、绿化效果、病虫害情况等内容的调查方法，下面主要介绍园林树木及其生长环境的调查方法和调查工具的使用方法。

一、园林树木调查的方法

（一）园林树木群体特征的调查方法

园林树木群体特征调查指在某一特定区域内，如某一单位、住宅小区、道路绿地，对现有园林树木进行调查，主要调查树木的群体特征，如树木的占地面积、树木的郁闭度等。

1. 园林树木片林的调查

（1）面积调查　片林面积的调查一般不直接测量林地的面积，只需把片林的边界勾绘在一定比例尺的图样上，再在图样上用求积仪测量其面积。如果能建立园林树木管理地理信息系统，可以将园林树木分布图输入到地理信息系统，从中直接读出面积。

（2）密度和郁闭度调查　树木密度调查可采用样地或者标准地法，在调查的绿地中选择有代表性的地段设置调查地块作为标准地，在标准地内进行调查，以标准地调查结果作为绿地调查因子的调查结果。园林树木的郁闭度是指园林树木树冠覆盖地面的程度，用树冠覆盖面积占林地面积的百分比或成数表示。调查时可以用样线法或样地法，根据具体情况而定。

对于树冠比较低矮的片林可以采用样线法，在林地内有代表性的地段或者样地内，用皮尺、测绳等工具拉样线，可以十字交叉拉样线，样线长度30～50m，累计样线上有树冠的长度，合计后计算有树冠的样线长度占样线总长度的比例，以百分比或换算成十成制表示郁闭度。

对于树冠较高的片林，既可以采用样线法，也可以采用样地法。在样地或标准地内，确定两条十字交叉的直线，用相同的步幅延直线每走1步或2步抬头看一次，作为一个观测样点，看观测者的正上方是否被树冠覆盖，分别记下有树冠覆盖和没有树冠覆盖的点数，计算有树冠覆盖的点数占总样点数的比例，以百分比或换算成十成制表示郁闭度。

在实际的调查中，密度的调查要与郁闭度、高度和粗度等因子的调查结合起来。

2. 公园树木的调查

调查大型公园如森林公园树种的应用，应先向公园的管理部门进行咨询，了解大概情况后再制订调查方案，采取抽样（样地）调查和单个树种调查相结合的方法。公园不同于单纯的片林，树木的分布构成比较复杂，根据美国 Mc Bride 的建议，一般的城市公园采用样带调查，即从公园的一侧开始，每隔一段距离设一样带，调查样带内的所有树木，样带的宽度可根据具体情况设计，一般要求调查的面积为公园总面积的15%～20%。

3. 行道树的调查

对道路树种的调查可以先对整条道路进行整体了解，如果整体道路树种使用情况一致，可以选择道路的一段进行详细调查；如果道路树种使用状况不一致，则选择有代表性的路段进行调查。行道树比较规则，因此一般调查其总量的10%。具体方法为，沿道路每隔1000m调查100m范围内道路两侧的所有树木，记载株数、株距、缺株以及每株树木的个体特征。

4. 园林树木生长状况的调查

选择树体较大、有代表性的单株树木或几株树木进行测量。树木当年的生长状况用新梢的长度、粗度及二次枝、三次枝的生长状况来反映，在调查时可对每株树木选择一定数量新梢的长度，取其平均值。

调查树木的生长状况时，还需要观察树形、枝叶密度、景观效果、树体是否有病虫害等，对树木的栽植管护工作进行调查，可向相关管理部门查询树木周年的养护措施，例如施肥、灌水、修剪等工作安排或工作记录，对所做的管护工作进行全面分析，以提高管护水平。

最后，对调查结果进行整理，整理树种名录时，登记树种名、科名、属名、拉丁名。对使用的树种按乔、灌、藤木进行分类，也可按常绿树种、落叶树种分类，或者按树种的来源分为乡土树种和外来树种，也可根据树木生长状况分为适生树种、较适生树种和不适生树种。在调查总结的基础上，也可对树种应用现状进行分析，如对树种使用量、栽植方式、树木生长状况、树木的栽植管护工作等分析。找出树种使用的优点和不足之处，为树种规划设计工作和树木栽植管护工作提供借鉴。

（二）园林树木个体特征的调查方法

现代园林中，同一绿地常由不同的树种组成，不同的树种树体大小和形状各不相同，在园林中的用途和功能也不相同。对园林树木的个体特征进行调查，可以明确不同树种的成年树体大小，树体形状等情况，了解树种在园林绿地中所能发挥的作用，为园林树种的规划设计、栽植管理提供依据，为将来从事园林工作打好基础。

1. 树高的测定

树高指树种从地面开始到树冠最高处的垂直高度。分为乔木树高和灌木树高两种。

（1）乔木树高的测定　对于树高的测定，除幼树或低矮树木（一般10cm以下）可以用测竿或特制的伸缩式测高竿直接测定外，一般都使用测高器测定。本文使用布鲁莱斯测高器测定树高，如图14-1所示，使用基本步骤如下：

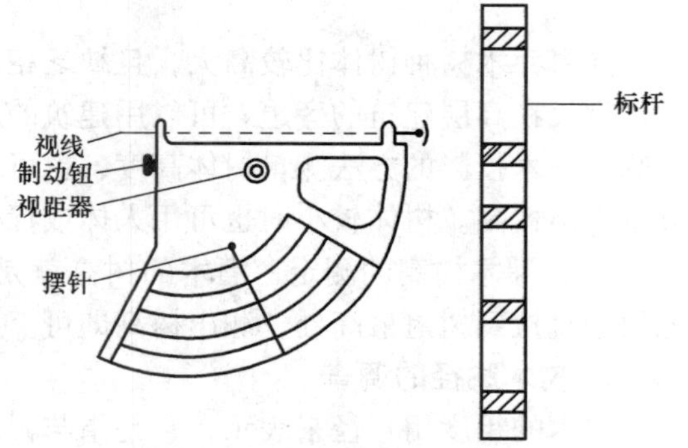

图14-1　布鲁莱斯测高器

1）先要从测高器刻度盘上10m、15m、20m和30m的水平距离值中选定一个合适的水平距离。一般来说，水平距离的选定要根据所要测定树木的大致高度确定，以与树木的高度相近为好，树木高的水平距离可远些，矮的树木可近些。

2）按照这一原则确定水平距离后，按距离确定一个合适的测点，测点要求到树木的通视条件良好，能方便地看到树木的顶梢和树干基部的位置。

3）测高时，按动仪器背面制动按钮，让指针自由摆动。用瞄准器对准树梢后，即按下制动钮，使指针处于固定状态。在读盘上读出对应于所选水平距离的指针树高值，再加上观测者眼高AE长即为树高H，如图14-2所示。

在坡地上测定树高时，要先按照前述方法测得观测者眼高到树梢的高度，求得H_1，再测观测者眼高到树干基部的高度，求得H_2，仰视为正，俯视为负。若两次观测符号相反，

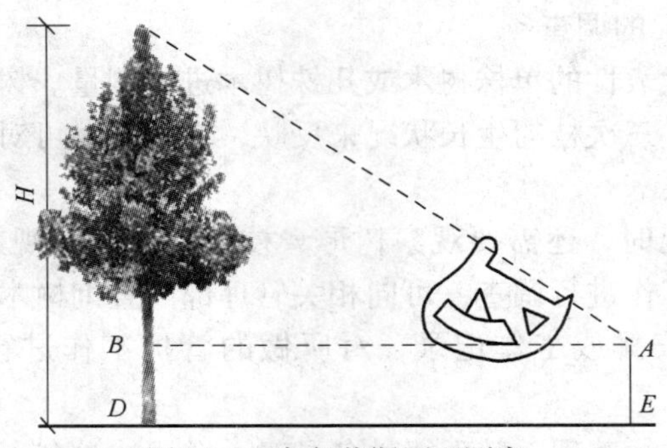

图 14-2　布鲁莱斯原理测高

则树木全高 $H = H_1 + H_2$，如图 14-3a 所示；若两次观测值符号相同，则 $H = H_1 - H_2$，如图 14-3b、c 所示。

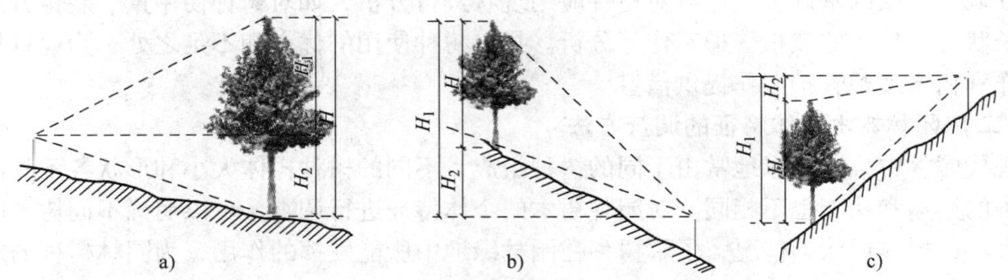

图 14-3　测高器使用方法示意图

如果乔木树种树体比较高大，且缺乏相应的测量工具和仪器，则用间接的方法测量。若乔木生长在高层建筑的旁边，可以用建筑的层高作为参考，估算出树木的高度；在晴天可以用测量树木投影的方法测量树体高度，也可利用三角高程测量法使用测量仪器测量，再通过计算得出树高。树体较小时也可用人体或标杆作为参照物，估计树体高度。

（2）灌木树高的测定　灌木的树高就是树冠高，灌木一般树体较小，测量时用尺子从地面垂直拉到树冠最高处，测出树高即可。

2. 树木胸径的调查

树木的粗度用直径来表示，它是指与树干中心轴垂直断面的带皮直径和去皮直径。为了能够直接测量和方便读取数值，采用胸高作为测径点，树木胸高部位的直径，简称胸径。胸高是指成人的胸高位置，是量测树干直径的常用位置，各国对此位置的规定略有差异，我国和欧洲大陆为 1. 3m，日本为 1. 2m，英国为 1. 31m，美国和加拿大为 1. 37m 等。

在我国，胸高位置在平地为距地面 1. 3m 处，在坡地以坡上方距地面 1. 3m，如图 14-4 所示。如果胸高处出现节疤、凹凸或其他不正常情况时，可在胸高断面上下距离相等干形较正常处，分别测定两个直径，取平均数作为胸径值。胸高以下分叉的树，可当做分开的两株树分别测定每株树胸径，胸高断面不圆的树干，测相互垂直方向的胸径取其平均数。

胸径调查一般用轮尺和围尺进行测定，如图 14-5 所示。在使用轮尺测定树木胸径时应注意以下几点：

1）测径时使尺身与两脚所构成的平面与树干垂直，且尺身和两脚同时与所测树木断面接触。

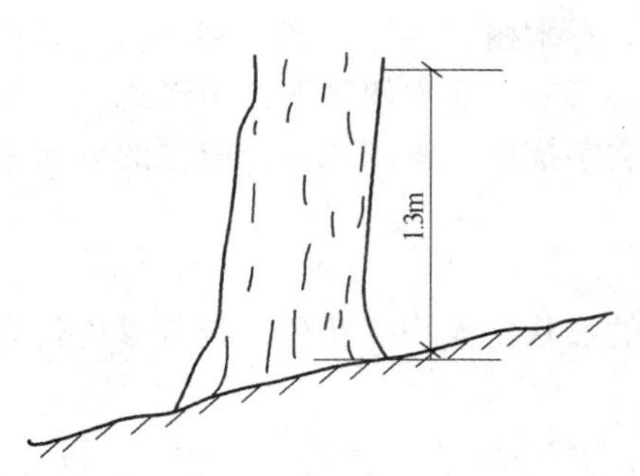

图 14-4　胸径测径位置示意图

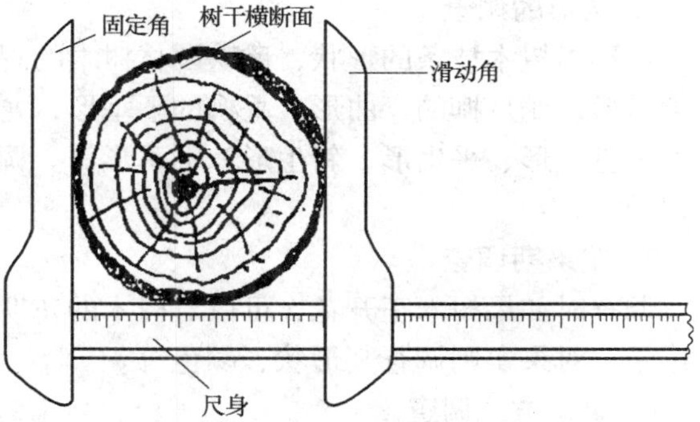

固定角　树干横断面　滑动角　尺身

图 14-5　轮尺

2）测径时要先读数，然后再从树干上取下轮尺。

3）树干断面不规则时，应测定相互垂直的两个直径，取其平均值作为该树直径。

4）如测径部位有节疤、突起或其他畸形时，可分别在其上部和下部等距的两个部位测径，取其平均值作为该树木的直径。

采用整化刻度的轮尺测定直径时，最靠近滑动脚内缘的刻度值，即为被测树木所属的径阶。围尺是专门用来测量胸径的，尺子上面有两种刻度，一种刻度能测出树干的周长，另一种刻度则直接测出树干的直径即胸径。

使用围尺进行直径测定时，围尺要拉紧围在树干的胸高部位，并使围尺在树干的各面保持在同一个水平面上与树干垂直。由于多数树木的树干横断面不是正圆，用围尺量测的树干直径与轮尺相比一般偏大，而且对树皮粗糙的树干用围尺测径时也会产生一定的偏差，因此，在调查中不宜与轮尺混用。围尺较轮尺携带方便，也不必经常调整。

用轮尺测径时，由于树干横断面不是正圆，前后两次的测定方法不一致就会产生偏差，在测定间隔期前后的直径用以推算直径生长量时，用围尺比用轮尺测定的结果更准确。但在用围尺测径时往往容易歪斜，不易与主干保持垂直，也会造成测定误差，而且用围尺测定速度也比用轮尺慢。

如果没有测胸径的专用尺，也可用普通的钢卷尺在树干 1.3m 高的地方测出树干的周长，再换算成树干的直径即胸径。

3. 冠幅的调查

冠幅是指树冠的水平大小，测量树木冠幅通常在南北和东西方向各测一次，取平均值或对南北、东西方向的冠幅分别记录，一般用皮尺测量。

4. 冠形的调查

不同的乔木树种，冠形差别较大，如桧柏的圆柱形或圆锥形，国槐的近圆球形，合欢的伞形等。灌木也因树种不同，产生不同的冠形。灌木树种的冠形一般为圆球形、椭圆形，也有不规则形。调查树冠形状时可用文字加以描述，或者画图，最好拍摄影像资料，准确反映树冠形状。

5. 干形的调查

干形指主干形状，一般可分为三种：直立、稍弯和弯曲。干形的调查主要是通过肉眼的观察做出评价并进行记录。

6. 枝形的调查

枝形指树木枝条的形状，反映园林树木的观赏特性。乔木树种的枝条形状多样，如雪松的尖塔形，龙爪柳的弯曲形，垂柳的下垂形，龙桑的龙游形等。灌木树种的枝条形态，一般可分为直立形、平生形、斜生形、下垂形等。调查时用文字描述、画图或拍摄影像的方式进行记录。

7. 花果期调查

调查时如果树木正开花，可以对树木的花期、花朵的形状、大小、花色、花香等进行观察记录。对果实则调查其形状、颜色等。

8. 繁殖方式调查

繁殖方式有实生、扦插、嫁接、萌蘖等，调查树种在当地的繁殖方式以及可采用的繁殖方式。

9. 园林用途调查

根据园林树木的观赏特性，其用途可分为行道树、庭荫树、防护树、花木、观果木、色叶木、篱垣、垂直绿化、地被等。根据实际情况，调查树种在当地的园林用途。

10. 树木年龄的调查

一般园林树木年龄的调查方法主要有以下几种，可以根据调查对象的不同情况选择应用。

（1）直接查数年轮法　伐倒树木，截取根茎处树干圆盘，将圆盘工作面刨光，由髓心向外2个或2个以上方向逐年查数年轮数。如果截取的树干圆盘断面高于根茎，则树木年龄等于总年轮数加上树干长到此断面高所需年数。当圆盘年轮识别困难时，可用化学染剂着色，利用春秋材着色的浓度差异辨认年轮；当髓心有心腐现象时，应将心腐部分量其直径并剔除它的年轮，则树木年龄等于总年轮加上心腐生长所需年数。本方法要伐倒个别树木，而且费工费时，调查时要控制使用。

（2）生长锥木芯查数年轮法　用生长锥在树干上钻取木芯，然后查数木芯的年轮数，如果木忞是由树皮直通髓心，则树木年龄等于总年轮数加上树干长到钻取木芯高度处所需的年数。用此法确定树木年龄一定要保证钻取木芯的质量，保证木芯通过髓心，并要防止木芯碎裂，查数年轮时要注意区别有些树木的伪年轮。

（3）查数轮生枝法　有些树种，如松树、云杉等，每年自梢端生长出轮生顶芽，逐渐发育成轮生侧枝，有些树种虽没有严格的轮生枝，但每年所发生的枝条中基部的较粗大，而上部的较细小或没有枝条，如杨树、银杏等。当树木年龄不太大，枝条脱落不严重时，可根据树木枝条发生的上述特性，通过查数轮生枝和轮生枝痕迹的方法确定树木年龄。

（4）查阅档案法　查阅园林树木栽植技术档案或访问有关人员，根据栽植年度和所用苗木情况确定树木年龄。

（5）目测法　根据树木直径大小、树皮颜色、树皮粗糙程度和树冠形状等特征目测估计其年龄。

（6）古树名木年龄的测定方法　对于古树名木年龄的调查，既要求有一定的准确性，也要求不伤害树木本身，影响其生长，所以不能采用上述5种方法进行测定，而要用特殊的方法。最常用的方法有两种：

1）如果有历史记载可以通过历史考证来确定；如果没有历史记载，也可以通过相关历

史事件或其他相关历史资料进行考证推断。

2）既没有历史记录也没有可靠的历史考证依据时，可以通过对本地区已经伐倒或死亡的同类树木的年轮进行测定，确定其在一定年代期间的直径生长量，再根据树木的直径推断其年龄。

11. 其他方面的调查

在园林树木树体调查过程中，也可针对树木其他情况进行调查，例如：树木的叶色比较特别，可进行观察记录；树木有病虫害，可展开对病虫害的调查；树木生长不良，可对其原因进行分析。对其他项目的调查在树体调查的过程中可以附带进行，但不能影响树体调查工作的进行。对其他项目的调查可以促进对树木的进一步了解，为做好园林工作积累相关知识。

（三）园林树木生长环境的调查方法

园林树木一般生长于露天的自然环境当中，自然环境中的各种因素与园林树木的生长有直接或间接的关系，树木生长环境中的多种因素综合影响树体的生长发育、休眠等一切生命活动。因此，调查了解园林树木的生长环境，对园林树木的规划设计和栽植养护管理工作有重要的意义。园林树木生境调查的目的是了解树木生长环境的具体情况，了解适合于当地生长的树木的种类、生长状况等，为园林树木的选择、栽植养护工作安排、引种驯化提供依据，为建设当地和谐的人居环境提供科学资料。

园林树木生境调查的具体内容主要包括园林树木栽植地的行政区划、地理位置、地形、地貌、海拔高度、土壤、空气、水、光照、温度、环境污染状况、动植物、人为活动、车辆危害等因素。

1. 园林树木栽植地位置的调查方法

首先要确定栽植地属于哪级政府部门管辖，以便在园林树木的栽植养护管理工作中，相关部门能够协调解决问题。其次是确定经纬度，一般用东经×度、北纬×度表示。经纬度可以查阅地方志或相关资料获取，也可用GPS全球定位系统测得。如果调查区域较小，一般不用经纬度来表示地理位置，而用地名来表示，如××市××区××街道等表示所调查区域的具体位置。

2. 园林树木生长的生态环境调查

（1）园林树木栽植地地形地貌、海拔高度调查 园林树木栽植地的地形地貌可以查阅相关资料，结合实地调查，尽可能详细了解地形、地貌的情况。平地须了解地块的形状、大小、坡度等，丘陵、山体则了解位置、高度、坡度、坡向、坡位等情况，河流、湖泊须了解确切的地理位置，宽度、水分、季度变化等情况。海拔高度可通过查阅相关资料获得，也可利用海拔仪或GPS全球定位系统测得。

（2）园林树木栽植地的土壤调查 土壤调查的具体内容包括土壤类型、土壤pH值、土壤含水量、土壤矿物质含量、土壤有机质含量、土壤地下水位、土壤通气情况、土壤覆盖物、土壤侵入体、土壤温度、土壤质地等。土壤调查的方法主要通过挖土壤剖面、取土样、土壤检测等。

（3）园林树木栽植地的气候调查 气候调查的具体内容有年平均气温、极端最高气温、极端最低气温、最热月平均气温、最冷月平均气温、有效积温、年降水量、年降水分布状况、年日照时数、年太阳辐射、无霜期、典型灾害天气等。气象调查可以通过查阅相关资料

和咨询气象部门获得。

（4）园林树木栽植地的污染状况调查　污染状况的调查指对树木生长环境中与园林树木生长密切相关的污染物的调查，包括固态、液体和气态的污染物，主要调查空气中有毒气体的种类、含量，空气中悬浮颗粒物的种类和含量，土壤中有害物质的种类和含量及水体中有毒有害的化学物质的种类和含量。环境污染状况的调查主要针对一个地域长期存在的对树木生长产生较大影响的污染物或污染源进行调查，不可能全面详细地展开调查。环境污染调查技术比较复杂，可到环保部门或环境监测部门查阅相关资料。

3. 人为活动的调查

（1）人为活动对树木的损伤调查　人为活动会对园林树木产生影响，给园林树木带来一些损伤，例如对地被植物或绿篱的踩踏，树体上挂东西，锻炼身体时对树木的踩踏、击打，在树体上刻字、攀折树枝、采摘果实等。在调查过程中，对人为损伤树木的行为进行登记，并制订相应的保护措施。

（2）园林树木栽植地城市车辆危害调查　随着人们生活水平的不断提高，城市中的汽车越来越多，对园林树木的生长产生越来越大的影响，甚至产生了一定的危害。主要表现在汽车尾气的排放污染城市空气，有毒气体会使有些树木的生长极度衰弱；另外，道路两边的树木有时会受到车辆机械的损伤，如公共汽车的车顶会碰到树枝，树枝偏低对城市交通产生一定的影响，有时汽车偏离道路，会撞伤护路树木。对城市车辆同树木的相关研究会指导我们合理使用树种和确定道路树木的科学栽植方式。车辆对园林树木危害的调查可以从车流量、车型、车速、尾气排放及空气污染等方面进行调查。

4. 填写园林树木生长环境调查表

对园林树木的生长环境调查后，要把调查结果进行汇总，填写园林树木生长环境调查表，见表14-1。

表14-1　园林树木生长环境调查表

编　　号	树　种　名	科　　名	属　　名
学　　名		类　　别	
栽植地行政区划			
地理位置			
地　　形	坡　　度	坡　　向	海 拔 高 度
土壤类型	土层厚度	土壤酸碱度	
土壤含水量	土壤有机质	土壤覆盖物	
气候类型	年平均气温	年平均降水量	
年日照时数	极端最低气温	极端最高气温	
光照强度	无霜期	气象灾害	
环境污染状况			
伴生植物			
人为活动			
其他			
综合评价			
调查人：		调查时间：　　年　　月　　日	

二、园林树木调查的工作程序

园林树木调查的工作程序由三个阶段组成，即准备阶段、外业调查阶段和内业总结阶段。

（一）准备阶段

准备阶段的主要内容可以分为组织准备和技术准备两部分。

1. 组织准备

1）接受园林树木调查任务，明确园林树木调查的对象和要求。

2）根据调查任务和调查地区的实际情况，制订园林树木调查外业工作计划。要明确调查内容、技术指标、定额、进度、劳动组织和人员配备等。

3）编制调查工作定额指标、物质和装备供应计划、调查经费预算。

4）组织调查队伍，介绍调查任务、要求和方法，制订分区分项调查进度计划。

2. 技术准备

（1）收集现有资料　要尽可能地收集调查对象现有的测绘资料、图面资料和当地自然、经济和社会等方面的有关资料，以及有关园林绿化和园林树木栽培管理的数据和文字资料，特别是现有的反映园林绿化情况的图面资料。可以有效地提高调查效率，提高调查质量，在实际调查前做到心中有数。

（2）制订技术方案　要根据调查对象的特点制订出切实可行的调查技术方案，包括境界勾绘和测量、园林树木调查方法、调查内容和项目、调查精度和要求等，并编制出实施细则和工作步骤。

（3）领取或购置航片和地形图　尽量能准备好调查对象最近时期的航片，购置相应的地形图。

（4）进行室内判读勾绘　利用航片、城市测绘资料和地形图，结合现有的园林绿化图面材料，进行室内判读，勾绘出各类园林树木分布位置和境界。

（5）外业调查训练　选择有代表性的地段进行外业调查训练，统一调查方法，熟悉调查仪器和调查方法，掌握各种调查资料的使用方法，提高调查速度。

（二）外业调查阶段

1. 区划测量

在原有城市和园林基本图的基础上，结合航片勾绘和境界测量方法，核实各类境界线，区划和测定园林树木分布具体地段的位置和边界。

2. 细部调查

在区划出的园林树木分布地段内，根据不同园林树木栽培类型的要求，进行园林树木各项内容的调查和测量，完成各项调查内容。

3. 外业调查质量检查

在调查完一定面积或区段后，要立即对调查质量进行检查，及时发现问题并纠正，必要时及时调整调查方法，修改有关方案。

（三）内业总结阶段

1. 编制园林树木调查簿

调查簿是进行园林树木统计分析和编制经营管理措施的基础，调查簿的记载内容是否完

整、真实、可靠，关系到以后各项工作的质量，在内业开始时要认真检查和整理调查簿。以园林树木片段为单位分别编号，详细转载和计算各项调查内容，如填卡片或表格，并要对发现的问题及时进行纠正和补充。如果要建立计算机档案，在检查无误后，及时录入数据库。

2. 绘制园林树木分布图

园林树木分布图是编制其他图面材料和求算园林树木分布面积的基础。在整理好园林树木调查簿后，将外业调绘和测定的境界线转绘到图上进行着墨，各种地物和园林树木类型也要标注到图上。经清绘、整饰、加注图例、标注调查时间、调查单位、制图人等内容后制成完整的园林树木分布图。

3. 进行园林树木统计

以园林树木调查簿或卡片为基础，分别按要求的类别进行统计，编制各种统计表。采用计算机档案管理的可以通过计算机数据库进行统计汇总。

4. 分析园林树木现状

根据园林树木调查统计结果，对调查对象的园林树木资源现状进行分析，计算各种分析指标，总结园林绿化现状及问题，提出调整和改进的意见。

5. 撰写园林树木调查报告

以统计分析结果为依据，撰写园林树木调查报告。其内容要包括调查任务来源、调查时间、调查技术标准和要求、调查方法、主要调查成果、主要调查统计结果和分析结论、对今后园林绿化和园林树木经营管理的意见，以及本次调查中存在的问题等。

三、园林树木调查的结果

园林树木调查结束后要对调查结果进行整理、统计和总结，形成完整的调查结果。园林树木调查的主要成果应包括三个方面，即园林树木调查登记表或登记卡片、园林树木统计表和园林树木分布图。

（一）调查表

1. 园林树木调查表

园林树木调查表是反映不同类型园林树木各项调查因子的表格，可按城市的行政分区和小区，分别把不同栽培类型归并装订成册，称为簿册式园林树木调查表，表头样式见表 14-2。园林树木调查表也可以是卡片的形式和计算机数据库档案的形式，目前在计算机已十分普及的情况下，应采用数据库管理的形式。

表 14-2　园林树木调查表表头样式

城区小区	斑块编号	栽培类型	数量			立地条件（地貌、地形、土壤、水文、地质或基质）	种类（科属、树种、拉丁名、品种、类型）	年龄（栽植年度）	平均高度/m	胸高直径/cm	生长情况	特殊意义	栽培措施意见
			面积/hm^2	长度/m	株数								

2. 园林树木统计表

园林树木统计表是在园林树木调查登记表的基础上进一步统计整理，得到反映统计单位

和地区园林树木总体状况的表格。可以根据需要分别按不同的类目进行统计汇总，填入相应的统计表中。常见的统计表有各类土地面积统计表、片林面积按树种统计表、树木带按树种统计表、散生树木统计表等。

（1）各类土地面积统计表　各类土地面积统计表用来反映城市园林地区各类土地面积组成情况，计算区域绿地覆盖率。

（2）树木统计表　即不同绿地类型中树木的统计表，见表 14-3，用来反映城市园林绿地中不同树种的面积组成情况、数量以及树木的个体特征。

表 14-3　园林绿地树木统计表

绿地类型：　　　　位置：　　　　斑块编号：

树种	学名	株数	平均径阶/cm	平均树高/m	平均冠幅/m	树木生长状况/株						胸径等级/株				
						Ⅰ	Ⅱ	Ⅲ	Ⅳ	Ⅴ	Ⅵ	<10	10～20	20～30	30～40	>40

（二）园林树木分布图

园林树木分布图是园林树木调查结果的图面表现形式，它是将园林树木的类型、种类、数量和其他一些属性标注在城市或园林基本图上的专题图件。它不同于园林规划设计图，要求反映园林树木现状的实际情况，以切实掌握实际情况为原则。

（三）调查分析报告

园林树木调查结束后要编写调查报告，基本内容包括以下几方面：

1. 调查情况的说明

调查情况的说明包括调查时间、调查任务来源、调查单位、调查方法、调查精度要求、主要的调查成果、调查中存在的问题等。

2. 调查对象和地区概况

调查对象和地区概况包括自然地理概况、社会经济情况、生态环境状况以及人文特点。

3. 园林树木数量和生长状况

园林树木数量和生长状况包括对园林树木的树种结构、年龄结构、生长状况进行的分析。

4. 园林树木分布

园林树木分布包括现有园林树木配置情况、斑块特征、树木廊道及其连接情况、树木分布与居住区、污染区等重点地区的关系等。

5. 园林树木现状分析

总结园林树木数量特征、生长状况、分布格局等方面的特点、优势和存在的问题。

6. 建议

对今后园林树木管理和调整提出建议和意见，包括对新建绿地的建议和对原有绿地系统的改造和调整的意见。

7. 附件

调查资料，如图表、标本、图片、影像等。

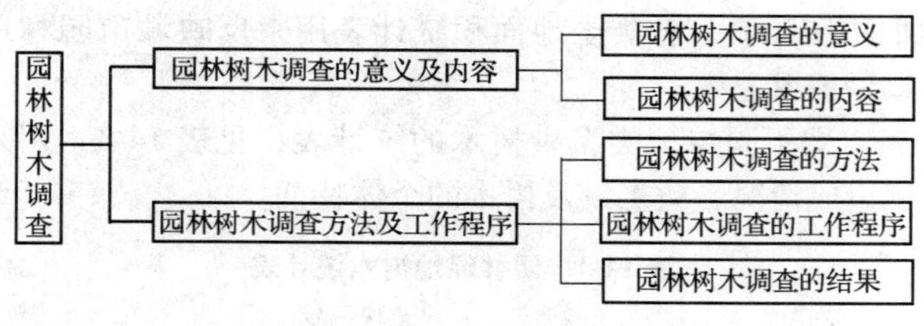

习　题

一、名词解释（20 分）

园林树木调查　园林树木的冠幅　胸径　园林树木的密度　园林树木的郁闭度

二、填空题（10 分）

1. 园林树木的栽植方式分为六种，分别是孤植、______、______、______、群植、林植。

2. 园林树木中的片林是指树木树冠郁闭度或覆盖度在____以上，或者树木密度在 200 株/hm² 以上，面积在______hm² 以上，林木成片分布的林地。

3. 在园林树木调查中，要分别按乔木、____、藤本、地被、____、常绿、____、阔叶等不同的分类标准对园林树木进行分类，记录登记园林树木的科、属、种的学名。

4. 园林树木调查包括______调查、______调查和园林树木应用现状调查三大方面内容。

三、是非题（10 分）

1. 园林树木的高度是园林树木从地面到树梢的高度，一般以米（m）为单位，乔木树种记载到小数点后两位数字。

2. 测量树木冠幅一般在南北和东西方向各测一次，取平均值或南北、东西方向的冠幅分别记录。

3. 用轮尺测定树木胸径时，先从树干上取下轮尺，然后再读数。

4. 古树名木可采用生长锥木芯查数年轮法确定年龄。

5. 在我国，胸高位置在坡地以坡下方距地面 1.3m 处。

四、简答题（60 分）

1. 园林树木调查有哪些意义？（15 分）

2. 使用轮尺测定树木胸径时应注意什么问题？（15 分）

3. 古树名木如何测定年龄？（15 分）

4. 园林树木调查的工作有哪些程序？（15 分）

参 考 文 献

[1] 陈有民. 园林树木学 [M]. 北京：中国林业出版社，1990.

[2] 祝遵凌，王瑞辉. 园林植物栽培养护 [M]. 北京：中国林业出版社，2005.

[3] 成海钟. 园林植物栽培养护 [M]. 北京：中国林业出版社，2008.

[4] 郭学望，包满珠. 园林树木栽植养护学 [M]. 北京：中国林业出版社，2002.

[5] 罗镪. 园林植物栽培与养护 [M]. 重庆：重庆大学出版社，2006.

[6] 马凯，陈素梅，周武忠. 城市树木栽培与养护 [M]. 南京：东南大学出版社，2003.

[7] 陈发棣，房伟民. 城市园林绿化花木生产与管理 [M]. 北京：中国林业出版社，2003.

[8] 魏岩. 园林植物栽培与养护 [M]. 北京：中国科学技术出版社，1998.

[9] 毛春英. 园林植物栽培技术 [M]. 北京：中国林业出版社，1998.

[10] 施振国，刘祖祺. 园林花木栽培新技术 [M]. 北京：中国农业出版社，1999.

[11] 裘文达，张一平，金长伐. 园林花木生产技术手册 [M]. 北京：中国农业出版社，1987.

[12] 谭文澄，戴策刚. 观赏植物组织培养技术 [M]. 北京：中国林业出版社，1991.

[13] 卓丽环. 城市园林绿化植物应用指南 [M]. 北京：中国林业出版社，2003.

[14] 卓丽环. 园林树木学 [M]. 北京：中国农业出版社，2004.

[15] 张东方. 植物组织培养技术 [M]. 哈尔滨：东北林业大学出版社，2004.

[16] 闫永庆. 园林植物生产、应用技术与实训 [M]. 北京：中国劳动社会保障出版社，2005.

[17] 刘燕. 园林花卉学 [M]. 北京：中国林业出版社，2003.

[18] 刘金海. 观赏植物栽培 [M]. 北京：高等教育出版社，2005.

[19] 方彦，何国生. 园林植物 [M]. 北京：高等教育出版社，2005.

[20] 楼炉焕. 观赏树木学 [M]. 北京：中国农业出版社，2000.

[21] 张秀英. 园林树木栽培养护学 [M]. 北京：高等教育出版社，2006.

[22] 王忠. 植物生理学 [M]. 北京：中国农业出版社，2000.

[23] 田如男，祝遵凌. 园林树木栽培学 [M]. 南京：东南大学出版社，2001.

[24] 龚维红，等. 园林树木栽培与养护 [M]. 北京：中国电力出版社，2009.

[25] 佘远国. 园林植物栽培与养护管理 [M]. 北京：机械工业出版社，2007.

[26] 刘金海. 观赏植物栽培 [M]. 北京：高等教育出版社，2002.

[27] 张养忠，郑红霞，张颖. 园林树木与栽培养护 [M]. 北京：化学工业出版社，2006.

[28] 杨正苞. 阳台养花与垂直绿化 [M]. 成都：四川科学技术出版社，1986.

[29] 王鹏，贾志国，冯莎莎. 园林树木移植与整形修剪 [M]. 北京：化学工业出版社，2010.

[30] 王昆主. 园林树木栽培与养护 [M]. 哈尔滨：东北林业大学出版社，2001.

[31] 田伟政，崔爱萍. 园林树木栽培技术 [M]. 北京：化学工业出版社，2009.

[32] 宋小兵. 园林树木养护问答 200 例 [M]. 北京：中国林业出版社，2003.

[33] 钱军. 园林树木知识 [M]. 北京：中国劳动社会保障出版社，2004.

[34] 南京市园林局，南京市园林科研所. 大树移植法 [M]. 北京：中国建筑工业出版社，2004.

[35] 毛龙生，等. 人工地面植物造景·垂直绿化 [M]. 南京：东南大学出版社，2002.

[36] 马建平，温鹏飞. 园林树木科学栽培技术 [M]. 北京：中国社会出版社，2006.

[37] 陆家珍. 怎样进行垂直绿化 [M]. 上海：上海文化出版社，1984.

[38] 刘德良，田伟政，张琴. 园林树木繁殖与栽培养护技术 [M]. 长春：吉林科学技术出版社，2006.

[39] 祁建华，郝晨曦．园林树木栽培技术 [M]．北京：化学工业出版社，2005.
[40] 高润清．园林树木学 [M]．北京：中国建筑工业出版社，1995.
[41] 邓莉兰．风景园林树木学 [M]．北京：中国林业出版社，2010.
[42] 杨凤军，林志伟，景艳莉．园林树木栽培养护学 [M]．哈尔滨：哈尔滨地图出版社，2009.
[43] 吴玉华．园林树木 [M]．北京：中国农业大学出版社，2008.
[44] 李承水．园林树木栽培与养护 [M]．北京：中国农业出版社，2007.
[45] 赵九洲．园林树木 [M]．重庆：重庆大学出版社，2006.
[46] 张涛．园林树木栽培与修剪 [M]．北京：中国农业出版社，2002.
[47] 吴泽民．园林树木栽培学 [M]．北京：中国农业出版社，2003.
[48] 崔富春．园林树木科学栽培技术 [M]．北京：中国社会出版社，2006.
[49] 马骏，蒋锦标．果树生产技术（北方本）[M]．北京：中国农业出版社，2006.
[50] 张祖荣．园林树木栽植与养护技术 [M]．北京：化学工业出版社，2009.
[51] 周兴元．园林植物栽培 [M]．北京：高等教育出版社，2006.
[52] 郗荣庭．果树栽培学总论 [M]．北京：中国农业出版社，1999.
[53] 李月华．园林绿化实用技术 [M]．北京：化学工业出版社，2009.
[54] 吴跃开，余金勇，李晓虹．园林树木腐朽病的发生与防治 [J]．林业实用技术，2011（2）：37-39.